饲料检测与分析实验技术

主　编　王洪荣
副主编　王梦芝

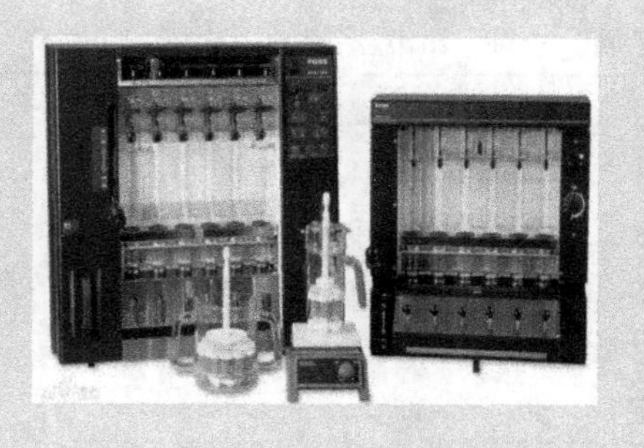

东南大学出版社
SOUTHEAST UNIVERSITY PRESS

内容提要

本书根据饲料原料和饲料产品营养价值及饲用价值评定的要求，以及动物营养科学和分析检测技术的发展，按国家标准编写了饲料分析和检测的22个实验，理论和实践相结合，实用性强。

本书适用于水产养殖、饲料等专业的学生使用，也可供从事养殖或饲料行业的人员参考使用。

图书在版编目(CIP)数据

饲料检测与分析实验技术/王洪荣主编. —南京：东南大学出版社，2014.6(2021.1重印)

ISBN 978-7-5641-4817-1

Ⅰ.①饲… Ⅱ.①王… Ⅲ.①饲料—检测—高等职业—教育—教材 ②饲料分析—高等职业教育—教材 Ⅳ.①S816.17

中国版本图书馆CIP数据核字(2014)第063239号

饲料检测与分析实验技术

主　　编	王洪荣	**责任编辑**	刘　坚
电　　话	(025)83793329/83790577(传真)	**电子邮箱**	liu-jian@seu.edu.cn
出版发行	东南大学出版社	**出 版 人**	江建中
地　　址	南京市四牌楼2号	**邮　　编**	210096
销售电话	(025)83793191/83794561/83794174/83794121/83795801/83792174 83795802/57711295(传真)		
考网　　址	http://www.seupress.com	**电子邮箱**	press@seupress.com
经　　销	全国各地新华书店	**印　　刷**	广东虎彩云印刷有限公司
开　　本	787mm×1092mm 1/16	**印　　张**	15.75　　**字　　数** 380千字
版　　次	2014年6月第1版		
印　　次	2021年1月第2次印刷		
书　　号	ISBN 978-7-5641-4817-1		
定　　价	58.00元		

*未经许可，本书内文字不得以任何方式转载、演绎，违者必究。

*本社图书若有印装质量问题，请直接与营销部联系。电话：025-83791830。

《饲料检测与分析实验技术》编委会名单

主　编　王洪荣
副主编　王梦芝
编　者　王洪荣(扬州大学)
王梦芝(扬州大学)
庄　苏(南京农业大学)
程建波(安徽农业大学)
敖维平(塔里木大学)
喻礼怀(扬州大学)
赵静雯(内蒙古民族大学)

前言

perface

饲料是发展畜牧业的物资基础，饲料分析是对饲料原料和饲料产品营养价值及饲用价值评定的重要技术环节，也是饲料工业生产中进行品控和保证饲料原料和产品质量的重要手段。因此，饲料质量检测和分析技术对于动物生产和饲料工业的发展至关重要，它不仅是畜牧和饲料专业人才培养方案中的一门重要课程，也是饲料企业和动物生产部门技术人员必须掌握的基础理论和技术。饲料质量检测是动物科学专业、水产养殖学专业和饲料加工专业的基础课程。《饲料检测与分析实验技术》是为了适应国内外养殖业和饲料工业的不断发展和现代动物营养学的不断进步而编写的。目前，国内虽然已经有一些饲料分析及饲料质量检测技术方面的教材，但在教学使用过程中发现这些教材的条理性和针对性不强，不便于学生学习和掌握知识点和主要技术，一些院校一直在使用自编教材。随着动物营养科学和分析检测技术的不断进步与发展，饲料分析项目和分析手段也在不断发展和更新。本教材针对当前我国饲料行业发展现状，根据饲料行业、企业所需要测定的可操作性强的分析检测指标而编写。本教材具有针对性和实用性强、图文并茂、便于学生学习和掌握等特点。

本教材编写组由扬州大学、南京农业大学、安徽农业大学、塔里木大学、内蒙古民族大学等5所院校的多年承担饲料质量检测与分析本科教学的教师组成，编写人员认真负责，对教材进行反复论证与修改，力求提高教材质量。全书分为22个实验，具体分工为：王洪荣老师编写了饲料蛋白质的测定、饲料消化率的测定；王梦芝老师编写了饲料水分、粗脂肪、纤维物质、粗灰分等的测定；庄苏老师编写了饲料微量元素、维生素的测定；程建波老师编写了饲料钙含量、总磷含量、盐分、总能的测定；喻礼怀老师编写了饲料混合均匀度、粉碎粒度、粉化率、耐久性指数的测定；敖维平老师编写了饲料鱼粉掺假的鉴别、显微镜检测、饲料霉菌毒素的测定；赵静雯老师编写了饲料样品的采集与制备、饲料氨基酸的测定。本教材得到扬州大学出版基金资助，在此表示感谢。

鉴于教材编写的难度大，编者水平有限，书中错漏和不当之处在所难免，恳请读者和用书单位批评指正。

编　者

2014年1月

目录

CONTENTS

实验一　饲料样品的采集与制备

饲料样品的采集与制备是饲料分析和检验的基础，是任何饲料生产厂家和质检机构必须重视的两个步骤。从某种意义上讲，“采样比分析更为重要”，如何获得具有代表性的样品是饲料分析中最关键的一个步骤，其分析决定结果的准确性以及其是否具有实用价值。

一、实验目的和要求

（一）采样的目的和要求

1. 采样的目的

采样是饲料分析过程中的第一步，也是非常关键的步骤。采样的目的是通过对样品的理化指标的分析，客观反映受检饲料原料或产品的品质。如果饲料采样错误，则无论分析步骤多么正确，分析方法多么准确，仪器多么精密，分析结果都毫无意义。样品的分析结果可作为饲料厂家选择原料和原料供应商、接收或拒收某种饲料原料、判断饲料加工生产工艺的质量和产品质量是否合格、分析保管贮存条件是否恰当等的依据。

2. 采样的具体要求

(1) 样品必须具有代表性：饲料的化学成分因饲料的品种、生长阶段、栽培技术、土壤、气候条件以及加工调制和贮存方法等因素不同而有很大的差异，甚至在同一植株的不同部位差异也很大。但在一般情况下，均以少量样品的分析结果评定大量饲料的营养价值，所以，采集的饲料样品必须具有代表性。

(2) 必须采用正确的采样方法：正确的采样方法是样品具有代表性的重要保证。正确的方法是根据饲料的物理特性，利用数学原理，从具有不同代表性的区域采集一定数量的样品，混合得到数量较大的原始样品，然后按照“四分法”等将原始样品缩减到一定数量的待测样品。

(3) 样品必须有一定的数量：样品数量也是保证样品代表性的重要环节。样品的采集数量受饲料水分含量、颗粒大小和均匀度、平行样品的数量的影响。原则上，饲料水分含量高、颗粒大、均匀度差，则采集的样品多；平行样品数量越多，则采集的样品数量就越多。

同时采样人员应具备高度责任心和熟练的采样技能，且主管部门、权威检测机构和饲料企业必须重视和加强采样管理，防止弄虚作假。

（二）制样的目的和要求

制样的目的在于使饲料颗粒变小，提高均匀度；制备的样品应该包含所采集样品的全部组分，确保饲料样品的代表性、均匀性和一致性。

二、实验原理

（一）饲料采样的原理

从大量的待测饲料原料或产品中获取一定数量、具有代表性部分的过程称为采样或取样，所采集的部分饲料称为样品（Sample）。采样的原理是利用各种采样工具，根据待测饲料的种类、特性（如形态、均匀度、颗粒大小等）和数量，利用数学原理，按照科学方法来采集样品，使采集的样品具有代表性。

由于饲料样品有着各种不同的用途，因此，在实践中有必要把各种样品进行定义和分类，具体如下：

1. 核对样品　指把同一样品在分成若干份样品后，再分别送往多个实验室进行分析测定。根据化验结果的方差来核对某一测定方法的准确性。

2. 混合样品　指来自同一个大批货物（如一船、一卡车等）的多个样品混合后，用来测定这批货物的平均组成成分。

3. 单一样品　采自一小批饲料的样品，可用于分析该批饲料的成分变异或混合均匀度等。

4. 平行样品　将同一个样品一分为二，分别送往两个不同实验室进行分析测定，这常用来比较两个实验室之间分析结果的差异。

5. 官方样品　指由政府采取的样品，常用于制定规格。

6. 商业样品　指由卖方发货时，一同送往买方的样品。

7. 仲裁样品　由公正的采样员采取的样品，然后送往仲裁实验室分析化验，以有助于买卖双方在商业贸易工作中达成协议。

8. 参考样品　指具有特定性质的样品，在购买原料时可作为参考比较，或用于鉴定成品与之有无颜色、结构及其他表观特征上的区别。

9. 备用样品　指在发货后留下的样品，供急需时备用。

10. 标准样品　指由权威实验室仔细分析化验后的样品。如再有其他实验室进行分析化验，可用标准样品来校正或确定某一测定方法或某种仪器的准确性。

11. 化验样品　指送往实验室或检验站分析的样品。

12. 平均样品　将原始样品按规定混合，均匀地分出一部分，称为平均样品，平均样品一般不少于 1 kg。

13. 原始样品　从生产现场如田间、牧地、仓库、青贮窖和试验场等大量分析对象中采集的样品，称为原始样品，一般不少于 2 kg。

14. 初级样品　从大量的饲料中，在不同的位置（点）和深度（层次）所取样品的总和，以保证每一小部分与其全部的成分完全相同，使其具有代表性。

15. 次级样品　初级样品经充分混匀后，按一定的方法缩减为少量，携入实验室供用，即为次级样品，其量因饲料而异，风干后一般应有 120～200 g。

16. 试验样品　平均样品经过混合分样，根据需要从中抽取一部分，用作试验室分析，称为试验样品。

17. 分析样品　风干样品经粉碎、装瓶，备作分析用的样品，其量应不小于 120 g。

18. 分析称样　从分析样品中称取一定量，供测定分析用，其量根据分析项目而定。

（二）饲料样品制备的原理

饲料样品制备是指将采集的初级样品按一定的方法与要求（如四分法或等格分取法将初级样品缩减，将湿样品制备成风干样，并粉碎、过筛等）进行处理，制成分析样品的过程。制备后的样品称为分析样品，可以长期保存。

饲料样品制备的原理是因为饲料原料的颗粒大小、形态、均匀度等各异，新鲜样品如青饲料、多汁饲料（水生饲料）、青贮饲料等含有大量水分，不易保存，而饲料分析时称取的样品数量较小，因此，针对不同的饲料原料特性，通过烘干或粉碎等加工并达到一定的粒度要求，使饲料样品成为均一的混合物，保证饲料分析时称取的样品具有代表性，分析结果可靠。

三、实验仪器与试剂

饲料样品、分样板、粉碎机、标准筛、瓷盘、塑料布、粗天平、恒温干燥箱等。剪刀、刀、取样铲、组织捣碎机、样品粉碎机（40～60 目）、采样器（适用颗粒料）、套管采样器（适用于粉状饲料）、扦样玻璃管、扦样筒（适用于散状液体饲料）。

四、实验步骤

（一）采样的步骤

第一步：采样前的记录。采样前的准备、完整的记录与原料或产品相关的资料，如生产厂家、生产日期、批号、产品种类、规格、包装、存放方式、运输、贮存条件和采样时间等。

第二步：采集原始样品。从生产现场的待测饲料中采集原始样品，一般不得少于 2 kg。

第三步：得到次级样品。将原始样品混合均匀或简单地剪碎混匀后，按照一定方法从中取出或分成几个平行的样品，每个次级样品一般不少于 1 kg。

第四步：根据需要对样品进行不同的分析。

（二）样品采集的方法和原则

对于不均匀的物料如各种粗饲料、块茎、块茎饲料、家畜屠体等，则需要较复杂的采样技术，其复杂程度随物料体积的大小和不均匀程度而定，一般采用“几何法”取样。几何法采样的具体方法是把整个一堆物料看成一种规则的几何体，如立方体、圆柱体、圆锥体等，采样时先将该立体分成若干体积相等的部分（或在想象中将其分开），这些部分必须是在原样中均匀分布的，而不是在表面或只是在一面。从这些部分取出体积相等的样品，称之为支样，将这些支样混合后即为原始样品。如此重复取样多次，得到一系列逐渐减少的样品叫“初级”、“次级”、“三级”等样品，然后由最后一级样品中制备分析用样品。

为了使样品的取舍均匀一致，对于均匀性的物品，即单相的液体或搅拌均匀的籽实、磨成粉末的各种糠麸等饲料以及研碎的物品，可用“四分法”来缩减原始样品。四分法是将饲料混匀，铺成正方形或圆形，用药铲、刀子或其他适当器具，在饲料上划“十”字，将饲料分成四等份，任意弃去对角的两份，将剩余的两份混合，继续重复此法，直至剩余样品数量接近所需量为止。该方法常用于从小批量饲料和均匀饲料原料中采集原始样品或从原始样品中采集次级样品，或将次级样品缩减为分析样品。分析过程可手工操作，或采用分样器或四分装置，如锥形分配器和复合槽分配器。人工混合时，可将饲料平铺在一张平坦而光滑的方形纸或塑料布、帆布、漆布等上面，提起一角，使饲料流向对角，随即提起对角使其流回混合，将四角轮流反复提起，使饲料反复均匀混合后采用四分法取样。

对于大量的籽实、粉末和等均匀性饲料的分析样品采样，也可在洁净的地板上堆成锥形，然后将堆移向另一处，移动时将每一铲饲料倒于前一铲饲料之上，这样使籽实、粉末由锥顶向下流动到周围，如此反复移动 3 次以上，即可混合均匀。最后，将饲料堆成圆锥形，将顶部略压平成圆台状，再从上部中间分割为十字形四等份，弃去对角线的两等份，缩减二分之一，接着再重复上法，直到缩减至适当数量为止。一般饲料样品缩减取样至 500 g 左右作为分析用样品，送实验室供分析用。

对配合饲料和混合饲料的取样，其采样方法相对而言比较容易。如在水平卧式或垂直式混合机（搅拌机）里的饲料采样，只要确定饲料已充分混合均匀了，就可以直接从混合机的出口处定期（或定时）地取样，而取样的间隔应该是随机的。

混合饲料中不同成分的颗粒大小和吸湿性可能不一样，这将给混合饲料准确采样带来麻烦。因此，在某种情况下，可将混合饲料含有的成分单独进行分析。但必须注意在称重上要准确无误并且是混合均匀的饲料。

采样的原则是所采集的样品必须具有代表性。为此，应遵循正确的采样方法，尽可能地采取被检测饲料的各个不同部分，并把它们磨碎至相当程度（粉碎粒度要求 40～60 目），以有利于增加其均匀性和便于样品溶解。

（三）不同饲料样品的采集

不同饲料样品的采集因饲料的性质、状态、颗粒大小、包装方式和数量不同而异，分析的目的不同，采样的方法也各种各样。

1. 粗饲料

1）采集粗饲料样品的目的和要求

在对粗饲料进行分析时，采样和分样是两个极为重要的步骤。之所以要科学地进行采样，是因为只有在所分析的粗饲料样品能全部代表被饲喂的干草或半干青贮时，这样的分析结果才可靠。因此，所采样品的代表性就成为决定粗饲料品质分析准确性的主要因素。也就是说，用于分析的样品必须能够全部代表所指定的干草样或是青贮样。由于粗饲料在贮存中产生的质量变异总是会影响到采样的准确性，这就使得要准确地测定一批粗饲料真实的化学成分分析值几乎不可能。这样对任何粗饲料样品的分析只是在一定范围内对其所代表的整个粗饲料真实值的一种近似估测。

粗饲料组分的可变性很大，这一捆干草的饲养价值与下一捆的并不一样。因此，正确采样应该从有不同代表性的区域取几个样点，然后把这些样点的样品充分混合，使之成为整个粗饲料的代表样品，然后再从中分出一小部分作为分析样品之用。这样最后分析的结果可代表整个被采样品粗饲料的平均值。

2) 采集粗饲料样品的方法和原则

在生产现场如田间、草地、仓库、青贮塔、试验场等大量分析对象中采集的粗饲料样品称为原始样品。原始样品应尽量从大批(或大数量)粗饲料或大面积牧草地上，按照不同的部位即深度和广度来采取，保证每一小部分的成分与其全部的成分完全相同，然后，从原始样品中制备分析样品。由于在对粗饲料进行采样分析时，采样所用的器材、采样方法和对所采样品的处理都会影响到对所采样品品质的分析值，所以在采集原始样品时宜遵循“多点、少量”的原则，以确保所采样品的代表性。

(1) 从散草堆中采样

当从散草堆中采集干草和青贮原始样品时，必须注意草堆应为同期、同地收割和在同一时间制备的干草或青贮。一个样品只能代表 200 t 以下的干草，对于 200 t 以上的草堆，应采集 2 个或 2 个以上的样品，取其平均值用于代表分析结果。用于散堆干草的采样管，其长度不应小于 75 cm，管径不小于 2 cm。在 20 个不同的采样点以同一角度将采样管整个插入草堆。

(2) 从打捆贮存的草堆中采样

对于从打捆贮存的草堆中采集原始样品，通常用空心采样管从草堆的中心采样。采样的深度大约在 35～40 cm，管的内径最小为 1 cm。采样管的管头必须锋利，以利于插入草捆、切割干草、顺利采样。在对干草进行打捆时，由于叶片脱落，会影响草捆中叶和茎的含量，所以生产出的草捆其叶、茎含量不同。基于此，从草捆中所采的样品，必须能充分代表草捆中不同的茎叶比例。因此，至少应从 20 个中心点(每捆一个样)采样，混合后才可用作代表整个草堆的样品。

对于长方形草捆，不考虑形状，从选定的草捆的末端中心部位，将采样管水平插入采样。对于卷捆，从曲线面水平插入。无论何种形状的草捆，均可从机器压紧的点上将采样管垂直插入取样。对于从草块或草球堆成的草堆中采样，应当从 15～20 个不同位置收集草块或草球，草块至少 40 块，草球至少 0.9 kg。

从草堆(通常一个草堆重量限制在 200 t 以下)中的草捆采集原始样品时最好是随机的。

所谓随机即没有事先确定拟采样的草捆(如草捆位置、颜色、草捆中含叶量多少等)。如果采用非随机方法采集原始样品,若是从草堆或卡车上取样,对于每堆草或每卡车草,则每 4 到 5 个草捆中就要抽取一捆草进行取样;若是在草地上取样,则每垄四个方向各至少采集 5 个随机样。室外贮存的干草捆应在开始饲喂 2～4 周采样,这样采样后的后续腐烂对干草质量的影响可以忽略不计。室外贮存的干草捆外层,因气候等因素造成的腐烂变质部分,若在饲喂或出售时去掉,则对这部分腐烂变质干草不宜采样。然而,如果饲喂或出售的干草捆中包含腐烂的外层,则在采样时应包括这一部分。

饲前采样时,要在铡短的草堆中多次重复取样,总量不少于 20 kg。将采集的初级样品铡成 2～3 cm,混匀,以等格分取法取 200～1 000 g 次级样品。严禁从堆垛、草捆中用力拉扯饲料,以免叶片、幼嫩部分脱落。

(3) 从青贮窖中采样

青贮饲料的样品一般在圆形窖、青贮塔或长形壕内采样。取样前应除去覆盖的泥土、秸秆以及发霉变质的表层料。原始样品质量为 500～1 000 g。

a. 圆形青贮窖取样

表层 0.5 m 以下,底层 0.5 m 以上的不同深度处以及同一平面的不同点分阶段采样 3～5 次。每次以窖中心为圆心,在距离窖壁 30～50 cm 处画一圆圈,然后由圆心及互相垂直的两直径与圆圈相交的各点进行采样,每点用锐刀切取 20 cm×20 cm×20 cm 的饲料块(图 1)。

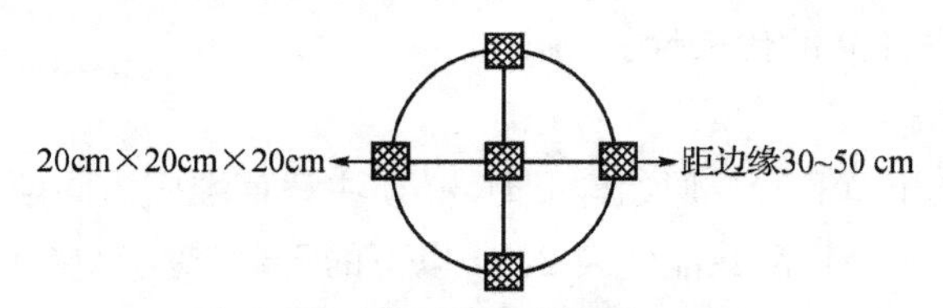

图 1　圆形青贮窖采样部位示意图

b. 长方形青贮窖取样

长方形青贮窖的采样点视青贮窖长度大小分为若干段,每段设采样点分层取样。从窖的不同垂直切面取样 3～5 次,除去上部草层 50 cm,在距离窖两壁及窖底各 30～50 cm 处作四边形,再将各边中点相连,在各线相交点采样(图 2)。每次将样品混合,用等格分取法缩减至 2 000 g,测定干物质,制备风干样。将各次的风干样混匀,粉碎,用四分法取 200 g 装瓶备用。

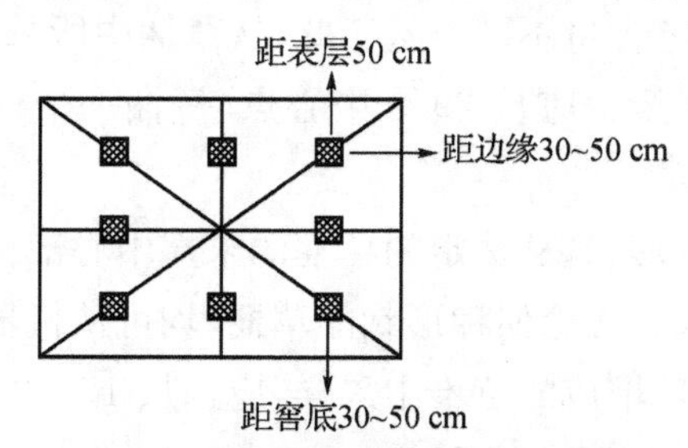

图 2　长方形青贮窖采样部位示意图

采集粗饲料样品时，由于干草叶片极易脱落，影响其营养成分的含量，故应避免叶子的脱落，尽量保持原料中茎叶的比例。将采取的原始样品放在纸或塑料布上，剪成1～2 cm长度，充分混合后取分析样品约300 g，粉碎过筛。对于少量难粉碎的秸秆渣，应尽量捶碎弄细并混入全部分析样品中，充分混合均匀后装入样品瓶中，切记不能丢弃。

2. 新鲜青绿饲料及水生饲料

新鲜青绿饲料包括天然牧草、蔬菜类、作物的茎叶和藤蔓等，一般在天然草地或田间取样。在大面积的草地上应根据草地类型划区分点采样(图3)，等格分取法取样适用于青饲料的初级样品的缩减，将初级样品迅速切碎，混匀，铺成正方形，划分为若干小块，取出的样品为次级样品。天然牧草每区取5点以上，每点1 m^2 范围，离地面3～4 cm割草，除去不可食部分，将各点原始样品剪碎，混合均匀后得到原始样品，再按照四分法取分析样品500～1 500 g，取300～500 g用于测定初水分，一部分立即测定胡萝卜素等，其余在60～65 ℃的恒温干燥箱中烘干备用。栽培牧草视田块大小，按照等距离分点，每点采一至数株，切碎混合后取分析样品。该方法也适用于水生饲料，但注意采样后应晾干样品外表游离水分，然后切碎混匀后备作分析样品。

田间采样因植株高低、生长的均一程度、密度大小的不同而异。高植株作物宜采用“株选”，低植株作物多采用“段选”。若长势和密度均一时，可按对角线或平行线等距离选点。反之，依照生长强度以及密度均匀程度，按比例选点。取多点、多株、多段样品混合。小株植物可少取，大株植物可多取；长势均一者少取，反之则多取。每10亩地至少选10个点，采用“把选”、“段选”或“株选”，若采用株选，需增加点数。样品总量不得低于10 kg，刈割高度应距地面5 cm。饲前采样是将青饲料刈割切碎，饲喂前每次按5点取2 kg样品，测定干物质，并制备风干样。分阶段采样4～5次，将每次的风干样混合均匀，用四分法取分析样品200 g以上。

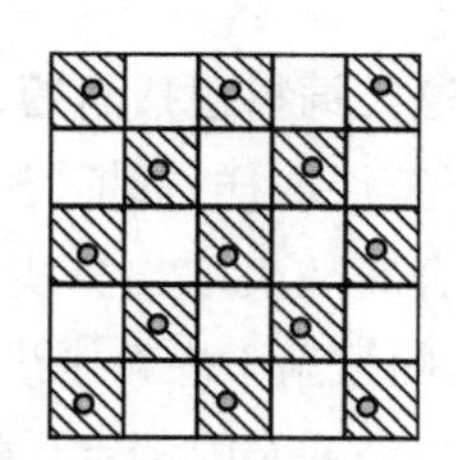

图3 草地及田间采样示意图

3. 块根、块茎和瓜果类饲料

这类饲料的特点是含水量大，由不均匀的大体积单位组成，采样时应从多个单独样品中取样用以消除每个样品间的差异，因此要求样品的数量要多。采样个数随样品种类和成熟的均匀程度以及所需测定的营养成分而定(表1)。

表1 块根、块茎和瓜果类取样数量

种类	个数(个)
一般的块根、块茎饲料	10～20
南瓜	10
胡萝卜	20
马铃薯	50

采样时，在田间或贮藏窖的不同位置随机分点采集新鲜完整的样品约15 kg，粗略清除泥土及夹杂物，按大、中、小分堆称重求出所占比例，等比例随机取出5 kg初级样品，带回实验室先用水洗干净，洗涤时注意勿损伤样品的外皮，洗涤后用毛巾揩去表面的水分。然后，从各个块根的顶端至下端纵切，取对角线的1/4、1/8或1/16……直至适量的次级样品(约

1 kg)，迅速切碎后混合均匀，取 300 g 左右测定初水分，其余样品平铺于洁净的瓷盘内或用线串联置于阴凉通风处风干 2～3 d，然后在 60～65 ℃的恒温干燥箱中烘干备用。

4. 块饼类饲料

块饼类饲料的采样首先根据块饼的大小，确定采样的块饼数。圆形的块饼等分为 6 块、8 块或 32 块，用刀或锯取对角两块，共计 10 块；方形的块饼用锯取对角二长条，共计 10 条；也可采用穿孔法取样。大块状饲料从不同的堆积部位选取不少于 5 大块，小块油粕要选取具有代表性的 25～30 片(小块状可直接粉碎后混合)，将全部原始样品锤碎混合后，再用四分法采集分析样品(图 4)，约 500 g 左右，经粉碎机粉碎后装入样品瓶中。

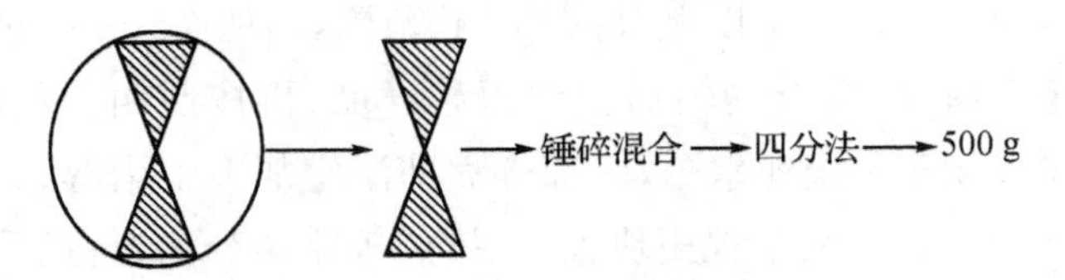

图 4 块饼类饲料采样示意图

5. 副食及酿造加工副产品

这类饲料包括酒糟、醋糟、粉渣和豆渣等。采样方法是在木桶、贮藏池或贮藏堆中分上、中、下三层取样，视桶、池或堆的大小每层取 5～10 个点，每个采样点取 200 g 放入瓷桶内充分混合后随机取出分析样品约 1 000 g，用 200 g 测定初水分，其余放入大瓷盘中，在 60～65 ℃的恒温干燥箱中烘干备用。豆渣和粉渣等含水较多的样品，在采样过程中应注意勿使汁液损失并及时测定干物质百分含量。为避免腐败变质，可滴加少量氯仿或甲苯等防腐剂。

6. 液体或半固体饲料

1) 液体饲料

桶装的液体饲料应根据桶的数量确定取样桶数，从不同的桶中分别取样混合(表 2)。取样时，将桶内饲料搅拌均匀(或摇匀)，然后将空心探针缓慢地自桶口插至桶底，接着堵压上口提出探针，每桶应取 3 点，将液体饲料注入样品瓶内混匀。

表 2 桶装液体饲料采样方案

桶数	取样桶数
7 桶以下	不少于 5 桶
10 桶以下	不少于 7 桶
10～50 桶	不少于 10 桶
51～100 桶	不少于 15 桶
100 桶以上	不少于 15%的总桶数

对散装(大池或大桶)的液体饲料按照散装液体高度分上、中、下 3 层分层布点采样。上层距液面约 40～50 cm 处，中层设在液体中间，下层距池底 40～50 cm 处，3 层采样数的比例为 1∶3∶1(卧式液池、车槽为 1∶8∶1)。原始样品的数量取决于总量，采样数量规定如下：500 t 以下，应不少于 1.5 kg；501～1 000 t 不少于 2.0 kg；大于 1 000 t 以上的，应不少于 4.0 kg。将原始样品混合，分取 1 kg 作为平均样品备用。

2) 固体油脂

对在常温下呈固体的动物性油脂的采样，可参照固体饲料采样方法采集原始样品，然后经加热熔化混匀，才能采集次级样品。对于动物性的油脂饲料，在一批饲料中由 10%的包装单位中采集平均样品，最少不低于 3 个包装单位。在每一包装单位(如桶)中的上、中、下 3 层分别取样，由一批饲料中采取的平均样品为 600 g 左右。所使用的取样工具是空心探针(这种取样器是一个镀镍或不锈钢的金属管子)，直径为 25 mm，长度为 750 mm，管壁具有长度为 715 mm、宽度为 18 mm 的孔，孔的边缘应为圆滑的，管的下端应为圆锥形的，与内壁成 15°角，管上端装有把柄(图 5)。采样时先打开装有饲料油脂的容器，然后在距油脂层表面 50 cm 处取样。油脂样品应放在清洁干燥的罐中，通过热水浴加热至油膏状充分搅拌均匀。

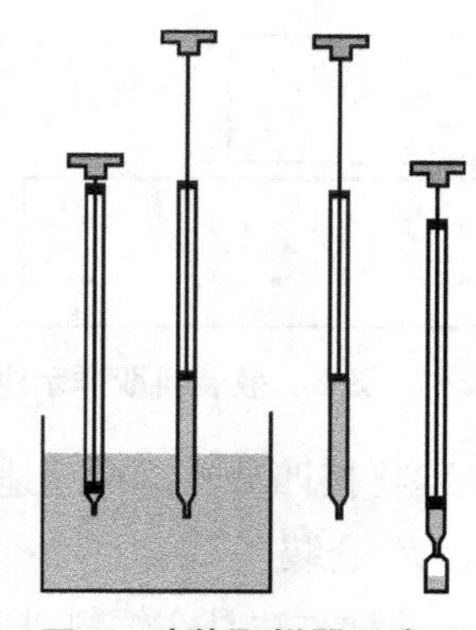

图 5　液体取样器示意图

3) 黏性液体

黏性浓稠饲料如糖蜜，由于富有黏性或含有固形物，故其取样方法特殊。一般可在其卸装过程中采用抓取法采样，定时用勺等器具随机采样(约 500 g)即可。例如，分析用糖蜜平均样品可直接由工厂的铁路槽车或仓库采集。用特制的采样器通过槽车和仓库上面的舱口在上、中、下 3 层采集，所采集的样品体积为每吨糖蜜至少 1 L。原始样品用木铲充分搅拌混匀后即可作为平均样品。

7. 粉状和颗粒饲料

这类饲料包括磨成粉末的各种谷物和糠麸以及配合饲料或混合饲料、预混料等。这类饲料的采集由于贮存的地方不同，又分为散装、袋装、仓装三种。所选用的取样器探棒，或称探管或探枪，可以是有槽的单管或双管，具有锐利的尖端(图 6 和图 7)。

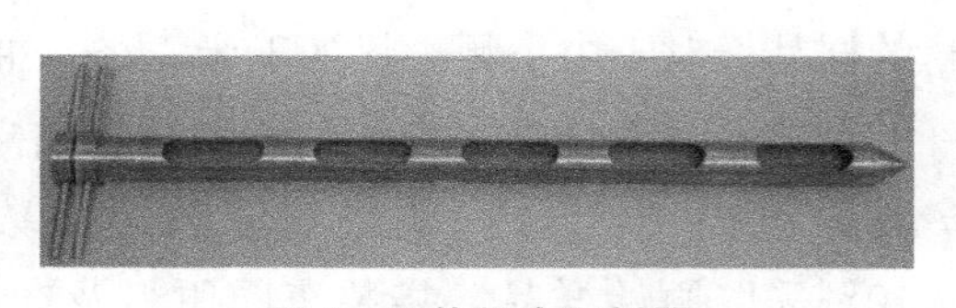

图 6　固体粉末取样器

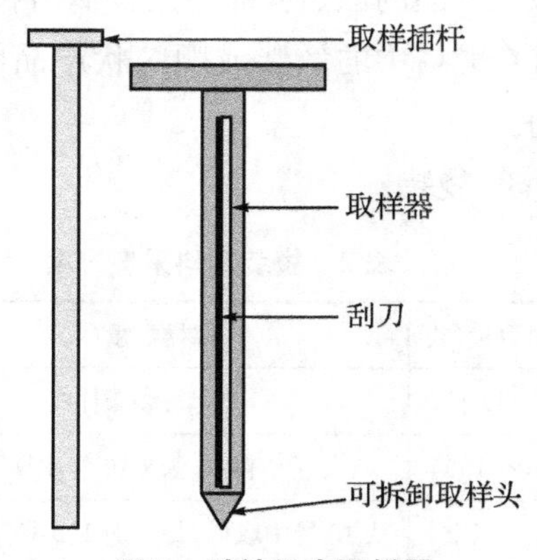

图 7　黏性粉末取样器

1) 散装

散装的原料应在机械运输过程中不同场所(如滑运道、供送带等处)取样。如果在机械运输过程中未能取样，可用探棒取样，但应该避免因饲料原料不匀而造成的取样错误。(1) 散装车厢原料及产品：使用抽样锥自每车至少 10 个不同角落处采样。方法是使用短柄大锥的探棒，从距离边缘 0.5 m 和中间 5 个不同的地方、不同的深度选取。将从汽车运输散

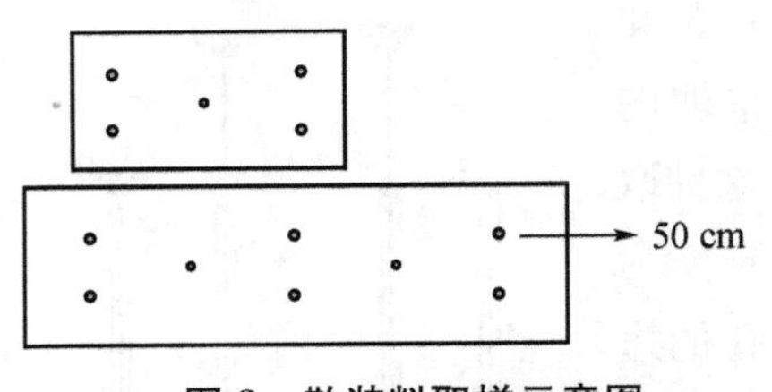

图 8 散装料取样示意图

装的颗粒产品中采取的原始样品置于样品容器后，以四分法进行缩样。(2) 散装货柜车原料及产品：从专用汽车和火车车厢里采取散装和颗粒状产品的原始样品可使用抽样锥，自货车 5～11 个不同角落处抽取样品，也可在卸车时用长柄勺、自动选样器或机械选样器等，间隔相同时间，截断落下的料流采取，置于样品容器中混合后，再按四分法缩样至适量。散装料的取样见图 8。

2）仓装

一种方法是在饲料进入包装车间或成品库的流水线或传送带上、贮塔下、料斗下、秤上或工艺设备上采取原始样品。其方法是用长柄勺、自动选样器或机械选样器，间隔相同时间，截断落下的料流采样。选择的时间应根据产品移动的速度来确定，同时应考虑到每批采取的原始样品的总重量。对于饲料磷酸盐、动物饲料粉和鱼粉应不少于 2 kg，而其他饲料产品不低于 4 kg。

另一种是贮藏在饲料库中的散装产品的原始样品的采取，料层在 1.5 m 以下时用探棒取样；料层在 1.5 m 以上时，使用有旋杆的探管取样。采样前先将表面划分成六等份，在每一部分的四方形对角线的四角和交叉点五个不同地方采样。料层厚度在 75 cm 以下时，从两层中采取，即从距料层表面 10～15 cm 深处的上层和靠近地面的下层采样。当料层的厚度在 75 cm 以上时，应从三层中采取，即从距料层表面 10～15 cm 深处的上层、中层和靠近地面的下层采样。在任何情况下，原始样品都是先从上层，然后是中层、下层依次采取的。颗粒状产品的原始样品使用长柄勺和短柄大号锥形探管，在不少于 30 cm 深处进行采样的。贮藏在贮塔中的散装或颗粒状产品的原始样品的采取，是在其移入另一贮塔或仓库时采集的。

3）袋装

表 3 袋装饲料采集方案

饲料数量(袋)	取样数量(袋)
10 以下	每袋取样
10～100	随机选取 10 袋取样
100 以上	从 10 袋中取样，每增加 100 袋需补采 3 袋

关于袋装原料的取样，可以在袋装货运时用探棒从几个袋中进行采样，以获得混合的样品。对于中小颗粒料如玉米、大麦，抽样的袋数不少于总袋数的 5%，粉状饲料抽样的袋数不少于 3%，一般按照原料总袋数的 10%采取原始样品。袋装车厢原料及产品：用抽样锥随意地自至少 10%袋数的饲料中取样。方法是对编织袋包装的散状或颗粒状饲料的原始样品，用取样器从料袋的上下两个部位取样，或将料袋平放，从料袋的头到底斜对角插入取样器，插取样器前用软刷刷净选定的位置，插入时应使槽口向下，然后转 180°，再取出，取完样品后将袋口封好(图 9)。而用聚乙烯衬的纸袋或编织袋包装的散装成品的原始样品，则用短柄锥形袋式大号取样器从拆了线的料袋内上、中、下三个部位采样。对颗粒状产品的原始样品，使用勺子在拆了线的口袋中取样(图 10)。将采取的原始样品置于样品容器

中混合后，按照四分法缩样至适量。袋装饲料采样方案见表 3。

图 9 编织袋采样示意图　　图 10 拆线的内衬塑料袋取样示意图

将所采取的原始样品(包括散装、袋装和仓装)混合搅拌均匀后，用四分法采取 500 g 样品，用粉碎机粉碎，过 1 mm 筛网，混合均匀后盛于两个样品瓶中，一份供鉴定或分析化验用，另一份供检查用(注意封闭，放置在干燥洁净处保存一个月)。如为不易粉碎的样品，则应尽量磨碎。尤其要注意的是，如果所采取的样品为添加剂预混料，由于其颗粒较小，故制备时应避免样品中小颗粒的丢失。

8. 微生物饲料

微生物饲料由于其特殊性，在采样时需要使用灭过菌的工具和容器，采样人员必须严格遵循无菌操作程序。采样时根据饲料状态(液态、粉状、胶状等)用灭过菌的移液管、注射器、药勺等工具在酒精灯的保护下快速取样。

(四) 样品的制备

样品制备方法包括烘干、粉碎和混匀。制备过程依样品类型而异。

1. 风干样品的制备

风干样品是指饲料原样中不含有游离水，仅含有一般吸附于饲料蛋白质、淀粉等的吸附水，且吸附水的含量在 15%以下的样品，如玉米、小麦等作物的籽实、糠麸、油饼、干草、秸秆、奶粉、血粉、肉骨粉、配合饲料等。风干样品的制备主要是粉碎、过筛和混匀过程。

1) 粉碎

粉碎主要用植物样品粉碎机(图 11)、中草药粉碎机(图 12)等进行，其中最常用的是植物样品粉碎机。粉碎应注意防止温度过热而引起水分散失和成分变性。植物样品粉碎机易清洗，不会过热及使水分发生明显的变化，能使样品经研磨后完全通过适当筛孔。

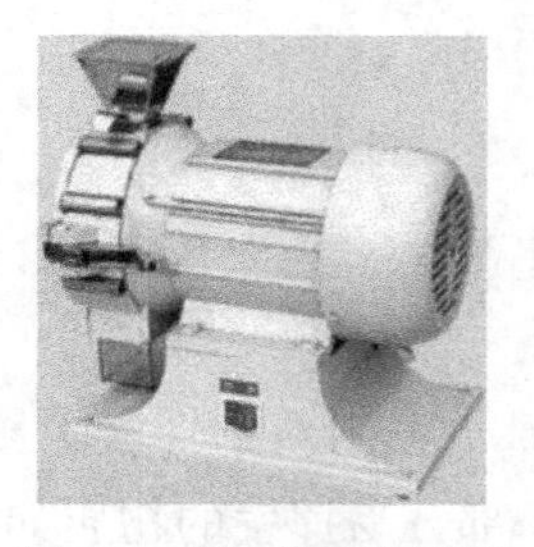

图 11 植物样品粉碎机

图 12 中草药样品粉碎机

2）过筛

饲料粉碎粒度的大小影响饲料的混合均匀度，进而影响分析结果的准确性。粉碎粒度应与待分析的指标相吻合，主要分析指标样品粉碎粒度的要求见表4。不易粉碎的粗饲料如秸秆等在粉碎机中会剩留极少量的残渣难以通过筛孔，这部分绝不可抛弃，应尽可能弄碎如用剪刀仔细剪碎后均匀混入已粉碎的样品中，以避免引起分析误差。

表4　主要分析指标样品粉碎粒度的要求

指标	分析筛规格(目)	筛孔直径(mm)
氨基酸、微量元素、维生素、脲酶活性、蛋白质溶解度	60	0.25
水、粗蛋白质、粗脂肪、粗灰分、钙、磷、盐	40	0.45
粗纤维、体外胃蛋白酶消化率	18	1.00

3）混匀

粉碎过筛的样品经仔细混合均匀，然后装入磨口广口瓶内保存备用，并注明样品名称、制样日期和制样人等。样品应密封存放于干燥通风且不受光直接照射的地方，要注意保持样品的稳定性，避免虫蛀、微生物以及植物细胞自身呼吸作用等的影响。

2. 半干样品的制备

除用于分析少数指标如胡萝卜素等维生素外，新鲜饲料往往因含有较多的水分，不便保存，一般需经过干燥成为半干样品，然后再粉碎制样备用。

饲料中水分存在着两种形式：游离水和吸附水（吸附在蛋白质、淀粉及细胞膜上的水）。新鲜样品中含有大量的游离水和少量的吸附水，两种水分的总量占样品重的79%～90%，这类饲料包括青饲料、多汁饲料（含水饲料）、青贮饲料等。新鲜样品由于水分含量高，不易粉碎和保存，因此通常要先测定其中的初水分，制备成半干样品后作为分析样品。按照几何法或四分法从新鲜样品中取得分析样品后，再将分析样品分为两部分：一部分分析鲜样约300～500 g，用作初水分的测定，制成半干样品；另一部分分析鲜样可供作胡萝卜素等的测定。

所谓初水分是指将新鲜样品置于60～65 ℃的恒温干燥箱中烘8～12 h，除去部分水分，然后回潮使其与周围环境条件下的空气湿度保持平衡，在此条件下鲜样所失去的水分称为初水分。测定完初水分后再进行制样，从而获得半干样品。

3. 绝干样品的制备

绝干样品是指不含水分的饲料样品。制备原理是样品在(105±2)℃烘箱中，在一个大气压下烘干直至恒重，剩余的部分即为绝干样品。

绝干样品的制备可用风干样品或半干样品进行，也可用新鲜饲料直接干燥而成。实际上，在(105±2)℃温度下，不仅饲料中的水分散失，一部分易挥发的物质如挥发油也散失掉，而且样品中的蛋白质发生变性，所制得的绝干样品已不适合用于测定蛋白质和氨基酸含量等指标，可用于测定灰分和矿物元素含量。

4. 微生物饲料样品

1) 纯微生物菌剂

纯微生物菌剂在取样时必须严格遵循无菌操作，取盛有 100 mL 无菌生理盐水的 250 mL 三角瓶 1 个，准确称取菌剂 2 g，倒入无菌水中溶解，将三角瓶放入振荡器中振荡 30 min，制成原液，再用梯度稀释法进行微生物活菌、总菌计数和菌剂中微生物分类鉴定等分析。

梯度稀释法：用灭菌的移液管从原液中吸取 1 mL 菌液加入 9 mL 无菌生理盐水的试管中，振荡混匀制成浓度为 1.0×10^{-1} 的稀释液，再从 1.0×10^{-1} 的试管中吸取 1 mL 菌液加入盛有 9 mL 无菌生理盐水的试管中混匀制成 1.0×10^{-2} 的稀释液，如此类推，分别制成 1.0×10^{-1}、1.0×10^{-2}、1.0×10^{-3}、1.0×10^{-4}、1.0×10^{-5}、1.0×10^{-6}、1.0×10^{-7}、1.0×10^{-8}、1.0×10^{-9} 和 1.0×10^{-10} 10 个梯度的稀释液，然后取适当的梯度液进行各项微生物指标分析。

2) 带有吸附剂的微生物饲料

准确称取 5 g 微生物添加剂，溶于盛有 100 mL 无菌生理盐水的 250 mL 三角瓶中，振荡 30 min，静置 5 min，用无菌移液管吸取上清液 5 mL 置于离心管中，1 500～2 000 r/min 离心 5 min，取上清液为原液进行梯度稀释，然后根据测试的微生物指标选择适当的梯度进行测试。

5. 仪器分析样品的制备

现代饲料分析使用了大量的自动化分析仪器，如高效液相色谱分析仪、气相色谱分析仪、原子吸收光谱分析仪与自动纤维分析仪等，这些分析仪器对所分析的样品在制备上都有其特殊的要求，因此在使用这些仪器时要按照其要求制备样品。

（五）样品的登记与保管

制备好的风干样品、半干样品或绝干样品均应置于干燥且洁净的磨口广口瓶内，作为分析样品备用。瓶外要贴上标签，标明样品名称及采样和制样时间，采样和制样人等，对某些饲料还应当额外标明一些信息，如秸秆类饲料的收获期，调制与贮存的方法，青饲料的生长阶段及收获时期，青贮料的原料种类及收获时期、青贮方式、品质鉴定结果及混合比例，根茎类饲料的收获期、贮藏时间与条件等均应加以记录说明。同时，应有专门的样品登记本，详细记录与样品相关的资料。在记录本或样品瓶上应详细描述样品，登记如下内容：① 样品名称（包括一般名称、学名和俗名）和种类（必要时需注明品种、质量等级）；② 生长期（成熟程度）、收获期、茬次；③ 调制和加工方法及贮存条件；④ 外观性状及混杂度；⑤ 采样地点和采集部位；⑥ 生产厂家和出厂日期；⑦ 重量；⑧ 采样人、制样人和分析人的姓名。

（六）样品的保管与存放

饲料样品都由专人采取、登记、粉碎与保管。如需测氨基酸和矿物质等项目的原料（样品）应用高速粉碎机，粉碎粒度为 100 目。其他样品可用圆环式或自制链片式粉碎机，粒度

40～60 目，样品量一般在 1 kg 以上。

样品保存时间的长短应有严格的规定，这主要取决于饲料原料更换的快慢、水分含量、样品的用途及买卖双方谈判情况（如水分含量、蛋白质含量是否合乎规定）。此外，某些饲料在饲喂后可能会出现问题，故该饲料样品应长期保存备查。而一般条件下原料样品应保留两周，成品样品应保留一个月（或与对客户承诺的保险期相同）。但有时为了特殊目的，其饲料样品需保留 1～2 年。对于需长时间保存的样品可用锡铝纸软包装，经抽真空充氮气后（高纯氮气）密封，在冷库中保存备用。样品室内的温度和湿度力求稳定，需要避光的样品应存放在干燥黑暗处。对于瓶装的样品，也可用纸包少量樟脑放入瓶中。长期保存的样品瓶，标签应涂蜡，瓶塞要密封。保存期应以检验报告单签发日期算起，保留样品应加封存放，并尽可能保持原状。

（七）采样报告（记录）

采样后，应由采样人尽快完成报告。在报告后，应尽量附上包装或容器标签的复印件或交付物单子的复印件。采样报告至少应包含以下信息：① 实验室样品标签所要求的信息；② 采样人的姓名和地址；③ 制造商、进口商、分装商和（或）销售商的名称；④ 货物的多少（重量和体积）。可能的情况下，还应包括以下内容：①采样目的；②交付给认可实验室分析的实验室样品数量；③采样过程中可能出现的任何偏差的详情；④其他的相关事宜。总的来说，采样的关键点是采样前必须考虑清楚采集样点的数量和每个点所取的样品量，然后再进行合理的缩分，直至符合检测分析所需的样品量。

五、注意事项

1. 无论什么样品一定要具有代表性。
2. 采样时要严格遵循不同样品的采样要求进行采样，保证采样的完整性。
3. 采集样品后需进行及时的记录，防止采集的样品由于无记录而造成资源浪费。
4. 样品制备后一定要有专门的人员进行管理，及时观察样品的状态，一旦发现变霉的样品要及时进行更换，重新制备新样品。

六、思考题

1. 采样的目的是什么？不同种类、不同形状和形态的饲料应如何采样？
2. 样品为什么要具有代表性？在采样过程中怎样才能获得有代表性的样品？
3. 常用的采样方法有几种？
4. 什么是风干样品和绝干样品？如何制备这两种样品？
5. 怎样测定样品的初水分？
6. 保存样品的容器应具备什么条件？
7. 对于制备好的样品，应如何登记与保管？

实验二 饲料水分的测定

饲料中的水分存在形式有两种，一是游离水（又叫初水分），二是吸附水。因此水分的测定一般包括初水分和吸附水的测定，以及总水的计算。青绿饲料需要除去初水分制成半干样品再进行粗水分的测定。也有些饲料如籽实、糠麸、秸秆、干草等都处于风干状态，因此只除去吸附水，即测粗水分（也就是总水），不测初水分和计算总水分的含量。相关概念如下：

1. 游离水（自由水）：存在于动植物中细胞外、毛细管及腔体中的水。在常温常压下或60～65 ℃中蒸发，0 ℃结冰。

2. 吸附水（结晶水）：吸附于动植物中的蛋白、淀粉中，以氢键相结合的水分子 。常压下，在 100 ℃以上蒸发，在－40 ℃以下结冰。

3. 新鲜样本：含有大量的游离水（自由水）的样品称为新鲜样本。含水量一般大于 70％。

4. 风干样本：含有吸附水以及少量自由水的样品称风干样本。含水量为 15％以内。

5. 半干样本：用实验方法获得的风干样本，通常指在 60～65 ℃中烘干后并在空气中平衡水分的样本。含有吸附水以及少量自由水。

初水分的测定

一、实验目的

掌握新鲜样本的采集及其初水分的测定以及风干样本的采集与制备。

二、实验原理

含水分高的新鲜饲料在 60～65 ℃烘箱中烘干至恒重，逸失的重量即为初水分。

三、实验仪器与试剂

工业电子秤，电热式恒温烘箱，剪刀，粉碎机，筛子（规定孔径），搪瓷盘，竹筷，样本瓶，药匙，培养皿，坩埚钳，小毛刷。

四、实验步骤

1. 将搪瓷盘洗净用蒸馏水冲洗2～3次，编号，放入60～65 ℃烘箱中烘干，冷却至室温，在工业电子秤上称重，作记录，要求空搪瓷盘恒重，即两次称重相差小于0.2 g，备用。

2. 采集新鲜饲草(随机取样，要做到各个部位尽量采集到)约2 kg，放入塑料布上，用剪刀剪成2～3 cm长，用竹筷混合均匀，再采用“四分法”混合，用竹筷采集平均新鲜样品200～300 g(不超过搪瓷盘表面为准)，再放在工业电子秤上称重，并作记录。

3. 放入120 ℃烘箱中灭菌30 min，再降至65℃烘烤8～12 h进行干燥，干燥到样品容易磨碎。

4. 将烘干的样品放在室内自然的条件下冷却4～6 h(不少于2 h)，便成为风干状态。称重，作记录。

5. 再放入65 ℃烘箱中烘烤1 h，再冷却、称重、作记录。重复上述操作，直到两次称重之差不超过0.5 g为止。初水分计算公式：

初水分(%)＝烘干前后重量之差/鲜样品重×100

6. 初水测定实验流程图

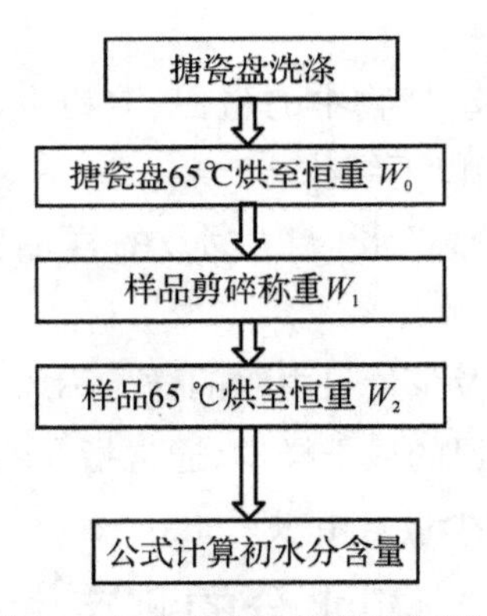

图1　初水分测定实验流程图

7. 风干样品的采集与制备

将所制作的风干样品(混合料)，放入塑料布上，用不锈钢铲将混合料依次从顶部堆成圆锥形，反复2～3次，然后平整成圆台，采用“几何法”用采样器采集各个部位，采集约1 kg左右，放入塑料布中，再用“四分法”采样，收集约250 g作为分析样本，粉碎(通过40目，用作常规分析)，混匀，备用，同时作记录(时间、地点、名称、采样人等)。

备注：

40目：孔径为0.420 mm；网线直径为0.249 mm(用作饲料常规分析)。

60目：孔径为0.250 mm；网线直径为0.163 mm。

80目：孔径为0.177 mm；网线直径为0.119 mm(用作饲料微量元素分析)。

100目：孔径为0.149 mm；网线直径为0.102 mm(用作饲料微量元素分析)。

吸附水(干物质)的测定

一、实验目的

适合于测定配合饲料及单一饲料中吸附水(或干物质)量。饲料中营养物质,包括有机物质与无机物质均存在于饲料的干物质中。饲料中干物质含量的多少与饲料的营养价值及家畜的采食量均有密切的关系。

二、实验原理

干燥好的样品在100～105 ℃烘箱内,在一个大气压下烘干直至恒重,逸失的重量即为所测试样的吸附水分。在该温度下干燥,不仅饲料中的吸附水被蒸发,同时一部分胶体水分也被蒸发,另外还有少量挥发油挥发。风干饲料例如各种籽实饲料、油饼、糠、麸、藁秕、青干草、鱼粉、血粉等可能直接在100～105 ℃温度下烘干,烘去饲料中蛋白质、淀粉及细胞膜上的吸附水,得到风干饲料的干物质量。

含水分多的新鲜饲料如青饲料、青贮饲料、多汁饲料以及畜粪和鲜肉等均可先测定初水分后制成半干样本或风干样本;再在100～105 ℃温度下烘干,测定半干样本的干物质量,而后计算新鲜饲料或鲜粪或鲜肉中干物质含量。

测定尿中干物质法,系将定量的尿液吸收于已知重量的滤纸上,烘干滤纸,再吸收一定量的尿,再烘干,重复数次。吸收尿液的烘干滤纸重量减去原滤纸重量即为吸收尿液总量的干物质量。

三、实验仪器与试剂

电热式恒温烘箱,分析天平(感量为0.000 1 g),干燥器(用氯化钙或变色硅胶作干燥剂),称量瓶,药匙,坩埚钳,小毛刷。

四、实验步骤

1. 将称量瓶洗净用蒸馏水冲洗2～3次,放在100～105 ℃的烘箱中,开盖烘干1 h,用坩埚钳取出称量瓶,并移入有变色硅胶(变色硅胶变红时需在105 ℃烘箱中烘干成蓝色)的干燥器中冷却30 min后,在电子分析天平上称重(称量瓶放入烘箱时须启盖,冷却和称重时须严盖),作记录为W_0。

2. 再放入100～105 ℃烘箱中烘干1 h,用坩埚钳取出称量瓶,并移入干燥器中,冷却30 min后再称重,两次相差小于0.000 5 g为恒重,否则再继续烘直到恒重。

3. 用差减法在已知重量的称量瓶中用电子分析天平称取两份平行试样,作记录记为W_1,每份2 g左右(含水重0.1 g以上,样厚4 mm以下),风干样本于已知重量的称量瓶中,准确至0.000 2 g,作记录记为W_1。称量瓶不盖盖,将装入样本的称量瓶放入105 ℃烘箱中，并将称量瓶盖揭开少许，烘 5～6 h 后（温度到达 105 ℃开始计时），取出，盖好称量瓶盖，移入干燥器中，冷却 30 min，在电子分析天平上称重。

4. 再将盛有样品的称量瓶放入 100～105 ℃烘箱中烘 1 h，用坩埚钳取出并盖紧称量瓶，放入干燥器中，冷却 30 min，称重，作记录为 W_2。直至前后两次称重量的差值小于 0.000 2 g为恒重，进行计算。计算时，采用两次称重中的最低值参加计算。

5. 测定结果的计算

(1) 吸附水分计算公式：

$$吸附水分(\%)=\frac{W_1-W_2}{W_1-W_0}\times 100$$

式中：W_1——烘干前试样及称量瓶重(g)；

W_2——105 ℃烘干后试样及称量瓶重(g)；

W_0——已恒重的称量瓶重(g)。

(2) 原试样总水分计算公式：

原试样总水分(%)＝预干燥减重(%)＋[100(%)－预干燥减重(%)]×风干试样水重(%)

(3) 新鲜样本中干物质计算公式：

新鲜样本中干物质(%)＝新鲜样本 65 ℃干物质(%)×半干样本 105 ℃干物质(%)
[或新鲜样本中空气干燥干物质(%)]

6. 吸附水测定实验流程图

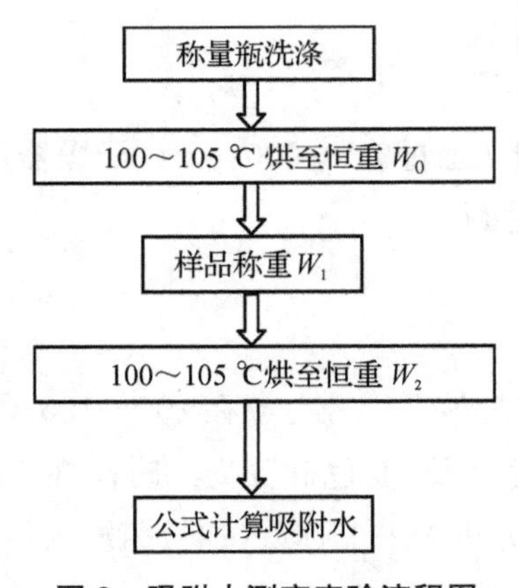

图 2 吸附水测定实验流程图

7. 重复性

每个试样应取两个平行样进行测定，以其算术平均值为结果。两个平行样测定值相差不得超过 0.2%，否则重做。

精密度：含水量在 10%以上，允许相对偏差为 1%；含水量在 5%～10%时，允许相对偏差为 3%，含水量在 5%以下时，允许相对偏差为 5%。

五、实验注意事项

1. 如果用在 65 ℃烘箱中烘干的半干样品，则在测半干样品中的干物质时，须在 65 ℃烘箱中烘 1 h，而后移入干燥器中冷却 30 min 再称重，这样可减少半干样本在磨碎制样过程中由于吸收空气中水分而引起的误差。

2. 加热时样品中有挥发物质可能与样品中水分一起损失，例如青贮料中的挥发性脂肪酸等。

3. 某些含脂肪高的样品，烘干时间长反而增重，为脂肪氧化所致，应以增重前那次重量为准。

4. 含糖分高的易分解或易焦化试样，应使用减压干燥法（70 ℃、600 mmHg 以下烘干 5 h）或冷冻干燥法测定水分。

5. 含水量相差很大的样品不应该放在同一个烘箱中进行干燥。

六、思考题

1. 如何解释新鲜样品、半干样品、风干样品？其间有什么区别与联系？

2. 什么是饲料中的自由水、吸附水？对饲料的贮藏分别有什么影响？

3. 风干样品中含有什么水分？南方、北方对风干样品水分含量的一般要求是多少？

附　水分快速测定仪的使用介绍

水分快速测定仪用于测定原料、燃料、谷物、食品、茶叶等各种物质的游离水分。测量时将定量样品放置在水分快速测定仪内部的天平秤盘上，打开天平和红外线加热装置。样品在红外线的直接辐射下，游离水分迅速蒸发，当试样物中的游离水分充分蒸发失重至相对稳定后，即能通过水分快速测定仪的光学投影读数窗直接读出试样物质的含水率(见图 3、图 4)。

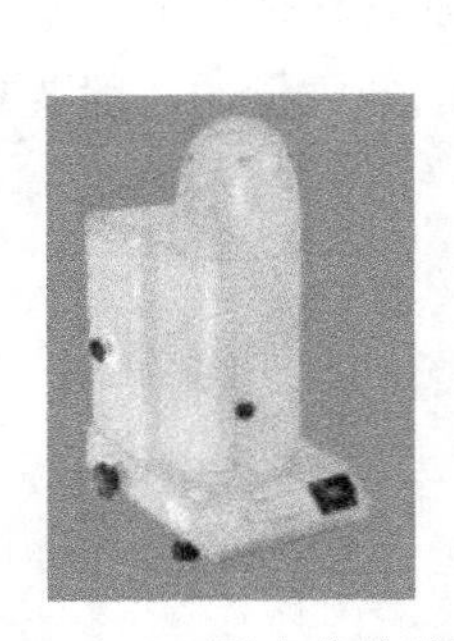

图 3　SC69-02C 型水分快速测定仪

图 4　SFY-60 型红外线快速水分测定仪

一、测定原理

试样受红外线辐射波的热能加热后，游离水分迅速蒸发后，即能通过仪器上的光学投影装置直接读出试样物质的含水率。

二、操作步骤

1. 干燥预热：预热 5 min，关灯冷却至常温。

2. 开灯 20 min 后，用 10 g 砝码校正零点。在加码盘中放置 5 g 砝码，并在天平或仪器上称取试样 5 g。

3. 加热测试：开启红外灯，对试样进行加热，在一定的时间后刻度移动静止，表示水分蒸干，记录读数即为水分含量。

4. 取下被测物和砝码。

三、饲料总水分的计算

饲料分析结果通常都用风干状态样本的百分含量表示。为了将这些数字换算成原始饲料或绝干饲料的百分含量,必须计算总水分。

计算公式:

$$OB=Y+\frac{(100-Y)X}{100}$$

式中:OB——饲料中总水分的百分含量;

Y——初水分的百分含量;

X——吸附水的百分含量。

表 1　水分快速测定仪测定参数

项目	参数
称量范围	0～10 g
称量分度值	5 mg
水分测定范围	0.01%～100%
接口	打印机、计算机
水分测定准确性	±0.02%
调温或调压范围	140～220 V

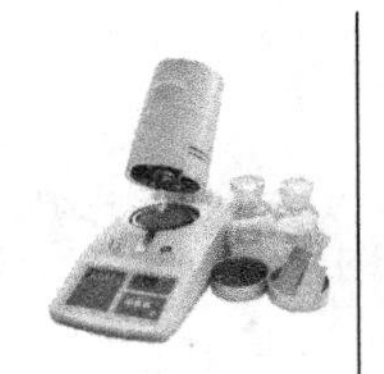

实验三 饲料蛋白质的测定

饲料中含氮物质总称为粗蛋白质(Crude protein, CP),包括真蛋白质和非蛋白氮(氨基酸、酰胺、铵盐等氨化物)两部分。在生产中多数情况下只测定饲料原料和饲料产品中的粗蛋白质即可,但是对一些特殊的饲料原料(如鱼粉等)和特定应用目的的饲料,需要测定其中的真蛋白质含量。测定蛋白质的方法很多,有直接法和间接法。直接法是根据蛋白质物理和化学性质直接测定蛋白质的方法;间接法是根据每种蛋白质的含氮量是恒定的原理,通过测定样品中含氮量推算蛋白质含量的方法。常用的间接法有凯氏法、杜马斯法、纳氏试剂比色法和靛酚蓝比色法等。对于常规饲料样本而言,目前通用的粗蛋白质分析方法为凯氏(Kjeldahl)定氮法。所以,本实验重点介绍凯氏定氮法。

饲料中粗蛋白质(CP)的测定

一、实验目的

饲料中的粗蛋白质是饲料概略养分分析中的重要指标,也是进行饲料原料和产品质量控制最基本的指标。我国已颁布实施的《饲料标签》(GB 10648—2013)标准中列示了饲料生产企业在配合饲料、浓缩饲料和单一饲料产品成分分析保证值中必须注明的项目。

二、实验原理

饲料中的粗蛋白质包括纯蛋白质和氨化物(如氨基酸、酰胺、硝酸盐及铵盐等),两者总称为粗蛋白质。凯氏定氮法的基本原理是饲料样品中的含氮物质在催化剂(如硫酸铜)的作用下,用浓硫酸进行消化,使样品中的含氮物都转变为氨气,氨气被浓硫酸吸收变为硫酸铵;而非含氮物质,则以二氧化碳、水、二氧化硫的气体状态逸出。消化液中硫酸铵在浓碱的作用下用水蒸气进行蒸馏,释放出氨气,用硼酸吸收,使氨气与硼酸结合成为四硼酸铵,然后以甲基红-溴甲酚绿作混合指示剂,用盐酸标准溶液滴定,即可测定放出的氨氮量。根据氮量,再乘以国际上通用的换算系数 6.25(以蛋白质平均含氮量为 16%计算),即可获得粗蛋白质的含量。

其主要化学反应方程式如下：

(1) $2CH_3CHNH_2COOH + 13H_2SO_4 \longrightarrow (NH_4)_2SO_4 + 6CO_2\uparrow + 12SO_2\uparrow + 16H_2O$

(2) $(NH_4)_2SO_4 + 2NaOH \longrightarrow 2NH_3 + 2H_2O + Na_2SO_4$

$NH_3 + H_3BO_3 \longrightarrow NH_4H_2BO_3$

(3) $NH_4H_2BO_3 + HCl \longrightarrow H_3BO_3 + NH_4Cl$

三、实验仪器与试剂

1. 仪器设备

凯氏烧瓶：250 mL，或消化管 250 mL。

量筒：10 mL，100 mL，1 000 mL。

容量瓶：10 mL，1 000 mL。

移液管：2 mL，10 mL。

三角瓶：150 mL。

半微量凯氏蒸馏装置：全套。

酸式滴定管：常量，50 mL。

可调电炉：1 000 W。

分析天平：感量 0.000 1 g。

洗瓶：500 mL。

通风柜：1 套。

2. 试剂及配制

(1) 浓硫酸(GB625)，相对密度 1.84，化学纯，含量 98%，无氮。

(2) 40%NaOH 溶液：取 40 g NaOH(化学纯)溶于 100 mL 蒸馏水中。

(3) K_2SO_4 或 Na_2SO_4：化学纯 15 g。

(4) $CuSO_4$：化学纯 1 g。

(5) 2%硼酸溶液：2 g 硼酸(GB628，化学纯)溶于 100 mL 蒸馏水中。

(6) 甲基红-溴甲酚绿混合指示剂：取 20 mL 0.1%甲基红乙醇溶液与 20 mL 0.5%溴甲酚绿乙醇溶液混匀。

(7) 0.01 N 或 0.05 N HCl 标准溶液：采用邻苯二甲酸法标定。

四、实验步骤

1. 消化

(1) 用硫酸纸或无氮滤纸在分析天平上称样品 0.5～1 g(视样品含氮量而定)，准确至 0.000 2 g。将硫酸纸包裹好样本后，准确无损地放入洗净烘干的凯氏烧瓶或消化管中。

(2) 向凯氏烧瓶中加入硫酸铜($CuSO_4 \cdot 5H_2O$)0.2 g,无水硫酸钾或无水硫酸钠 3 g,浓硫酸 10 mL(边加边摇动凯氏烧瓶内的样品)和两粒玻璃珠,然后浸泡放置过夜,以缩短消化时间,减少泡沫,防止外溢。

(3) 将凯氏烧瓶放在通风柜内的可调电炉或远红外消化炉上,开始时慢慢地加热,待样品焦化,泡沫消失,然后增强火力(360~410 ℃),使硫酸沸腾,但应保持酸雾在瓶颈一半处冷凝,直至溶液呈透明浅蓝色后,再消化半小时即可(一般仅需 3 h 完成消化过程)。

(4) 待凯氏烧瓶冷却后,加水 20 mL 摇匀,全部转入 100 mL 容量瓶中,放置冷却后,加水至刻度。作为样品消化稀释液。

2. 蒸馏(半微量凯氏蒸馏法)

(1) 在蒸汽发生器的水中加甲基橙指示剂数滴,且加硫酸数滴,保持水为橙红色。取 10 mL 1%硼酸吸收液于 150 mL 的三角瓶中,加入 2 滴混合指示剂混匀,置于定氮装置的冷凝管下,并使冷凝管末端管口浸入硼酸液中。

(2) 用移液管精确吸取容量瓶中的样品消化稀释液 10 mL 注入半微量凯氏定氮蒸馏装置的反应室内,并用少量蒸馏水冲洗进样入口处的余液,塞好入口玻璃塞,再加入 50% NaOH 溶液 10 mL,小心拉起玻璃塞使之流入反应室,将玻璃塞塞紧,并在漏斗入口处加少量蒸馏水以防漏气。关闭漏斗底下的止水夹。

(3) 向反应室通入蒸汽,当反应室内溶液沸腾后,蒸馏 3~5 min,蒸馏即告结束,使三角瓶液面离开冷凝管口后,继续蒸馏 1 min,用蒸馏水冲洗冷凝管口,移开三角瓶准备滴定。

3. 滴定

将上述三角瓶移开蒸馏装置后,即用 0.01 N HCl 滴定,至瓶中溶液由蓝色变成灰色为止。

4. 空白样测定

按照上述方法,除不加试样外,各种试剂的用量及操作步骤完全相同,作一试剂空白测定。

5. 结果计算

粗蛋白质(N×6.25)含量(%)(风干基础):

$$\mathrm{CP}(\%,\mathrm{Air\ dry}) = (V_3 - V_0) \times c \times 0.0140 \times 6.25 \times \frac{V_1}{V_2} \times \frac{100}{W}$$

式中:V_3——滴定样品所用盐酸标准溶液体积(mL);

V_0——空白滴定所用盐酸标准溶液体积(mL);

c——盐酸标准溶液浓度(mol/L);

V_1——消化稀释液体积(mL);

V_2——蒸馏时,吸取消化稀释液的体积(mL);

W——样品重(风干)(g);

0.014 0——每毫升 HCl 标准溶液相当于氮的克数；

6.25——氮换算成蛋白质的平均系数。

五、实验注意事项

1. 称取的风干或半干样品重量，稀释消化液的容量及吸取供蒸馏的稀释消化液的容量，均需根据样品中粗蛋白质含量的多少而调整，使最后滴定用的 0.01 N 标准盐酸溶液耗量在 5 mL 之内，便于使用微量滴管而获得准确的结果。

2. 在测定鲜肉或羊毛中粗蛋白质时，为保证采样的代表性，可称取 10 g 鲜畜体样品，用滤纸包裹，放入 250 mL 凯氏烧瓶中，再加 0.5 g 硫酸铜、8～10 g 无水硫酸钠和 30 mL 浓硫酸，加热消化 3～4 h。消化液冲淡至 250 mL，再吸取 5 mL 消化液蒸馏，这样约耗用30 mL 0.02 N 标准 HCl 液。

测定家畜粪样中粗蛋白质可取 2 g 半干样品或 5～10 g 湿样，加入 0.5 g 硫酸铜、8～10 g 无水硫酸钠和 30 mL 浓硫酸进行消化。

3. 新配制的 50% NaOH 溶液不要马上就用，应放置 24 h 使生成的碳酸钠杂质沉淀后再用，否则，应用时会产生剧烈的气泡。

4. 在进行样品液蒸馏前，应把蒸馏装置空蒸 5 min，以除去蒸馏系统中可能存在的含氨杂质。在蒸气发生器中加硫酸酸化的目的是固定自来水中可能存在的铵离子。

5. 蒸馏过程中，必须充分冷凝，若冷凝得不充分，常会使吸收液发热，使氨挥发损失。

6. 在蒸馏过程中，常会因为一些原因使蒸馏发生障碍，主要会出现倒吸现象，防止的方法：① 维持蒸汽发生器下有足够而又稳定的火力；② 突然停电而使电炉熄火时，立即将冷凝管下端脱离吸收液；③ 蒸馏结束时，注意先取下吸收液的三角瓶，再关电炉电源，或蒸汽通入管道。

7. 在测定饲料样本中含氮量的同时，应做空白对照实验，即各种试剂的用量及操作步骤完全相同，但不加样本，以校正因试剂而出现的误差。

8. 精密度

CP 含量	允许相对偏差
25%以上	1%
10%～25%	2%
10%以下	3%

饲料中真蛋白质的测定

一、实验目的

饲料中真蛋白质是由多种氨基酸合成的一类高分子化合物，是各种畜禽形成新的体细胞与体组织及肉、乳、蛋、毛、角等产品的主要营养物质。它与粗蛋白质的区别在于真蛋白质排除了氨化物，即单个氨基酸、酰胺、硝酸盐和铵盐等的存在，这些氨化物存在于家畜的饲料中只能被成年反刍动物瘤胃内的微生物转化成菌体蛋白质、再进入动物的小肠被动物消化吸收而发挥营养作用。而它们对于单胃动物及幼年反刍动物几乎无营养作用。另一方如果氨化物的数量过大，即使是成年反刍动物也会有产生中毒的危险。另外，有些高蛋白质饲料原料(如鱼粉等)在加工过程或人为添加一些非蛋白氮物质来提高粗蛋白质含量，这样的产品投放市场后很容易出现各种各样的问题，例如氨中毒、消化率低、饲料利用率差，所以为了评定饲料蛋白质营养价值的高低以及确定饲料喂养的对象时，必须对饲料中真蛋白质的含量进行测定。

二、实验原理

根据样品中的蛋白质能被金属盐沉淀的特性，将样品溶于水，用过量硫酸铜[$CuSO_4 \cdot Cu(OH)_2$]沉淀，过滤，从而使样品中的蛋白质与非蛋白氮分离。然后将含纯蛋白质的沉淀物按照凯氏定氮法的消化、蒸馏、滴定过程测定其含氮量，将结果乘以蛋白质的换算系数(6.25)即得纯蛋白质的含量。

三、实验仪器与试剂

1. 仪器设备

在粗蛋白质测定所需仪器的基础上增加下列仪器。

烧杯：250 mL。

常温常压过滤装置一套。

2. 试剂药品

(1) 滤纸：慢速新华滤纸 11 cm。

(2) 6%硫酸铜溶液：6 g 硫酸铜溶于 100 mL 蒸馏水。

(3) 1.25%氢氧化钠溶液：1.25 g 氢氧化钠溶于 100 mL 蒸馏水。

(4) 10%氯化钡溶液：10 g 氯化钡溶于 100 mL 蒸馏水。

其他所需试剂药品与粗蛋白质测定相同。

四、实验步骤

1. 称取过 40 目标准筛的试样 1～2 g(称准至 0.000 2 g)置于 250 mL 烧杯中，加蒸馏水 50 mL，在电炉上加热至沸(或试样富含淀粉，可在 40～50 ℃的热水浴中保温 10 min)，并不断地搅拌。

2. 趁热在不断搅拌下逐滴加入 6%硫酸铜溶液 25 mL 及 1.25%氢氧化钠溶液25 mL，搅拌均匀后放置数小时或静置过夜。

3. 用倾斜法过滤，先将溶液倒入漏斗的滤纸上，最后将沉淀全部转移到漏斗的滤纸中，以免堵塞影响过滤速度，再用沸水洗涤沉淀至滤出液中无硫酸根(用10%氯化钡溶液检查)，通常约洗15次左右。

4. 将洗好的沉淀稍晾干后，连同漏斗一起放入50～60 ℃烘箱中烘干。

5. 将烘干的沉淀样连同滤纸一起包好投入100 mL凯氏烧瓶内，按凯氏定氮法进行消化、定容、蒸馏、滴定等步骤，最后将计算出的含氮量乘6.25，即得真蛋白质含量。

6. 实验流程见图1。

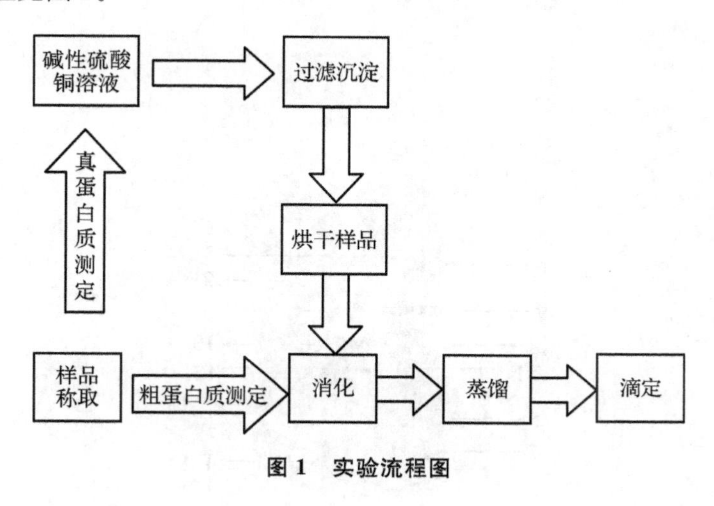

图1 实验流程图

五、实验注意事项

1. 沉淀蛋白质时一定要趁热在不停搅拌下逐滴加沉淀剂，否则易形成体积很大的胶体沉淀，给下一步洗滤带来困难。另外加碱时，特别要防止倾得过快，否则会因为局部氢氧化钠溶液浓度太高使蛋白质溶解，影响分析结果。

2. 沉淀洗涤好后放入烘箱中不必烘得过干，稍发潮反而易于消化。

3. 洗涤要注意洗净硫酸根离子，防止硫酸根离子结合非蛋白氮的影响。

六、思考题

1. 简述凯氏定氮法测定粗蛋白质的基本原理和主要测定步骤。

2. 在凯氏定氮法测定粗蛋白质的蒸馏过程中为什么要加入过量的碱溶液？

附　蛋白自动测定仪的使用

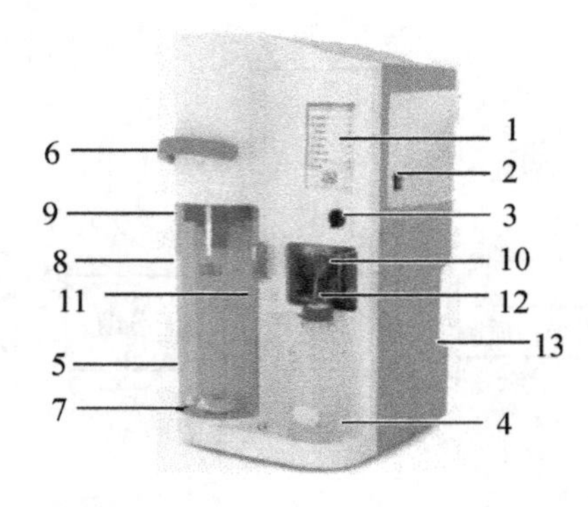

1—彩色触摸屏；2—主开关；3—维修门；4—滴定瓶（厂家不提供）；5—安全门；
6—测定管安放杆；7—测定管安放压杆；8—测定管连接头；9—测定管连接头的塑料保护装置；
10—连接滴定管的 1/8 聚四氟乙烯管；11—比色滴定容器；12—滴定管；13—连接插口面板

操作方法：

1. 打开安全门，向下推蓝色把手，将测定管滑动放入正确的位置上，确保聚四氟乙烯的毛细管插入到测定管内部，测定管位于压杆上。释放蓝色手柄，关闭安全门。

2. 按下仪器右边的主开关“POWER”打开仪器，仪器自动进入预热和检查。

3. 预热完成后，仪器发出声音信号，屏幕上部的黄色信息变成蓝色，显示 UDK159。

4. 主菜单中选择“Analysis”，在“Analysis”菜单中选择子菜单“Single distillation”

5. 按“Method”进入“Method”菜单，选择合适的方法完成单一蒸馏样品的分析。

6. 按“Blank”键，屏幕显示“Blanks list”菜单，选择相应的空白值用于结果的计算。

7. 按“Name/Q. ty of sample”，在触摸屏上将光标放在“Enter the name of sample”下面的空白处，用键盘输入样品名称；在触摸屏上将光标放在“Insert w/v sample”下面的空白处，用键盘输入样品的重量，然后选择样品的重量单位；按“Save”键确认。

8. 按“Results”，在三种不同的结果计量单位之间选择其中一种，按“Save”键确认。

9. 按“Note”，用键盘输入要说明的文字，按“Save”键确认。

10. 按“Confirm”键确认设置的分析参数。

11. 将盛有待测样品的测定管放在正确的位置上，按“Start”键开始。

12. 等待结束，记录结果。

实验四 饲料粗脂肪含量的测定

脂肪是饲料产品、饲料原料中的重要质量指标之一，是畜禽的主要营养成分。脂肪含量的多少也是衡量产品质量合格与否的指标。因此，测定出饲料中脂肪含量，对于鉴别饲料产品的质量，合理调配饲料组分具有重要作用。饲料中的脂肪含量一般以粗脂肪表示。粗脂肪是饲料、动物组织、动物排泄物中脂溶性物质的总称，包括脂肪和脂溶性物质。脂类化合物分子中常含有长碳链或其他非极性基团，即具有疏水性，难溶于水，而易溶于乙醚、四氯化碳等非极性溶剂。如果要了解饲料中粗脂肪的含量，即把饲料浸于乙醚中，饲料中可溶于乙醚的有机物如真脂肪、叶绿素、胆固醇等物质，都是粗脂肪含量的一部分。

目前粗脂肪的测定主要有索氏提取法、酸水解法、碱水解法、残余法等，但国内外对于饲料中脂肪的测定主要采用索氏提取法，此法是经典的粗脂肪测定方法，测定结果准确、可靠。

一、实验目的

通过饲料样品中粗脂肪的测定，使学生掌握各类饲料样品中粗脂肪的测定原理和方法。饲料分为单一、混合、配合饲料和预饲料，此方法适用于各种饲料中粗脂肪的测定。

二、实验原理

将样品放在索氏(Soxhlet)脂肪提取器中，以水浴蒸馏冷凝的乙醚进行回流浸提试样，称提取物的重量，因除脂肪外，还有有机酸、磷脂、脂溶性维生素、叶绿素等，因而测定结果称粗脂肪或乙醚提取物。

三、实验仪器与试剂

1. 样品粉碎机。
2. 分析筛：孔径 0.45 mm (40 目)。
3. 分析天平：感量 0.000 1 g。
4. 电热恒温水浴锅，室温～100 ℃。
5. 恒温烘箱。
6. 索氏脂肪提取器：100 mL 或 150 mL。

7. 滤纸或滤纸筒：中速、脱脂。

8. 干燥器：用氯化钙（干燥级）或变色硅胶为干燥剂。

9. 无水乙醚：分析纯。

四、实验步骤

1. 索式提取器应干燥无水。抽提瓶（或称脂肪圆瓶，其中可放沸石数粒）在(105±2)℃烘箱中烘干30 min，干燥器中冷却30 min，称重。再烘干30 min，同样冷却称重，两次称重差小于0.000 8 g为恒重。

2. 称取试样1～5 g，准确至0.000 2 g，用滤纸包好，用铅笔编号，滤纸包长度应以可全部浸泡于乙醚中为准，放入(105±2)℃烘箱中，烘干2 h（或测定干物质的干试样）。

3. 将滤纸包放入抽提管，在抽提瓶（脂肪圆瓶）中加无水乙醚共60～100 mL，浸泡过夜。

4. 在60～75 ℃的水浴（用蒸馏水）上加热，使乙醚回流，控制乙醚回流次数为每小时约10次，共回流约50次（含油高的试样约70次）或检查抽提管流出的乙醚瓶挥发后不留下油迹为抽提终点。

5. 取出试样，仍用原提取器回收乙醚直至抽提瓶中乙醚几乎全部收完，取下抽提瓶，在水浴中蒸去残余乙醚。擦净瓶外壁。将抽提瓶放入(105±2)℃烘箱中烘干2 h，干燥器中冷却30 min，称重，再烘干30 min，同样冷却称重，两次称重之差小于0.001 g为恒重m_2。

6. 粗脂肪含量的计算公式：

$$粗脂肪(\%)=\frac{(m_2-m_1)}{m}\times100$$

式中：m——试样质量(g)；

m_1——已恒重的抽提瓶质量(g)；

m_2——已恒重的盛有脂肪的抽提瓶质量(g)。

7. 粗脂肪测定实验流程图（图1）

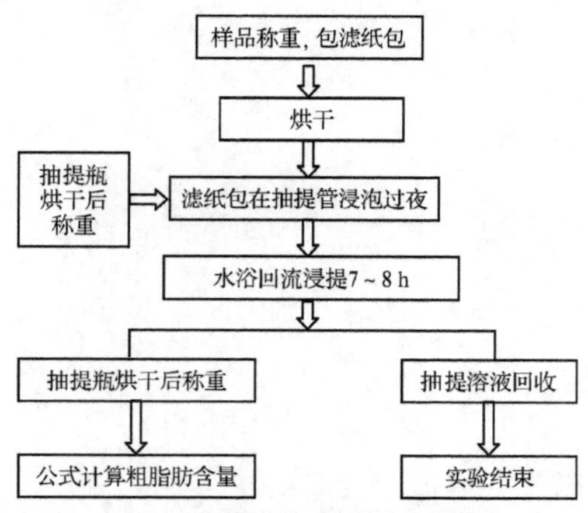

图1 粗脂肪测定实验流程图

8. 重复性

每个试样取两次进行平行测定，以其算术平均值为结果。

粗脂肪含量在≥10%时，允许相对偏差为3%。

粗脂肪含量<10%时，允许相对偏差为5%。

五、注意事项

1. 滤纸包长度应注意低于虹吸管，保证能被浸提溶液完全浸没。

2. 注意蒸馏装置的气密性，保证乙醚可以回流。

3. 测定粗脂肪质量还可以利用减重法，测定脂肪包的减少质量。

4. 将滤纸包放入抽提管中浸提溶液浸泡过夜步骤，注意在抽提瓶(脂肪圆瓶)中加无水乙醚共60～100 mL，其中抽提腔和抽提瓶各约一半。

5. 全部称量操作：样品称量、样品包装、操作脂肪圆瓶等需要带乳胶或棉手套。

6. 脂肪含量相差很大的样品其抽提时间不同，估计在10%以上的样品要抽提16 h左右；估计在5%～10%时样品要抽提12 h左右；估计在5%以下的样品要抽提8 h左右。

7. 整个操作过程避免使用明火，保持良好通风，以防止乙醚过热爆炸。

六、思考题

1. 样品如果不进行干燥处理对结果有什么影响？

2. 不同的样品所浸提的粗脂肪含量有什么不同？

3. 滤纸包为什么要用铅笔编号？

附　全自动脂肪快速测定仪使用介绍

脂肪测定仪是依据索氏抽提原理，按照国标 GB/T 14772－2008 设计的全自动粗脂肪测定仪。可自动实现控温、抽提、冲洗、回收、预干燥、计算及打印等功能，仅需称量样品。可测定食品、油料、饲料等脂肪含量，也适用于农业、环境及工业等不同领域中可溶性化合物的萃取或测定。

图 2　全自动脂肪测定仪

一、测定原理

索氏抽提原理。

二、操作步骤

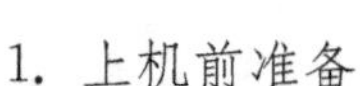

1. 上机前准备

(1) 抽提筒蒸馏水清洗、105 ℃干燥 1 h，取出移入干燥缸内，冷却后称重编号备用。

(2) 检查电源及冷却水嘴。

2. 上机操作

(1) 样品包扎：取 2～5 g 试样放入滤纸筒，用脱脂棉塞住上部。如果水分及挥发物含量＞10％，需将其放在 105 ℃烘干 30 min。

(2) 移动滑动球将滤纸筒置入抽提筒内，使磁钢把过滤筒吸住，并观察滤纸筒是否在抽提筒上口对准下压阀的圆柱孔，两者平面保持良好接触。

(3) 抽提筒注入无水乙醚 50 mL，然后将抽提筒置于加热板上，调节位置保持平衡。

(4) 开启电源，根据所需加热温度调节加热板按钮，显示屏显示加热温度值。

(5) 移动滑动球将试样置入抽提筒内，滤纸筒与抽提筒底接触，做到不使滤纸筒脱落、试样完全浸入溶剂浸泡。

(6) 从溶剂挥发开始浸泡适当时间，然后将滤纸筒升高 5 cm 进行浸提，约 1 h 将滤纸筒升高 1 cm，同时将冷凝调节旋塞关闭，进行溶剂回收。

(7) 将抽提筒置于加热板上取出，置入恒温箱，烘去水分，然后移入干燥缸内冷却称重。

(8) 关闭电源，并保持机内干净。

三、技术参数

表 1 全自动脂肪快速测定仪测定参数

项目	参数
温度范围(℃)	室温+5～280
溶剂回收率(%)	≥85
样品量(g)	0.5～15
测定范围(%)	0.1～100
样品数量(个/批)	6
控温精度(℃)	±1
样品杯体积(mL)	90

实验五 饲料纤维物质的测定

粗纤维是植物细胞壁的主要成分，不只包括纤维素和残存的半纤维素，还包括木质素、角质等成分。这类物质一般不能被稀酸、稀碱溶解，同时难以被单胃家畜等生物体消化吸收。因此，常规的饲料中粗纤维就是通过将饲料样品经 1.25％稀酸、1.25％稀碱煮沸处理，然后乙醇处理，再测剩余的物质质量。它不是一个确切的化学实体，只是在公认强制规定的条件下测出的概略养分。其中以纤维素为主，还有少量半纤维素和木质素。

饲料中粗纤维的测定（酸碱洗涤法）

适合于各种混合饲料、配合饲料、浓缩饲料、单一饲料等饲料中粗纤维的测定。

一、实验目的

使学生掌握饲料中粗纤维的测定方法，了解粗纤维测定方法中存在问题及解决的方案。

二、实验原理

利用粗纤维既不溶于稀酸、稀碱，又不溶于醚和醇的特性，用一定浓度的酸和碱，在特定的条件下消煮样品，再用乙醚、乙醇处理，再经高温灼烧扣除矿物质的量即为粗纤维，所余量称为粗纤维。适用于各种混合饲料、配合饲料、浓缩饲料及单一饲料。

三、实验仪器与试剂

1. 仪器和设备

（1）实验室用样品粉碎机或研钵。

（2）分样筛：孔径 1 mm（18 目）。

（3）500 mL 烧杯、100 mL 量筒。

（4）分析天平：感量 0.000 1 g。

（5）电热恒温箱：可控制温度在（130±2）℃。

(6) 电加热器(电炉),可调节温度。

(7) 马弗炉:电加热,可控制温度在 550～600 ℃。

(8) 古氏坩埚:30 mL。

其中古氏坩埚预先加入酸洗石棉悬浮液 30 mL(内含酸洗石棉 0.2～0.3 g)再抽干,以石棉厚度均匀、不透光为宜(上下铺两层玻璃纤维有助于过滤)。并将内含酸洗石棉的古氏坩埚灼烧 30 min 冷却备用。

(9) 抽滤装置:抽真空装置,吸滤瓶及布氏漏斗。

(10) 干燥器:用氯化钙(干燥级)或变色硅胶作干燥剂。

(11) 200 目不锈钢网或尼龙滤布。

2. 试剂

本方法试剂使用分析纯,水为蒸馏水。标准溶液按 GB601 制备。

(1) 硫酸(GB625)溶液(0.128±0.005)mol/L(1.25%硫酸),分析纯。氢氧化钠标准溶液标定(GB601)。

(2) 氢氧化钠(GB629)溶液(1.25%氢氧化钠),(0.313±0.005)mol/L,分析纯。邻苯二甲酸氢钾法标定(GB601)。

(3) 95%乙醇(GB679),化学纯。

(4) 乙醚(HG3－1002),化学纯。

(5) 石蕊试纸(红、蓝)。

(6) 酸洗石棉(HG3－1062)。

(7) 正辛醇(防泡剂),分析纯。

四、实验内容

1. 称样:称取 1～2 g 试样,准确至 0.000 2 g,用乙醚脱脂(含脂肪大于 10%必须脱脂,含脂肪不大于 10%可不脱脂)。

2. 酸处理:放入消煮器(烧杯),加浓度准确且已沸腾的硫酸溶液(1.25%)200 mL 和 1 滴正辛醇,立即加热,应使其在 2 min 内沸腾,调整加热器,使溶液保持微沸,且连续微沸 30 min,注意保持硫酸浓度不变(用记号笔标记初始液面高度线,随着水蒸气的蒸发液面降低到刻度线以下时适量滴加蒸馏水)。保持试样不应离开溶液沾到瓶壁上。

3. 抽滤:随后抽滤,残渣用沸蒸馏水洗至中性(蓝色石蕊试纸检验不变色)后,使用抽滤器抽滤至干。

4. 碱处理:用浓度准确且已沸腾的氢氧化钠溶液(1.25%)将残渣无损地转移至原容器中并加至 200 mL,同样准确微沸 30 min。

5. 再次抽滤:将碱洗不溶物无损地转移至铺有石棉的古氏坩埚中,立即在铺有酸洗石棉的古氏坩埚上过滤,先用 25 mL 硫酸溶液洗涤,使残渣无损失地转移到古氏坩埚中,用沸蒸馏水洗至中性(红色石蕊试纸检验不变色)。

6. 醇或醚处理:再用 15 mL 乙醇(95%)浸泡 15 min,抽干。

7. 烘干:将古氏坩埚放入烘箱,于(130±2)℃下烘干 2 h,取出后在干燥器中冷却至室温,称重;再次置于(130±2)℃下烘干 40 min,干燥器中冷却至室温,称重至恒重。

8. 灰化:再于(550±25)℃高温炉中灼烧 30 min,取出后于干燥器中冷却至室温后称重。

9. 结果计算:

$$\text{粗纤维}(\%)=\frac{(m_1-m_2)}{m}\times 100$$

式中:m_1——烘干后古氏坩埚及试样残渣质量(g);

m_2——灼烧后古氏坩埚及试样残渣质量(g);

m——样品干物质量(g)。

10. 粗纤维测定实验流程图

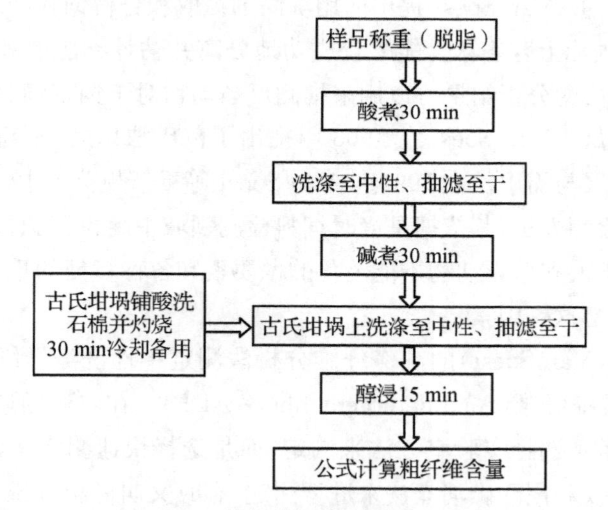

图 1 粗纤维测定实验流程图

11. 结果重复性

每个试样取两平行样进行测定,以算术平均值为结果。粗纤维含量在 10%以下,误差绝对值≤0.4;粗纤维含量在 10%以上,相对偏差≤4%。

五、注意事项

1. 先酸处理后碱处理,否则,饲料中的碳水化合物和氢氧化钠形成胶体状化合物,难以过滤。

2. 在酸碱处理过程中,应使其在 2 min 内沸腾,并准确微沸 30 min。

3. 酸和碱处理时应注意保持酸碱溶液的浓度,以及试样不离开溶液沾到瓶壁上。

4. 处理后静置时间不能太长,以免引起误差。

5. 残渣必须洗涤干净,转移残渣及过滤时不要损失。

6. 测定条件应该按照规定进行,不能改变。否则因条件变化而导致结果不一致、没有可比性。

六、思考题

1. 酸碱处理后为什么残渣要用沸蒸馏水洗至并且检验至中性?
2. 古氏坩埚铺好酸洗石棉为什么要高温灼烧后使用?
3. 所测定的粗纤维中包括哪些物质?
4. 粗纤维的测定适用于什么饲料?

中性洗涤纤维(NDF)和酸性洗涤纤维(ADF)的测定

由康奈尔大学 P. J. Van Soest 提出的用洗涤剂提取和分析饲料纤维的分析系统(范氏法、Van Soest 法)是国际上普遍认为能够较成功地分离并估计细胞壁和细胞内容物各纤维组分的好方法。该方法的分析结果可以用来推测反刍动物对于饲草饲料中的纤维素和半纤维素的消化率和进食量。Van Soest 在 1963 年提出了范氏法以后,不断地改进这一检测方法以适应各方面的发展与需求。在 1991 年 Van Soest 等重新规范了中性洗涤纤维等饲料纤维、非淀粉性多糖的检测方法,其依据是当时饲料检测领域中淀粉酶和检测试剂的使用和更新情况,以及当时对于人和单胃动物不能消化的木质素和各种多糖的重新定义,并且格外考虑了反刍动物瘤胃发酵这一因素。

本实验采用范氏(Van Soest)的洗涤纤维分析法测定中性洗涤纤维(Neutral detergent fiber, NDF)和酸性洗涤纤维(Acid detergent fiber, ADF)。在农业领域,或者是食品界,尤其是快速测定时,通常不选择实验室方法来测定,而是选择快速测定法,即直接用仪器如纤维测定仪。纤维测定仪利用酸碱消煮法来进行测定,有时又叫做粗纤维测定仪,因为测定的物质中不仅含有纤维,还含有木质素等其他物质,因此被称为粗纤维。

一、实验目的

掌握饲料中性洗涤纤维和酸性洗涤纤维的实验室测定方法。

二、实验原理

植物性饲料经中性洗涤剂煮沸处理,不溶解的残渣为中性洗涤纤维,主要为细胞壁成分,其中包括半纤维素、纤维素、木质素和硅酸盐。中性洗涤纤维经酸性洗涤剂处理,剩余的残渣为酸性洗涤纤维,其中包括纤维素、木质素和硅酸盐。

酸性洗涤纤维经 72%硫酸处理后的残渣为木质素和硅酸盐,从酸性洗涤纤维值中减去72%硫酸处理后的残渣为饲料的纤维素含量。将 72%硫酸处理后的残渣灰化,在灰化过程中逸出的部分为酸性洗涤木质素(ADL)的含量。

三、实验仪器与试剂

1. 仪器和设备

(1) 植物样品粉碎机或研钵。

(2) 试验筛:孔径 0.42 mm(40 目)。

(3) 分析天平:分度值 0.000 1 g。

(4) 电热恒温箱。

(5) 高温电阻炉。

(6) 消煮器:配冷凝球 600 mL 高型烧杯或配冷凝管的三角烧瓶。

(7) 玻璃砂漏斗(G2)。

(8) 干燥器:氯化钙(干燥级)或变色硅胶为干燥剂。

(9) 抽滤装置:抽滤瓶和真空泵或水抽泵。

(10) 100 mL 量筒。

2. 试剂

(1) 中性洗涤剂(3%十二烷基硫酸钠):准确称取 18.61 g 乙二胺四乙酸二钠(EDTA,分析纯)和 6.81 g 硼酸钠(分析纯)放入烧杯中,加入少量蒸馏水,加热溶解后,再加入 30 g 十二烷基硫酸钠($C_{12}H_{25}NaO_4S$,分析纯)和 10 mL 乙二醇乙醚($C_4H_{10}O_2$,分析纯);再称取 4.56 g 无水磷酸氢二钠(Na_2HPO_4,分析纯)置于另一烧杯中,加入少量蒸馏水微微加热溶解后,倒入前一个烧杯中,在容量瓶中稀释至 1 000 mL,其 pH 约为 6.9~7.1(pH 一般不需调整)。

(2) 1 mol/L 硫酸:量取约 27.87 mL 浓硫酸(分析纯,相对密度 1.84,98%),徐徐加入已装有 500 mL 蒸馏水的烧杯中,冷却后注入 1 000 mL 容量瓶定容,标定。

(3) 酸性洗涤剂(2%十六烷三甲基溴化铵):称取 20 g 十六烷三甲基溴化铵(CTAB,分析纯)溶于标定过的 1 000 mL 1 mol/L 硫酸溶液中,搅动溶解,必要时过滤。

(4) 72%硫酸。向 200 mL 水中缓缓加入 734.69 mL 浓硫酸,一边加入一边搅拌。冷却后稀释至 1 000 mL。

(5) 丙酮。

(6) 十氢化萘(去泡剂)。

(7) 无水亚硫酸钠。

四、实验步骤

1. 中性洗涤纤维测定

将玻璃坩埚置于 105 ℃烘箱中烘 2 h 后,在干燥器中冷却 30 min 称重,直至称至恒重 W_2。

准确称取 0.5～1.0 g 样品(通过 40 目筛)记为 W，置于直筒烧杯中，加入 100 mL 中性洗涤剂和数滴十氢化萘(约 2 mL)及 0.5 g 无水亚硫酸钠。将烧杯套上冷凝装置于电炉上，在 5～10 min 内煮沸，并持续保持微沸 60 min。

煮沸完毕后，取下直筒烧杯离火冷却 10 min。将烧杯中溶液倒入安装在抽滤瓶上的已知重量的玻璃坩埚中进行过滤，将烧杯中的残渣全部移入，并用沸水冲洗玻璃坩埚与残渣，直洗至滤液呈中性为止。

用 20 mL 丙酮冲洗二次，抽滤。

将玻璃坩埚置于 105 ℃烘箱中烘 2 h 后，在干燥器中冷却 30 min 称重，直称至恒重 W_1。

2. 酸性洗涤纤维测定

将玻璃坩埚置于 105 ℃烘箱中烘 2 h 后，在干燥器中冷却 30 min 称重，直称至恒重 G_2。

准确称取 0.5～1.0 g 样品(通过 40 目筛)记为 G，置于直筒烧杯中，加入 100 mL 酸性洗涤剂和数滴十氢化萘。将烧杯套上冷凝装置于电炉上，在 5～10 min 内煮沸，并持续保持微沸 60 min。

趁热用已知重量的玻璃坩埚抽滤，并用沸水反复冲洗玻璃坩埚及残渣至滤液呈中性为止。

用少量丙酮冲洗残渣至抽下的丙酮液呈无色为止，并抽净丙酮。

将玻璃坩埚置于 105 ℃烘箱中烘 2 h 后，在干燥器中冷却 30 min 称重，直称至恒重 G_1。

3. 酸性洗涤木质素(ADL)和酸不溶灰分(AIA)测定

将酸性洗涤纤维中加入 72%硫酸，在 20 ℃消化 3 h 后过滤，并冲洗至中性。

消化过程中溶解部分为纤维素，不溶解的残渣为酸性洗涤木质素和酸不溶灰分，将残渣烘干并灼烧灰化后经差减计算即可得出酸性洗涤木质素(ADL)和酸不溶灰分(AIA)的含量。

4. Van Soest 粗饲料分析流程图

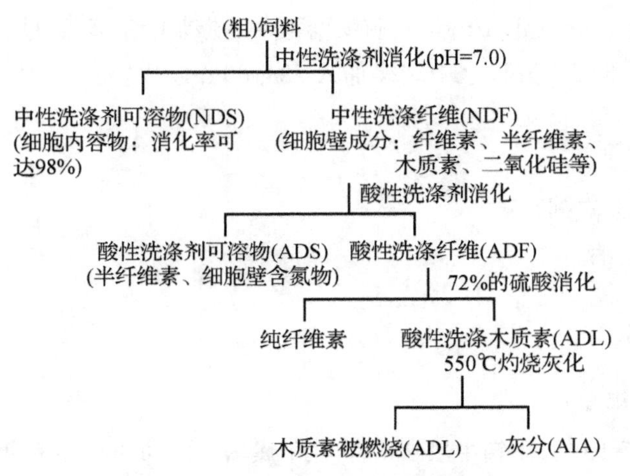

图 2 Van Soest 粗饲料分析流程图

5. 结果计算

中性洗涤纤维含量：

$$\mathrm{NDF}(\%)=\frac{(W_1-W_2)}{W}\times 100$$

式中：W_1——玻璃坩埚和 NDF 重(g)；

W_2——玻璃坩埚重(g)；

W——试样重(g)。

酸性洗涤纤维含量：

$$\mathrm{ADF}(\%)=\frac{(G_1-G_2)}{G}\times 100$$

式中：G_1——玻璃坩埚和 ADF 重(g)；

G_2——玻璃坩埚重(g)；

G——试样重(g)。

半纤维素含量：

$$\text{半纤维素}(\%)=\mathrm{NDF}(\%)-\mathrm{ADF}(\%)$$

纤维素含量：

$$\text{纤维素}(\%)=\mathrm{ADF}(\%)-\text{经 }72\%\text{硫酸处理后的残渣}(\%)$$

酸性洗涤木质素(ADL)含量：

$$\mathrm{ADL}(\%)=\text{残渣}(\%)-\text{灰分}(\text{硅酸盐},\%)$$

五、注意事项

1. 中性洗涤剂、酸性洗涤剂处理需在 5～10 min 内煮沸，并持续保持微沸 60 min。

2. 用丙酮冲洗残渣至抽下的丙酮液呈无色为止，并抽净丙酮。

3. 对于高蛋白、高淀粉饲料可以先进行蛋白酶或淀粉酶的消化处理再进行范氏纤维的测定。

六、思考题

1. 测定中性洗涤纤维、酸性洗涤纤维有什么意义？

2. 测定中为什么用丙酮冲洗残渣？为什么要抽净丙酮？

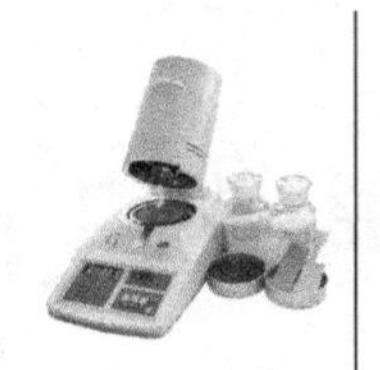

附　纤维测定仪

纤维测定仪适用于各种饲料、粮食、谷物、食品及其他需测定纤维含量的农副产品等的粗纤维含量测定，测试结果符合国标 GB/T 5515、GB/T 6434 的规定。还可以测定 NDF、ADF 等含量。

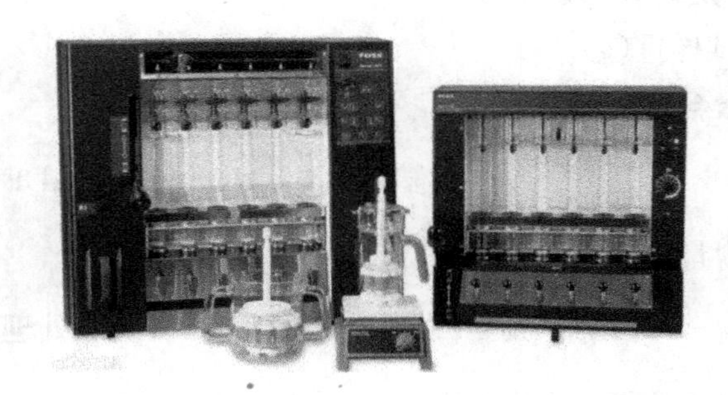

一、技术指标

1. 测定对象：各种饲料、粮食、谷物、食品及其他需测定纤维含量的农副产品。

2. 测试样品数：6 个/次。

3. 重复性误差。

纤维含量在 10%以下，误差绝对值≤0.4；

纤维含量在 10%以上，相对误差≤4%。

4. 测定时间：在仪器上所需时间约 90 min（包括酸 30 min，碱 30 min，抽滤和洗涤约 30 min）。

二、操作步骤

1. 纤维测定仪样品处理

（1）将需要测定的样品磨粉碎至 40～60 目，过筛，烘干至恒重。

（2）若样品必须在新鲜状态下测量（即在含水状态下），则必须在同样条件下测量一个不含水的干样，以确定里面的水含量。

(3) 如果样品脂肪含量超过 5%～10%，则以每克样品 25 mL 石油醚进行脱脂处理（蒸发残留物不超过 1 g/100 mL）。

2. 将坩埚烘干至恒重，记录其重量至小数点后四位。

3. 将烘干至恒重的样品放入上述坩埚，记录其重量至小数点后四位。

4. 上述两项相减，计算样品重量。

5. 将仪器下方的三通阀（即单元控制旋钮）旋至 CLOSED。

6. 将装有样品的坩埚水平准确放入仪器内，对齐（用坩埚夹取/放坩埚时，先把虎口张至足够大，且一定要夹在其中部靠上位置，否则极易把坩埚带翻或打破，要耐心缓慢操作）。

7. 缓慢下压手柄，使消解管压紧坩埚（下压杆下压并外拔来固定，内推放开；下压时一定要先看坩埚有没放直，上抬时动作一定要慢，否则极易把坩埚带翻）。

8. 接通电源及冷凝水（打开水龙头）。

9. 通过时间按钮设定酸解时间。

10. 将配好的酸液（此处刚开始，由于设备为冷的，故为保持温度一致，以防反应管因温差而破裂，故不用预热。以后再进行换液，则都需提前预热）从仪器顶部加入消解管内。

11. 设定加热挡位（一般选择加热至液体沸腾即可）。

12. 酸解完成后，即时间用完后，关闭红外加热。

13. 等液体冷至不再沸腾，将三通阀旋至 VACUUM 挡，打开蠕动泵，进行排液（若液体排空非常缓慢，可关闭蠕动泵，将三通阀旋至 PRESSURE 挡，打开反吹泵进行反吹，然后再将三通阀旋至 VACUUM 挡，打开蠕动泵进行排液，反复操作，直至液体排空）。

14. 液体排空后，将三通阀旋至 CLOSED 挡，此时按实验方案加入已经预热好的水溶液进行清洗，而后排空，反复操作此步骤，直至 pH 为中性。

15. 液体排空后，将三通阀旋至 CLOSED 挡，此时按实验方案加入已经预热的碱液进行碱解，重复步骤 8～13。

16. 按实验方案进行后续处理，烘干灰化。

17. 最后用热水清洗仪器，清洗完毕后，关好冷却水，关闭电源。

18. 最后按实验方案处理数据，计算结果。

三、注意事项

1. 称量过程一定要准确（关好天平挡门），不要用手拿坩埚，用夹子拿取。

2. 在第二次及以后的步骤中向仪器内部加入液体时，必须保证液体是热的，避免因为温度的差异造成仪器管的炸裂。

3. 仪器清洗最好不要用洗衣粉、洗洁净之类的溶剂，最好选用热水进行清洗，如果确实清洗不净，则可用少量的溶剂进行清洗。

4. 在酸解（或碱解）完成后，排液时应缓慢进行，防止漂浮的样品黏附到消解管壁上，如果样品黏附得比较牢固，无法用水清洗，可用软毛刷从底部轻轻刷掉。

5. 石英坩埚轻拿轻放，避免磕碎、碰碎、摔碎等。

6. 若坩埚长时间使用时有明显堵塞，可烘干后放至马弗炉在500 ℃左右灼烧1～2 h，冷却后再清洗。

7. 使用纤维测定仪测定不同组分如NDF、ADF等，请查阅仪器具体使用的方法。型号不同的仪器具体操作步骤见具体仪器使用说明书。

四、安全规则

1. 工作中，使用的容器和样品必须和仪器的温度（约100 ℃）相一致。

2. 维护及清洗前请拔掉电源插座，且红外加热管和坩埚等容器都必须是冷却的，可用湿布和难燃非腐蚀性的清洗剂来清洗。

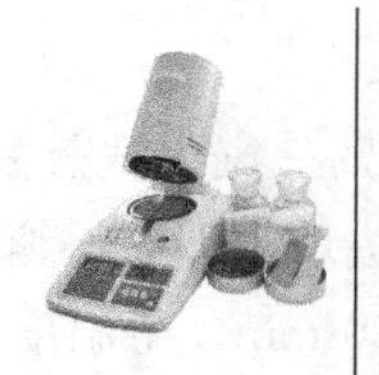

实验六 饲料粗灰分的测定

粗灰分(ASH)是饲料样品在高温炉中将所有有机物质全部氧化后的剩余的残渣，主要为矿物质氧化物或无机盐等无机物质，有时还含有少量泥沙。测定粗灰分，可掌握饲料的灰分含量，了解不同生长期、不同器官中灰分的变动情况；也可在此基础上测定灰分组成元素的含量。此外，测定粗灰分对饲料品质的鉴定也有参考意义，若含量过高，可怀疑饲料中可能混入砂石、土等。

引用 GB/T 6438—2007 标准，适用于配合饲料、浓缩饲料及各种单一饲料中粗灰分的测定。

一、实验目的

通过饲料样品中粗灰分的测定，使学生掌握粗灰分的测定原理和方法。

二、实验原理

试料在 550 ℃灼烧后所得残渣用质量百分率来表示。残渣中主要是氧化物、盐类等矿物质，也包括混入饲料中的砂石、土等，故称粗灰分。

三、实验仪器与试剂

1. 实验室用样品粉碎机或研钵。
2. 分样筛：孔径 0.45 mm(40 目)。
3. 分析天平：分度值 0.000 1 g。
4. 高温炉：有高温计且可控制炉温在(550±20)℃。
5. 坩埚：瓷质，容积 50 mL。
6. 干燥器：用氯化钙(干燥级)或变色硅胶作干燥剂。

四、实验步骤

1. 试样的选取与制备

取具有代表性试样，粉碎至 40 目。用四分法缩减至 200 g，装于密封容器。防止试样的成分变化或变质。

2. 坩埚编号与恒重

将坩埚及盖子彻底清洗干净并烘干。用钢笔蘸0.5%三氯化铁蓝墨水溶液分别在坩埚和盖子上编号，放入马弗炉内600 ℃烧30 min。冷却后去取出即获得编号。

将洗净的坩埚放入高温炉，在(550±20)℃下灼烧30 min。待温度下降为150～200 ℃时取出，在空气中冷却约1 min，放入干燥器冷却30 min，称其质量。再重复灼烧、冷却、称量，直至两次质量之差小于0.000 5 g为恒重，记为m_0。

3. 样品称重

在已恒重的坩埚中称取2～5 g试样(灰分质量0.05 g以上)，准确至0.000 2 g，记为m_1。

4. 样品炭化

将有试样的坩埚在电炉上小心加热炭化，在炭化过程中，应先将试样在较低温度状态250 ℃加热炭化至无烟，而后升温灼烧至样品无炭粒。

5. 样品灰化

将坩埚再放入高温炉，于(550±20)℃下灼烧3 h。取出，在空气中冷却约1 min，放入干燥器中冷却至30 min，称重。再同样灼烧1 h，冷却称重，直至两次质量之差小于0.001 g为恒重，记为m_2。

6. 结果计算和表述

粗灰分含量(%)计算公式：

$$粗灰分(\%)=\frac{(m_2-m_0)}{(m_1-m_0)}\times 100$$

式中：m_0——已恒重空坩埚质量(g)；

m_1——坩埚加试样质量(g)；

m_2——灰化后坩埚加灰分质量(g)。

所得结果应表示至0.01%。

7. 粗灰分测定实验流程图

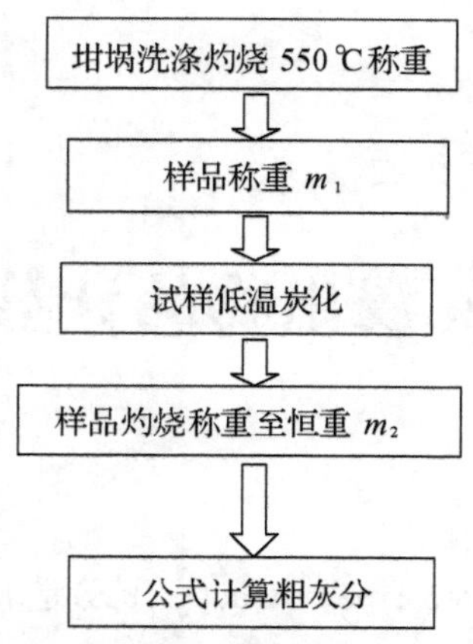

图 1 粗灰分测定实验流程图

8. 允许偏差

室内每个试样应称两份试样进行测定，以其算术平均值为分析结果。粗灰分含量在 5% 以上，允许相对偏差为 1%；粗灰分含量在 5% 以下，允许相对偏差为 5%。

五、注意事项

1. 编号的坩埚注意不要用浓酸清洗，以免编号褪色。也可以氯化钴溶液编号，不过用铁盐写的是棕色，用钴盐写的是蓝色。

2. 灼烧空坩埚恒重与灼烧样品的条件应尽量一致，以消除系统误差。

3. 样品炭化时要注意热源强度，防止产生大量泡沫溢出坩埚。只有炭化完全，即不冒烟后才能放入高温电炉中。另外，坩埚盖应半开，保证气流流通。

4. 灼烧不宜超过 600 ℃，以免 K、Na、S、P、Zn 等元素挥发或熔融带来误差。

5. 灼烧残渣颜色与试样中各元素含量有关，含铁高时为红棕色，含锰高时为淡蓝色。灰化后如果还能观察到炭粒，须加蒸馏水或过氧化氢进行处理。

6. 灼烧后的坩埚应冷却到 200 ℃以下再移入干燥器中，否则因热的对流作用，易造成残灰飞散，且冷却速度慢。另外，冷却后干燥器内形成较大真空，盖子不易打开。同时，也可能因温差过大导致坩埚破裂。

7. 把坩埚放入高温炉或从炉中取出时，要放在炉口停留片刻，使坩埚预热或冷却，防止因温度剧变而使坩埚破裂。

8. 坩埚称量操作必须戴手套进行，以免汗、灰等造成误差。

实验七 饲料无氮浸出物的计算——差值计算

饲料中的无氮浸出物(Nitrogen free extract,NFE)是非常复杂的一组物质,主要包括淀粉,单糖(五碳糖、葡萄糖、果糖),双糖蔗糖,糊精,有机酸,一部分果胶、木质素、单宁、色素和不属于纤维素的其他化合物。由于无氮浸出物的成分如此复杂,所以常规饲料分析不能直接分析饲料中无氮浸出物含量,而是通过计算求得。

动物性饲料中无氮浸出物含量很少。在植物性精料中,植物籽实和块根块茎饲料的无氮浸出物以淀粉为主,其无氮浸出物含量一般在50%以上,其淀粉和可溶性糖含量高、适口性好,容易被各类动物消化吸收、消化率高,是动物能量的主要来源;秸秆等粗饲料的无氮浸出物含量则较低,以果胶等为主。青饲料的无氮浸出物以戊聚糖为最多;青贮饲料则以有机酸和可溶性糖为主。不同的饲料其无氮浸出物成分和含量都相差较大。

无氮浸出物中除碳水化合物外,还包括水溶性维生素等其他成分,随着营养科学的发展,饲料养分分析方法不断改进,分析手段越来越先进,如氨基酸自动分析仪、原子吸收光谱仪、气相色谱分析仪等的使用,使饲料分析的劳动强度大大减轻,效率大大提高,各种纯养分皆可进行分析,促使动物营养研究更加深入细致,饲料营养价值评定也更加精确可靠。

一、概念

所测样本减去其水分、粗蛋白质、粗脂肪、粗纤维、粗灰分等的百分数,所得之差即为无氮浸出物的百分含量。该数值只能概括说明饲料中这一部分养分的含量。

二、计算公式

无氮浸出物(%)=100(%)—[水分(%)+粗蛋白质(%)+粗脂肪(%)+粗纤维(%)+粗灰分(%)]

=干物质(%)—[粗蛋白质(%)+粗脂肪(%)+粗纤维(%)+粗灰分(%)]

或

$$NFE(\%)=100(\%)-[H_2O(\%)+CP(\%)+EE(\%)+CF(\%)+Ash(\%)]$$

$$=DM(\%)-[CP(\%)+EE(\%)+CF(\%)+Ash(\%)]$$

三、注意事项

1. 动物性饲料如血粉、鱼粉、骨粉、羽毛粉等可不计算无氮浸出物。
2. 各营养成分计算时，样品中的含水量应一致。

四、思考题

1. 无氮浸出物包含哪些组分？
2. 如何计算饲料样品中无氮浸出物的含量？

附　饲料概略养分总体分析

测定饲料中营养物质得到的一般不是单纯某一化学成分的含量，而是性质相同或相似的多种成分的混合物，被称为饲料的概略养分或常规成分。通过对饲料中的常规成分或概略养分的确定，为评价饲料原料或产品的质量提供基础数据。维生素、氨基酸等纯养分含量不能通过概略养分分析方案分析确定。

目前，国际上通用的是德国 Weende 试验站科学家 Hanneberg 等人 1864 年创立的“饲料概略养分分析方案(Feed proximate analysis)”，其优点是分析方法简单，不需要昂贵的仪器，分析成本低。但在概略养分分析方案中的水分、粗蛋白质、乙醚浸出物(粗脂肪)和粗灰分分别是样品中水、蛋白质、脂类和矿物质的概略分析值。表 1 所示为概略养分分析方案中不同养分的组成。

表 1　概略养分分析方案中不同养分的组成

组分	所含成分
水分	水分、挥发性的酸和碱
粗灰分	必需元素 常量元素：K、Mg、Na、S、Ca、P、Cl 微量元素：Fe、Cu、Mn、Zn、Co、Mo、I、F、Se、Sr、Br、Ba 非必需元素：Ni、B、Cr、Ti、V、Sn、Pb、B、Al
粗蛋白质	蛋白质、氨基酸、胺类、含氮糖苷、糖脂、B 族维生素、硝酸盐类
粗脂肪	脂肪、油类、蜡、有机酸、色素、甾醇、维生素(A、D、E、K)
粗纤维	纤维素、半纤维素、木质素
无氮浸出物	淀粉、单糖、二聚糖、果聚糖、糊精、有机酸、部分果胶、木质素、单宁、色素、树脂和水溶性维生素

饲料样品中的各养分按其物理化学性质进行测定与命名，养分间有着一定的联系。如碳水化合物含量按照其物理化学性质的差异，在概略养分分析方案中被划分为无氮浸出物和粗纤维两部分。图 1 所示为概略养分与饲料组成的关系。

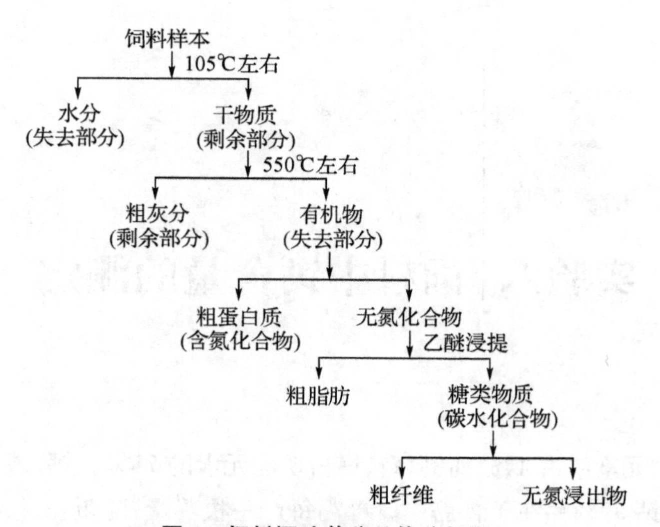

图 1 饲料概略养分总体分析图

实验八 饲料中钙含量的测定

动物体内矿物元素约占4%，而钙、磷、镁占矿物元素的75%。钙、磷是构成骨骼的主要成分，动物体内的钙99%存在于骨骼中。母鸡每产一枚鸡蛋，随蛋壳排出约2 g钙，若钙供应不足，就会影响产蛋量。可见钙对于动物来说是必需的一种元素。

一般饲料中钙含量不超过1%，而鱼粉、骨粉类饲料中钙可达5%～11%。按照国标GB/T 6436—2002，饲料中钙含量的测定方法列出了高锰酸钾间接测钙法（仲裁法）和乙二胺四乙酸二钠络合滴定法，这两种方法适用于单一饲料和配合饲料的分析，检出限为150 mg/kg。

对于钙含量低的样品可采用原子吸收分光光度法，这种方法虽未列为饲料分析的国标方法，但在食品、林业分析中已为国家标准方法。该方法特别适用于大批样品的测定，准确度、精密度完全能满足饲料分析的国标方法。现分别介绍如下。

高锰酸钾法（仲裁法）

该方法在GB/T 6346—2002中列为仲裁法，适合各种饲料分析，操作手续经典，但较复杂。

一、实验目的

掌握采用高锰酸钾滴定法测定单一饲料、浓缩饲料和配合饲料中钙的含量。

二、实验原理

将饲料样品中的有机物破坏，钙变成溶于水的离子，并与盐酸反应生成氯化钙，然后在溶液中加入草酸铵，使钙成为草酸钙白色沉淀，然后用硫酸溶液溶解草酸钙，再用高锰酸钾标准溶液滴定游离的草酸根离子。根据高锰酸钾标准滴定溶液的用量，可计算出饲料中钙含量。

三、实验仪器与试剂

1. 实验仪器

（1）植物样品粉碎机或研钵。

(2) 试验筛:孔径 0.42 mm(40 目)。

(3) 分析天平:分度值 0.000 1 g。

(4) 高温电阻炉:(550±20)℃,可调节。

(5) 瓷坩埚:30～50 mL。

(6) 容量瓶:100 mL。

(7) 酸式滴定管:25 mL 或 50 mL。

(8) 移液管:10 mL 或 20 mL。

(9) 凯氏烧瓶:250 mL 或 500 mL。

(10) 可调电炉。

(11) 烧杯:200 mL。

(12) 定量滤纸:中速,7～9 cm。

2. 试剂

(1) 硝酸(AR,72%)。

(2) 高氯酸(AR,70%～72%)。

(3) 盐酸溶液(1:3,V:V)。

(4) 硫酸溶液(1:3,V:V)。

(5) 氨水溶液(1:1,V:V)。

(6) 氨水溶液(1:50,V:V)。

(7) 草酸铵溶液(42 g/L):称取 4.2 g 草酸铵[AR,$(NH_4)_2C_2O_4$]溶于 100 mL 去离子水中。

(8) 0.05 mol/L 高锰酸钾(1/5 $KMnO_4$)标准溶液:称取 1.58 g 高锰酸钾(AR,$KMnO_4$)溶于 1 050 mL 去离子水中,煮沸 15 min,冷却。用玻璃砂滤埚抽滤,于棕色瓶内保存。玻璃砂滤埚处理是指玻璃砂滤埚在同样浓度的高锰酸钾溶液中缓缓煮沸 5 min。

高锰酸钾(1/5 $KMnO_4$)溶液浓度的标定:用分析天平称取 0.200 0 g 于 105 ℃烘至恒重的草酸钠基准物质,溶于 100 mL 硫酸溶液(8+92)中,用配制的高锰酸钾溶液滴定至粉红色 30 s 不褪色为终点。同时滴定空白。

高锰酸钾(1/5 $KMnO_4$)溶液的标准浓度 $c(1/5\ KMnO_4)$:

$$c(1/5\ \mathrm{KMnO_4})=\frac{m}{(V-V_0)\times 0.067\ 00} \quad (1)$$

式中:$c(1/5\ KMnO_4)$——高锰酸钾标准溶液的物质的量浓度(mol/L);

m——基准物质草酸钠的质量(g);

V——滴定时所用高锰酸钾溶液体积(mL);

V_0——滴定空白时所用高锰酸钾溶液体积(mL);

0.067 00——草酸钠(1/2 $Na_2C_2O_4$)的摩尔质量(kg/mol)。

(9) 甲基红指示剂(1 g/L):称取 0.1 g 甲基红溶于 100 mL 95%乙醇中。

四、实验步骤

(1) 取有代表性饲料样品用四分法缩分至 250 g,风干或以 65 ℃烘干后,用粉碎机磨细,过 0.42 mm 实验筛,混匀,装入样品袋,以备分析。

(2) 称取 2～5 g 试样(准确至 0.000 2 g)于瓷坩埚中,在电炉上低温小心炭化至无烟为止,再移入 550 ℃高温电阻炉灼烧 4～8 h,直至灰分变白或无炭粒存在为止。取出冷却,加入 10 mL 盐酸溶液(1∶3,V∶V)和几滴硝酸煮沸,然后转入 100 mL 容量瓶中,并用去离子水定容,作为试液。

(3) 准确移取试样液 10～20 mL(含钙量 20 mg 左右)于 200 mL 烧杯中,加去离子水 100 mL 和甲基红指示剂 2 滴,然后滴加氨水溶液(1∶1,V∶V)至溶液呈橙色,若滴加过量,可加盐酸溶液(1∶3,V∶V)调至橙色,并再多加 2 滴使其呈粉红色(pH 为 2.5～3.0),小心煮沸,慢慢滴加草酸铵溶液(42 g/L)10 mL,且不断搅拌,如果溶液变橙色,则应补加几滴盐酸溶液(1∶3,V∶V)使其呈红色,煮沸数分钟,放置过夜使沉淀陈化(或在水浴上加热 2 h)。

(4) 用定量滤纸过滤,用氨水溶液(1∶50,V∶V)洗沉淀 6～8 次,直至无草酸根离子为止[接几毫升滤液,加硫酸溶液(1∶3,V∶V)几滴,加热至 80 ℃,再加 2 滴 0.05 mol/L 高锰酸钾溶液呈微红色,且 30 s 不褪色]。

(5) 将沉淀和滤纸一并转入原烧杯中,加 10 mL 硫酸溶液(1∶3,V∶V)和 50 mL 去离子水,加热至 80 ℃,用 0.05 mol/L 高锰酸钾(1/5 $KMnO_4$)标准溶液滴定至粉红色,且 30 s 不褪色为终点。

(6) 空白试验:在干净的烧杯中加滤纸一张,硫酸溶液(1∶3,V∶V)10 mL,水 50 mL,加热至 75～85 ℃,立即用 0.05 mol/L 高锰酸钾标准溶液滴定至呈微红色且 30 s 不褪色为止。

五、结果计算

(1) 饲料中钙含量按公式(2)计算其质量分数 $w(\mathrm{Ca})$。

$$w(\mathrm{Ca})=\frac{(V-V_0)\times c\times 0.0200}{m\times V_1/100}\times 100\%=\frac{(V-V_0)\times c\times 2}{m\times V_1}\times 100\% \quad (2)$$

式中:$w(\mathrm{Ca})$——以质量分数表示的钙含量(%);

V——滴定试样所消耗的高锰酸钾(1/5 $KMnO_4$)标准溶液体积(mL);

V_0——滴定空白时所消耗的高锰酸钾(1/5 $KMnO_4$)标准溶液体积(mL);

c——高锰酸钾标准溶液的浓度(mol/L);

m——试样质量(g);

V_1——滴定时移取的试样体积(mL);

0.020 0—钙(1/2 Ca)的摩尔质量(kg/mol)。

(2) 每个试样取两个平行样进行测定，以其算术平均值为分析结果，所得结果应表示至小数点后两位。钙含量在5%以上，允许相对偏差3%；钙含量在1%～5%时，允许相对偏差5%；钙含量在1%以下，允许相对偏差10%。

该实验的流程如图1。

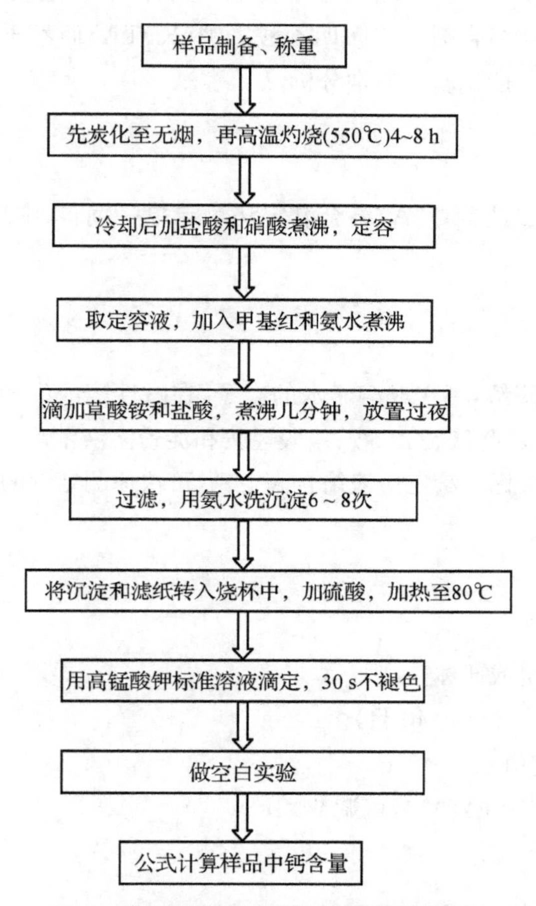

图1 高锰酸钾法测定钙含量实验流程图

六、实验注意事项

(1) 试样的处理也可采用湿法：称取试样2～5 g于250 mL凯氏烧瓶中，精确至0.000 2 g，加入硝酸-高氯酸(5∶1，V∶V)混合酸，瓶口盖一漏斗，在电炉上加热消煮，保持微沸状态，至二氧化氮黄烟逸尽，溶液变清并冒白烟为止，否则可补加5 mL硝酸继续消煮至清。冷却后移入100 mL容量瓶中，用去离子水稀释至刻度，摇匀，以下步骤同干灰法。注意上述操作在通风柜内进行。

(2) 高锰酸钾溶液浓度不稳定，应在4 ℃冰箱内保存，并每月标定1次。

(3) 滴定空白时应包括滤纸在内，因为每种滤纸的空白值还是有差别的。

(4) 洗涤草酸钙沉淀时，必须沿滤纸边缘向下洗，使沉淀集中于滤纸中心，以免损失。每次洗涤过滤时，都必须等上次洗涤液完全过滤净后再加，每次洗涤不得超过漏斗体积的 2/3。

乙二胺四乙酸二钠(EDTA)络合滴定法(快速法)

国标 GB/T 6436—2002 中虽未把络合滴定法列为仲裁法，但该法应用范围与高锰酸钾法是相同的。该法中使用络合剂乙二胺四乙酸二钠(EDTA)而不再沉淀分离钙，且为直接滴定，方法简便，适用于一般饲料厂日常分析。

一、实验目的

采用乙二胺四乙酸二钠(EDTA)络合滴定法测定单一饲料、浓缩饲料和配合饲料中钙的含量。

二、实验原理

将饲料样品有机物降解，钙变成溶于水的离子，在碱性溶液中，钙离子与乙二胺四乙酸二钠(EDTA)络合，用三乙醇胺、乙二胺、盐酸羟胺和淀粉溶液消除干扰离子的影响，以钙黄绿素为指示剂，用 EDTA 标准滴定溶液络合滴定钙，可快速测定钙的含量。

三、实验仪器与试剂

1. 实验仪器

(1) 植物样品粉碎机或研钵。

(2) 试验筛：孔径 0.42 mm(40 目)。

(3) 分析天平：分度值 0.000 1 g。

(4) 高温电阻炉：(550±20)℃，可调节。

(5) 瓷坩埚：30～50 mL。

(6) 容量瓶：100 mL。

(7) 酸式滴定管：25 mL 或 50 mL。

(8) 移液管：10 mL 或 20 mL。

(9) 凯氏烧瓶：250 mL 或 500 mL。

(10) 可调电炉。

(11) 烧杯：200 mL。

(12) 定量滤纸：中速，7～9 cm。

2. 试剂

(1) 盐酸羟胺(AR)。

(2) 三乙醇胺溶液(1∶1，V∶V)：将 50 mL 三乙醇胺(AR)与 50 mL 蒸馏水混匀。

(3) 乙二胺溶液(1∶1，V∶V)。

(4) 盐酸溶液(1∶3,V∶V)。

(5) 20%氢氧化钾溶液:称取 20 g 氢氧化钠(AR)溶于 100 mL 蒸馏水中。

(6) 10 g/L 淀粉溶液:称取 1 g 可溶淀粉于 200 mL 烧杯中,加 5 mL 水浸湿,再加 95 mL沸水搅匀,煮沸,冷却备用(现配现用)。

(7) 1 g/L 孔雀石绿指示剂。

(8) 钙黄绿素—甲基百里香酚蓝指示剂:称取 0.10 g 钙黄绿素与 0.10 g 甲基麝香草酚蓝、0.03 g 百里香酚酞、5 g 氯化钾研细均匀,贮存于磨口瓶中。

(9) 1 mg/mL 钙标准溶液:将基准物质碳酸钙于 105 ℃烘干 4 h,取出,在干燥器内冷却,准确称取 2.497 g 溶于 40 mL 盐酸溶液(1∶3,V∶V)中,加热去除 CO_2,冷却后用蒸馏水定容至 1 000 mL,作为钙的标准溶液(1 mg/mL)。

(10) 0.01 mol/L EDTA 标准滴定溶液:准确称取 EDTA 3.8 g 于 1 000 mL 烧杯中,加 200 mL 水,加热溶解,冷却后转入 1 000 mL 容量瓶中,并用水稀释至刻度。准确移取钙标准溶液 10 mL,按试样滴定步骤进行滴定。EDTA 标准滴定溶液对钙的滴定度可按以下公式计算:

$$T=\frac{\rho\times V}{V_0}$$

式中:T——EDTA 标准滴定溶液对钙的滴定度(g/mL);

V_0——EDTA 标准滴定溶液用量(mL);

V——所取钙标准溶液的体积(mL);

ρ——钙标准溶液的质量浓度(g/mL)。

四、实验步骤

(1) 取有代表性饲料样品用四分法缩分至 250 g,风干或以 65 ℃烘干后,用粉碎机磨细,过 0.42 mm 实验筛,混匀,装入样品袋,以备分析。

(2) 称取 2~5 g 试样(准确至 0.000 2 g)于瓷坩埚中,在电炉上低温小心炭化至无烟为止,再将其移入(550±20)℃高温电阻炉灼烧 3 h 以上,直至灰分变白或无炭粒存在为止。取出放在干燥器内冷却,加入 10 mL 盐酸溶液(1∶3,V∶V)和几滴硝酸煮沸,然后转入 100 mL容量瓶中,并用去离子水定容,作为分解液。

(3) 试样的测定:准确移取试样分解液 5~25 mL(含钙 2~25 mg)于 150 mL 三角瓶中,加水 50 mL、淀粉溶液 10 mL、三乙醇胺溶液 2 mL、乙二胺溶液 1 mL,每加完 1 种试剂要充分摇匀,然后加孔雀石指示剂 1 滴,摇匀,滴加氢氧化钾溶液至无色,再加氢氧化钾溶液 2 mL,加入 0.1 g 盐酸羟胺,摇匀溶液后,加指示剂少许,使颜色呈墨绿色,在黑色背景下,立即用 EDTA 标准滴定溶液滴定至绿色荧光消失,呈紫红色为滴定终点。

(4) 做试剂空白试验。

五、结果计算

(1) 试样中钙的质量分数按下式计算：

$$w(\mathrm{Ca})(\%)=\frac{T\times V_2}{m}\times\frac{V_0}{V_1}\times 100$$

式中：T——EDTA 标准滴定溶液对钙的滴定度(g/mL)；

V_0——试样分解液总体积(mL)；

V_1——分取试样分解液的体积(mL)；

V_2——实际消耗的 EDTA 标准滴定溶液的体积(mL)；

m——试样质量(g)。

所得结果应表示至 2 位小数。

(2) 每个试样取两个平行样进行测定，以其算术平均值为分析结果，允许相对偏差小于 10%。

实验流程见图 2。

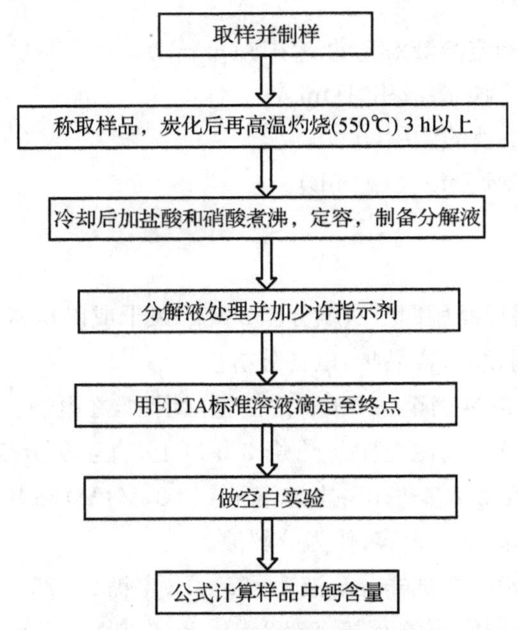

图 2　EDTA 络合滴定法测定钙含量实验流程图

六、实验注意事项

该法比高锰酸钾法简单、快速，但干扰较多，相对误差可能高一些。但作为饲料工厂日常检验是很方便的。

原子吸收分光光度法

火焰原子吸收法测定钙具有准确、干扰少、速度快等优点，应该是目前有原子吸收分光光度仪器的实验室首选的测定方法。

一、实验目的

（1）样品经干法或湿法处理后，用乙炔—空气火焰原子吸收分光光度计，测定饲料中钙的含量。

（2）掌握原子吸收分光光度计的使用方法。

二、实验原理

原子吸收分光光度法是基于光源（空心阴极灯）辐射出具有待测元素特征谱线的光波，当通过试样所产生的原子蒸气时，被蒸气中待测元素的基态原子所吸收，根据辐射光强度减弱的程度，即可求出试样中待测元素的含量。即由透射光进入单色器，经过分光后再照射到检测器上，产生直流电信号，经过放大器放大后，就可以从读数器（或记录器）上读出（或记录）吸光度。在一定的实验条件下，试验的吸光度与其中待测元素的含量之间服从朗伯－比尔定律。因此，只需测定试样溶液的吸光度和相应标准溶液的吸光度，即可根据标准溶液的浓度计算出试样中待测元素的含量。

三、实验仪器与试剂

1. 实验仪器

（1）原子吸收分光光度计：空气—乙炔气火焰。

（2）钙空心阴极灯。

（3）分析天平：分度值 0.000 1 g。

（4）植物样品粉碎机或研钵。

（5）试验筛：0.42 mm 孔径。

（6）可调电炉。

（7）凯氏烧瓶：250 mL。

（8）定量滤纸。

2. 试剂

（1）乙炔气。

（2）硝酸（GR，相对密度（ρ）＝1.42）。

（3）高氯酸（GR，70％）。

（4）盐酸（GR，相对密度（ρ）＝1.19）。

（5）硝酸—高氯酸（5∶1）混合酸：按体积比混合。

(6) 5%氯化镧溶液:将 13.4 g 氯化镧($LaCl_3 \cdot 7H_2O$,AR)溶于 100 mL 去离子水中。

(7) 100 μg/mL 钙标准溶液:将 0.249 7 g 碳酸钙($CaCO_3$,GR,105 ℃烘干)溶于 1 000 mL 0.2 mol/L 盐酸溶液中。

四、实验步骤

(1) 将样品风干或以 65 ℃烘干,用植物样品粉碎机磨细,过 0.42 mm 样品筛,装袋备用。

(2) 准确称取 0.2~1.0 g 试样于 250 mL 凯氏瓶中,加入 20 mL 硝酸—高氯酸(5∶1)混合酸,瓶口盖一弯颈漏斗,可放置过夜。第二天,在通风柜内用电炉加热消化,保持微沸状态。当 NO_2 棕色气体消失,升高炉温使硅脱水并冒白烟为止。如果溶液仍有颜色,可补加 5 mL 硝酸继续消煮至清。

冷却后,用去离子水转入 100 mL 容量瓶并定容,然后用定量滤纸过滤到样品瓶中,作为待测溶液。

(3) 按仪器说明书开启空气—乙炔气原子吸收分光光度计,调节仪器至最佳状态,波长为 422.7 nm。

钙标准工作溶液系列:取 6 只 100 mL 容量瓶,分别加入 0 mL,1.0 mL,2.0 mL,3.0 mL,4.0 mL,5.0 mL 100 μg/mL 钙标准溶液,再分别加入 2 mL 5%氯化镧溶液,用去离子水定容,摇匀。

试样溶液:准确移取 2~10 mL 待测溶液于 100 mL 容量瓶中,加入 2 mL 5%氯化镧溶液,用去离子水定容,摇匀。

依次吸入标准工作溶液,绘制钙浓度与吸光度标准工作曲线。同样测定试样溶液,从标准工作曲线读取试样浓度。

五、结果计算

(1) 饲料中钙含量用公式(3)计算其质量分数 $w(\mathrm{Ca})$。

$$w(\mathrm{Ca})(\%)=\frac{\rho \times V \times D}{m \times 10^6} \times 100 \tag{3}$$

式中:ρ——从标准工作曲线上读取的试液中钙的质量浓度(μg/mL);

V——待测溶液体积(mL);

D——稀释倍数;

m——试样质量(g);

10^6——将克换算为微克的倍数。

(2) 每样取两个平行样测定,取平均值作为分析结果。允许相对偏差小于 10%。

实验流程见图 3。

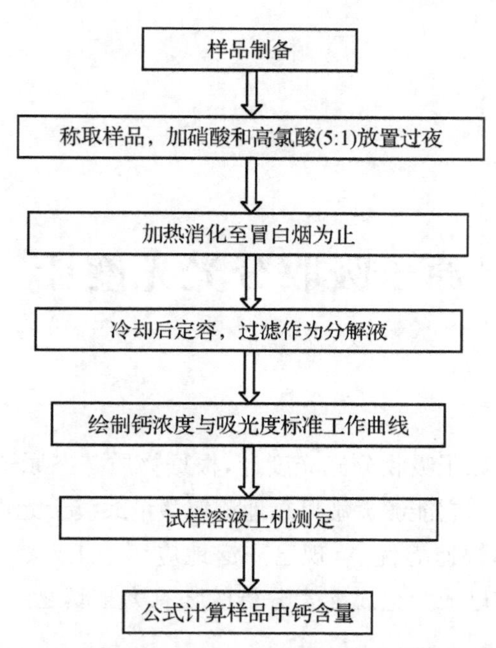

图 3　原子吸收分光光度法测定钙含量实验流程图

六、实验注意事项

（1）在可调电炉上消化样品时，开始温度不宜过高，以防反应太激烈发生危险。最后提高温度驱尽高氯酸，但千万不能蒸干以防引起爆炸。

（2）样品的前处理也可用干法，操作同高锰酸钾测钙法。

使用空气—乙炔气火焰原子吸收测定时，应特别注意使用乙炔气的安全，点火前检查水封是否加满水，空气压力是否达到要求，并注意通风。

七、思考题

（1）测定饲料中钙的主要方法有哪几种，各自的原理是什么？

（2）试分析导致高锰酸钾法测定钙结果偏高的原因有哪些。

（3）简述原子吸收分光光度计的基本构造及其测定饲料中钙的基本原理。

附　原子吸收分光光度计

原子吸收光谱仪又称原子吸收分光光度计，根据物质基态原子蒸气对特征辐射吸收的作用来进行金属元素分析。它能够灵敏可靠地测定微量或痕量元素，具有灵敏度高、选择性好、干扰少、分析方法简单快速等优点，现已广泛地应用于工业、农业、生化、地质、冶金、食品、环保等各个领域，目前已成为金属元素分析的强有力工具之一，而且在许多领域已作为标准分析方法(图 1)。

图 1　原子吸收分光光度计

一、基本部件

原子吸收分光光度计一般由四大部分组成，即光源(单色锐线辐射源)、试样原子化器、单色仪和数据处理系统(包括光电转换器及相应的检测装置)。原子化器主要有两大类，即火焰原子化器和电热原子化器。火焰有多种火焰，目前普遍应用的是空气—乙炔火焰。电热原子化器普遍应用的是石墨炉原子化器，因而原子吸收分光光度计，就有火焰原子吸收分光光度计和带石墨炉的原子吸收分光光度计。前者原子化的温度在 2 100～2 400 ℃之间，后者在 2 900～3 000 ℃之间。火焰原子吸收分光光度计，利用空气—乙炔测定的元素可达 30 多种，若使用氧化亚氮—乙炔火焰，测定的元素可达 70 多种。但氧化亚氮—乙炔火焰安全性较差，应用不普遍。空气—乙炔火焰原子吸收分光光度法，一般可检测到 mg/kg 级(10^{-6})，精密度 1%左右。

二、工作原理

元素在热解石墨炉中被加热原子化，成为基态原子蒸气，对空心阴极灯发射的特征辐射

进行选择性吸收。在一定浓度范围内，其吸收强度与试液中被测元素的含量成正比。其定量关系可用朗伯—比尔定律，

$$A=-\lg I/I_0=-\lg T=KcL$$

式中：I——透射光强度；

I_0——发射光强度；

T——透射比；

L——光通过原子化器光程(长度)。

每台仪器的 L 值是固定的，c 是被测样品浓度，所以 $A=K'c$。

三、操作步骤

1. 开机

(1) 开稳压电源，待电压稳定在 220 V 后开主机电源开关。

(2) 开空压机，将压力调到 0.3 MPa。

(3) 开燃气钢瓶主阀，乙炔钢瓶主阀最多开启一圈，将压力调到 0.05～0.06 MPa 之间。

(4) 开排风扇和冷却水。

2. 测试

(1) 装上待测元素空心阴极灯，调节灯电流与波长至所需值。

(2) 点火，设置仪器测试参数。

(3) 将毛细管插入去离子水中，调零，将进样毛细管插入经消化和定容的待测溶液，待吸光度显示稳定后，记录测试结果，将毛细管插入去离子水中，回到零点，依次测定。

3. 关机

(1) 测试完毕后，在点火状态下吸喷干净的去离子水清洗原子化器几分钟。

(2) 关闭燃气钢瓶主阀，待管路中余气燃净后关闭仪器的燃气阀门。

(3) 松开仪器面板上燃气和助燃气旋钮，将灯电流旋至零。

(4) 关仪器电源，关稳压电源。

(5) 关排风扇和冷却水。

(6) 将燃气钢瓶减压阀旋松。

(7) 关空压机，并放掉余气及水分，并用滤纸将燃烧头缝擦干净。

四、注意事项

(1) 操作者在使用仪器前必须仔细阅读操作说明书，熟悉操作步骤，了解仪器的基本结构和水、电、气管路及开关。

(2) 点火前应打开排风扇，仪器排液管的水封中应注满水。

(3) 点火前先通助燃气，再通燃料气，熄火时先关燃料气，后关助燃气，使用 N_2O 作助燃气时，须切换到空气状态方可点火和熄火，同时应更换燃烧头。

(4) 空心阴极灯电流不得大于 10 mA，空心阴极灯和氘灯的能量计指针应于蓝色区。

(5) 操作者离开仪器时，必须熄灭火焰。

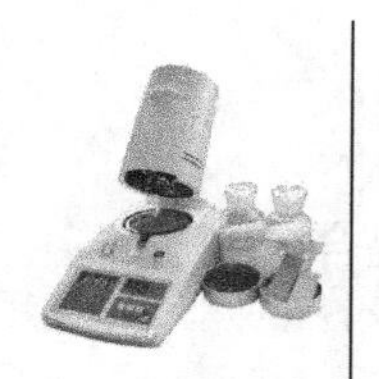

实验九 饲料总磷含量的测定

磷是动物所必需的重要矿物元素之一，骨骼中约含有4.5%的磷。天然饲料中磷的存在形式直接影响其利用率，例如，谷物等饲料中的磷多以植酸磷形式存在，不易被动物吸收利用，而青贮或干草中很少或不含植酸磷，所以磷的利用率高。磷的测定方法多采用分光光度法，但是显色方法不同，分为钒钼黄比色法和磷钼蓝比色法等。国标GB/T 6437—2002中采用钒钼黄比色法，该方法的重现性好，适用于各种单一饲料和配合饲料中总磷的测定。

一、实验目的

掌握采用钒钼黄比色法测定单一饲料、预混合饲料、浓缩饲料和配合饲料中总磷含量。

二、实验原理

将试样中的有机物破坏，使磷元素游离出来，在酸性溶液中，用钒钼酸铵处理，生成黄色的化合物——$(NH_4)_3PO_4 \cdot NH_4VO_3 \cdot 16MoO_3$ 络合物，在波长420 nm下进行比色测定。

三、实验仪器与试剂

1. 实验仪器

(1) 植物样品粉碎机或研钵。

(2) 分样筛：孔径0.42 mm(40目)。

(3) 分析天平：感量0.000 1 g。

(4) 分光光度计：可在420 nm下测定吸光度。

(5) 比色皿：10 mm比色皿。

(6) 高温炉：可控温度在(550±20)℃可调。

(7) 瓷坩埚：30～50 mL。

(8) 容量瓶：10 mL，50 mL，1 000 mL。

(9) 移液管：10 mL。

(10) 三角瓶：250 mL。

(11) 可调温电炉。

(12) 干燥器:变色硅胶作干燥剂。

2. 试剂

(1) 盐酸溶液(1∶1):100 mL 盐酸与 100 mL 蒸馏水混合。

(2) 硝酸(AR,相对密度 1.42)。

(3) 高氯酸(AR,70%)。

(4) 钒钼酸铵显色剂:称取偏钒酸铵 1.25 g,加水 200 mL 加热溶解,冷却后再加入 250 mL硝酸;另称取钼酸铵 25 g(AR),加水 400 mL 加热溶解,在冷却的条件下,将两种溶液混合,用水定容至 1 000 mL,避光保存,若生成沉淀,则不能继续使用。

(5) 磷标准液:将磷酸二氢钾(AR,KH_2PO_4)在 105 ℃干燥 1 h,在干燥器中冷却后称取 0.219 5 g 溶解于水,加硝酸 3 mL,定量转入 1 000 mL 容量瓶中,用水稀释至刻度,摇匀,即为 50 μg/mL 磷标准溶液。

四、实验步骤

1. 湿法

称取试样 0.5～5 g(精确至 0.000 2 g)于凯氏烧瓶中,加入硝酸 30 mL,小心加热煮沸至黄烟逸尽,稍冷,加入高氯酸 10 mL,继续加热至高氯酸冒白烟(不得蒸干),溶液基本无色,冷却,加水 30 mL,加热煮沸,冷却后,用水转移入 100 mL 容量瓶中并稀释至刻度,摇匀,为试样分解液。

2. 盐酸溶解法(适用于微量元素预混料)

称取试样 0.2～1 g(精确至 0.000 2 g)于 100 mL 烧杯中,缓缓加入盐酸 10 mL,使其全部溶解,冷却后转入 100 mL 容量瓶中,用水稀释至刻度,摇匀,为试样分解液。

3. 工作曲线的绘制

准确移取磷标准液 0 mL,1.0 mL,2.0 mL,4.0 mL,8.0 mL,16.0 mL 于 50 mL 容量瓶中,各加钒钼酸铵显色剂 10 mL,用水稀释到刻度,摇匀,常温下放置 10 min 以上,以 0 mL 溶液为参比,用 1 cm 比色皿,在 420 nm 波长下用分光光度计测各溶液的吸光度。以磷含量为横坐标,吸光度为纵坐标,绘制工作曲线。

4. 试样的测定

准确移取试样分解液 1.0～10.0 mL(含磷量 50～750 μg)于 50 mL 容量瓶中,加入钒钼酸铵显色剂 10 mL,用水稀释到刻度,摇匀,常温下放置 10 min 以上,用 1 cm 比色皿在 420 nm波长下测定试样分解液的吸光度,在工作曲线上查得试样分解液的磷含量。

五、结果计算

(1) 饲料中磷的含量按照公式(1)计算其质量分数:

$$X=\frac{m'\times10^{-6}}{m}\times\frac{V}{V_1} \tag{1}$$

式中：X——以质量分数表示的磷含量(%)；

m'——由工作曲线查得试样分解液磷含量(μg)；

V——试样分解液的总体积(mL)；

m——试样的质量(g)；

V_1——试样测定时移取试样分解液体积(mL)。

10^{-6}——从微克转化为克的系数。

(2) 每个试样称取两个平行样进行测定，以其算术平均值为测定结果，所得到的结果应表示至小数点后两位。含磷量 0.5%以下，允许相对偏差 10%；含磷量 0.5%以上，允许相对偏差 3%。

实验的流程见图 1。

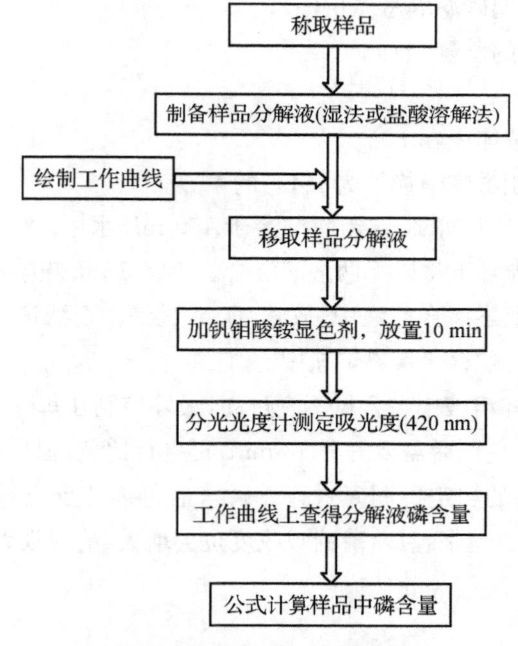

图 1　磷含量测定实验流程图

六、实验注意事项

(1) 样品的前处理也可采用干灰法：一般称取试样 2～5 g(精确至 0.000 2 g)于坩埚中，在电炉上小心炭化，再放入高温炉，在 550 ℃灼烧 3 h(或测粗灰分后继续进行)，取出冷却，加入 10 mL 盐酸和硝酸数滴，小心煮沸约 10 min，冷却后转入 100 mL 容量瓶中，用水稀释至刻度，摇匀，为试样分解液。

(2) 本方法对于含有大量 $CaHPO_4$ 和 $Ca_3(PO_4)_2$ 的饲料样品不适用，例如肉骨粉可采用磷钼酸喹啉沉淀法测定。

称取 0.5 g 试样于凯氏烧瓶中，加入 10 g 无水硫酸钠，0.5 g 无水硫酸铜和 5 mL 硫酸，在电炉上加热消化至透明无炭粒为止。用蒸馏水转入 500 mL 容量瓶中并定容。混匀，过滤作为待测溶液。

取 25～50 mL 待测溶液于 400 mL 烧杯中，加入 10 mL 硝酸溶液(1∶1)，加水稀释至 100 mL，加入 50 mL 喹钼柠酮沉淀剂，盖上表面皿，小火加热煮沸 1 min，冷却至室温，并轻轻转动烧杯 3～4 次。然后用已恒重的 G4 玻璃砂滤埚过滤，用水洗涤沉淀 5～6 次。将滤埚和沉淀物转入 180 ℃烘箱内干燥 1 h，取出，在干燥器内冷却 30 min，称量。计算肉骨粉中磷(P_2O_5)含量按公式(2)计算：

$$w(P_2O_5)(\%)=\frac{(m_1-m_0)\times 0.03207}{m\times\frac{V}{500}}\times 100 \tag{2}$$

式中：m_1——沉淀物和玻璃砂滤埚总质量(g)；

m_0——玻璃砂滤埚的质量(g)；

m——试样质量(g)；

V——所移取待测液体积(mL)；

0.032 07——将磷钼酸喹啉换算为 P_2O_5 的系数。

喹钼柠酮沉淀剂的配制：将 70 g 钼酸钠溶于 150 mL 水中；将 60 g 柠檬酸溶于 85 mL 硝酸和 150 mL 水中，在搅拌下将以上两溶液混合。再将 5 mg 喹啉溶于 35 mL 硝酸和 100 mL 水中，将此溶液倒入上述混合溶液中，放置 24 h，过滤。于滤液中加入 280 mL 丙酮，用水稀释至 1 000 mL，混匀，贮存于聚乙烯瓶中。

(3) 比色时，待测试样溶液中磷含量不宜过高，最好控制在每毫升含磷量 0.5 mg 以下。

(4) 待测液在加入显色剂后需要静置 10 min，再进行比色，但也不能静置过久。

(5) 标准系列与样品的测定要同时进行。磷与显色剂的反应是络合反应，随着反应时间的加长，络合物的颜色也越来越深，磷的吸收度也会增大，造成误差，失去样品与曲线的可比性。

七、思考题

(1) 简述钒钼黄比色法测定饲料中总磷含量的原理。

(2) 简述钒钼黄比色法测定饲料中总磷含量的操作步骤。

(3) 试分析影响饲料中总磷含量测定的因素有哪些。

附　721 型可见分光光度计

721 型分光光度计利用了朗伯—比尔定律。物质的分子结构不同，对光的吸收能力不同，因此每种物质都有特定的吸收光谱，且在一定条件下其吸收程度与该物质的浓度成正比，分光光度法就是利用这种吸收特征对不同物质进行定性或定量分析。分光光度计采用一个可以产生多个波长的光源，通过系列分光装置，从而产生特定波长的光源，单色光源辐射穿过被测物质溶液时，部分光源被吸收，被该物质吸收的量与该物质的浓度和液层的厚度(光路长度)成正比，计算样品的吸光值，从而转化成样品的浓度。其适用于冶金、化工、农业、环保、教学等行业和领域，也是食品厂、饮用水厂办 QS 认证中的必备检验设备(图 1)。

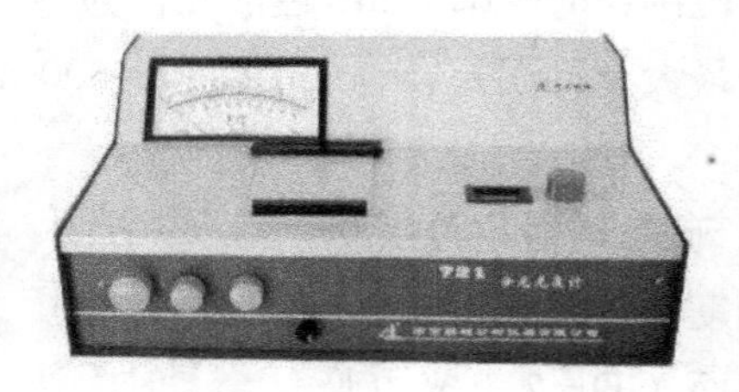

图 1　721 型可见分光光度计

一、测定原理

朗伯—比尔定律即光吸收基本定律，即物质对单色光吸收的强弱与吸光物质的浓度(c)和液层厚度(b)间的关系的定律，是光吸收的基本定律，是紫外—可见光度法定量的基础。

朗伯—比尔定律可简述如下：当一束平行的单色光通过含有均匀的吸光物质的吸收池(或气体、固体)时，光的一部分被溶液吸收，一部分透过溶液，一部分被吸收池表面反射。设入射光辐照度(单位是 W/m^2，注意不要和光强搞混!)为 I_0，吸收光辐照度为 I_a，透过光辐照度为 I_t，反射光辐照度为 I_r，则它们之间的关系应为：

$$I_0 = I_a + I_t + I_r$$

若吸收池的质量和厚度都相同，则 I_r 基本不变，在具体测定操作时 I_r 的影响可互相抵消(与吸光物质的 c 及 b 无关)。

上式可简化为:

$$I_0 = I_a + I_t$$

实验证明:当一束强度为 I_0 的单色光通过浓度为 c、液层厚度为 b 的溶液时,一部分光被溶液中的吸光物质吸收后透过光的强度为 I_t,则它们之间的关系为:

$$A = -\lg T = K \cdot b \cdot c$$

式中:A——吸光度;

T——物质的透射率;

K——摩尔吸收系数;

b——被分析物质的光程,即厚度;

c——物质的浓度。

$A = -\lg T = K \cdot b \cdot c$ 即朗伯—比尔定律数学表达式,并可表述为:当一束平行的单色光通过溶液时,溶液的吸光度(A)与溶液的浓度(c)和厚度(b)的乘积成正比。

二、主要技术指标

1. 波长范围:360~800 nm,色散元件为三角棱形。

2. 波长最大允许误差:±3 nm (360~600 nm)、±5 nm(600~700 nm)、±6 nm(700~800 nm)。

3. 表面刻度:透射比范围 0~100%(T)。

4. 吸光度:0~2(A)。

5. 接受面:GD−7 型光电管。

6. 光源灯:12V/25 W。

7. 电源电压:AC(220±22)V,(50±1)Hz。

三、操作步骤

1. 检查仪器各调节钮的起始位置是否正确,接通电源开关,打开样品室暗箱盖,使电表指针处于"0"位,预热 20 min。

2. 将灵敏度开关调至"1"挡(若零点调节器调不到"0"时,需选用较高挡)。根据所需波长转动波长选择钮选择需用的单色光波长。

放大器各挡的灵敏度为:"1" ×1 倍;"2"×10 倍;"3"×20 倍,灵敏度依次增大。由于单色光波长不同时,光能量不同,需选不同的灵敏度挡。选择原则是在能使参比溶液调到 T=100%处时,尽量使用灵敏度较低的挡,以提高仪器的稳定性。改变灵敏度挡后,应重新调"0"和"100"。

3. 盖上样品室盖使光电管受光，推动试样架拉手，使参比溶液池（溶液装入 3/4 高度，用擦镜纸拭清外壁液体，放入样品室内，使参比管对准光路）置于光路上，调节 100%透射比调节器，使电表指针指向 $T=100\%$。重复进行打开样品室盖，调“0”，盖上样品室盖，调透射比为 100%的操作至仪器稳定。

4. 盖上样品室盖，推动试样架拉手，使样品溶液池置于光路上，读出吸光度值并记录。读数后应立即打开样品室盖。

5. 测量完毕，取出比色皿，洗净后倒置于滤纸上晾干，样品室用软布或软纸擦净。各旋钮置于原来位置，电源开关置于“关”，拔下电源插头。

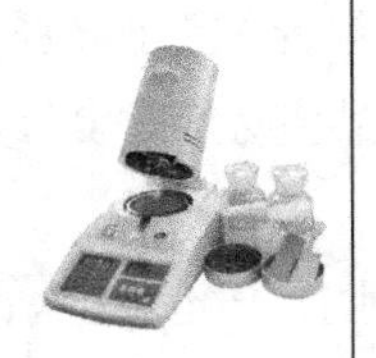

实验十 饲料总能的测定

饲料的燃烧热即饲料所含总能(GE),是饲料在燃烧过程中完全氧化成最终的尾产物(二氧化碳、水及其他物质)所释放的热量。单位质量物质的燃烧热为该物质的热价,过去通常以 kcal/g 为单位,目前则都改为 kJ/g(1 kcal=4.184 kJ)。

(1) 饲料的消化能(DE)=食入饲料的燃烧热一粪的燃烧热

(2) 饲料的代谢能(ME)=食入饲料的燃烧热一粪的燃烧热一尿的燃烧热

通过测定家畜摄入饲料量和排出的粪、尿的燃烧热,可得到饲料的消化能(DE)和代谢能(ME)。

一、实验目的

1. 了解氧弹式测热计的工作原理。
2. 掌握利用氧弹式测热计测定配合饲料、浓缩料和单一饲料中的总能。

二、实验原理

在绝热条件下 1 mol 有机物完全燃烧所产生的热量,称为该物质的燃烧热(H),也称为总能。根据热力学第一定律,任何一个热化学反应的初始态与终末态一定,则反应放出的热效应也是一定的。这一原理使我们测定各种物质燃烧热变得有意义。有机物差不多均能氧化完全,并且反应进行很快,因此,准确地测定燃烧热就有了可能。将饲料在氧弹内通入氧气使其完全燃烧,测定该氧化反应放出的热量,从而计算单位质量物质放出的热能,称为该物质的热价或总能(GE)。将由消化代谢实验所用的饲料或日粮以及所收集的粪、尿样品,制备一定质量的测定试样,装于充有(245±49)N/cm^2 纯氧氧弹中进行燃烧。燃烧所产生的热量为氧弹周围已知质量的蒸馏水及热量计整个体系所吸收,并由贝克曼温度计读出水温上升幅度。该上升的温度乘以热量计体系和水的热容量之和,即可得出样品的燃烧热。

三、实验仪器与试剂

1. 实验仪器

(1) 植物样品粉碎机。

(2) 压片机。

(3) 分析天平:分度值 0.000 1 g。

(4) 绝热型氧弹热量计全套。

(5) 碱式滴定管 50 mL。

(6) 干燥器。

(7) 铂坩埚。

(8) 试验筛:孔径 0.28 mm。

(9) 容量瓶 2 000 mL、1 000 mL、200 mL 各一个。

(10) 量筒 200 mL、500 mL 各一个。

(11) 吸管 10 mL。

(12) 烧杯 250 mL、500 mL。

2. 试剂

除非另有说明,本实验所用试剂均为分析纯,所用水为蒸馏水。

(1) 苯甲酸(GR,标准品 26.46 MJ/g)。

(2) 镍镉燃烧丝(0.954 kJ/cm)。

(3) 氧气。

(4) 氢氧化钠。

(5) 1%酚酞指示剂。

(6) 0.1 mol/L 氢氧化钠溶液:称取 4.00 g 氢氧化钠溶于 1 000 mL 水中。其浓度按下列方法标定:准确称取 0.600 0 g 邻苯二甲酸氢钾(105~110 ℃烘干至恒重)于三角瓶中,加入 50 mL 无二氧化碳的水,加 2 滴 1%酚酞指示剂,用配好的氢氧化钠溶液滴定至粉红色为终点,同时做空白试验。氢氧化钠的物质的量浓度 $c(NaOH)$ 按(1)式计算:

$$c(\mathrm{NaOH})=m/[(V_1-V_2)\times 0.2042] \tag{1}$$

式中:m——邻苯二甲酸氢钾的质量(g);

V_1——滴定时所消耗 NaOH 溶液体积(mL);

V_2——滴定空白时所消耗 NaOH 溶液体积(mL);

0.204 2——邻苯二甲酸氢钾的摩尔质量(kg/mol)。

四、实验步骤

(1) 采集的饲料样品用四分法缩分至 200 g,经粉碎,过 0.28 mm 筛,用压片机压成 1.0~1.5 g 的小片(饼状),放入干燥器称重(准确至 0.000 1 g),试样的多少依据测定时温度上升不高于 3~4 ℃为准,最好以 1 ℃左右为宜。如果温差大时,热量计因辐射损失的热也多,引起的误差也大。此外在称量样品的同时,要测定样品的含水量,以便换算成绝对基础的热价。

(2) 氧弹的准备：测定前应该擦净氧弹各部分污物及油渍，以防实验时发生危险，氧气钢瓶应置于阴凉安全处。将压好的样品片于 105 ℃烘干 4 h，冷却，称量(m)，放入铂坩埚内。将铂坩埚移至氧弹电极支架上，将连接在两根电极柱上的 10 cm 长镍铬燃烧丝的中部接近样品。燃烧后向氧弹底部加 5 mL 水，把电极装入氧弹内，套上垫圈，旋紧弹帽，经减压阀慢慢向氧弹内充氧气至 0.5 MPa，使空气排尽，再充压至 3.0 MPa。

(3) 内外水套的准备：将自动容量筒中准备好的 2 000 g 纯水(室温)注入内套筒中，主机的外套应充满水，调节外套温度并控制到适当位置，使其温度高于内套水温 0.5～0.7 ℃。一般情况下冬季设定室温 18～19 ℃，夏季设定室温 20～25 ℃。

(4) 开主机：将主机工作开关(Run/Purge)推向 Purge 位置。此时冷水自动调节，使外套水温接近内套水温，趋于平衡时，指示灯亮。

(5) 测定：按程序控制器上的 Reset 钮，自动控制程序测定开始，打印机每 30～35 s 打印记录内套水温一次，5 min 后内套与外套水温的变化平衡(t_a)，自动点火，Ignite 灯闪亮。点火后 20 s，显示的温度迅速升高。主机高热水迅速补给外套，使外套水温紧跟内套水温的变化，最后到达点火后新的平衡温度(t_s)。此时打印记录的温度稳定，再记录 10 次(约 6 min)。程序完成一个周期运行约 15 min。

(6) 关机：将主机的开关(Run/Purge)推向 Purge 位置，小心将温度计支架提起，打开内套腔盖，拔下电极，提出内套，夹出氧弹，将内套水倒回灌水容量筒，擦干内套。

把取出的氧弹排气阀打开，慢慢放出废气。旋开氧弹帽，取出电极头。从弹头电极上小心取下未燃烧完的镍铬燃烧丝，拉直测量其剩余长度。

用洗瓶冲洗氧弹体内壁、弹盖内壁、电极柱和铂坩埚 2～3 次。冲洗液并入烧杯中，在电炉上煮沸 3～5 min。冷却后，加入 1 滴 1%酚酞指示剂，用 0.100 0 mol/L 氢氧化钠(NaOH)标准溶液滴定反应生成的硝酸至微红色，记录消耗氢氧化钠(NaOH)溶液体积。

用水冲洗氧弹各内壁，擦干，准备测定下一个样品。

(7) 测量热量计的热容量：热量计的热容量又称水当量，它是用标准热值物质(如苯甲酸，热值为 26.46 MJ/g)来测定的。测定的步骤同样品测定步骤，用苯甲酸代替样品。热量计的热容(C)按(2)式计算：

$$C=(H\times m+e_1+e_3)/t \tag{2}$$

式中：C——热量计的热容(MJ/℃)；

H——苯甲酸标准热值 26.46(MJ/g)；

m——苯甲酸质量(g)；

t——升温度数(t_s—t_a)，精确到 0.001(℃)；

[t_a——自动控制程序测定开始 5 min 后内套与外套水温的变化平衡温度(℃)；

t_s——主机高热水迅速补给外套，使外套水温紧跟内套水温的变化，最后到达点火后新的平衡温度(℃)]

e_1——硝酸生成热的校正值(以滴定时消耗的 0.1 000 mol/L 氢氧化钠标准溶液体积计量,每毫升 0.100 0 mol/L 氢氧化钠标准溶液体积相当 5.98 kJ);

e_3——点燃镍铬燃烧的校正值(每厘米校正值为 0.954 kJ)。

五、结果计算

$$E=(t\times C-e_1-e_2-e_3)/m \tag{3}$$

式中:E——饲料样品的总能(MJ/g);

C——热量计的热容(MJ/℃);

t——升温度数(t_s—t_a),精确到 0.001(℃);

e_1—硝酸生成热的校正值(以滴定时消耗的 0.100 0 mol/L 氢氧化钠标准溶液体积计量,每毫升 0.100 0 mol/L 氢氧化钠标准溶液体积相当 5.98 kJ);

e_2——硫酸生成热的校正值(常可略去);

e_3——点燃镍铬燃烧的校正值(每厘米校正值为 0.954 kJ);

m——试样质量(g)。

每试样取平行样测定,取平均值,允许相对偏差≤5%。

实验流程见图 1。

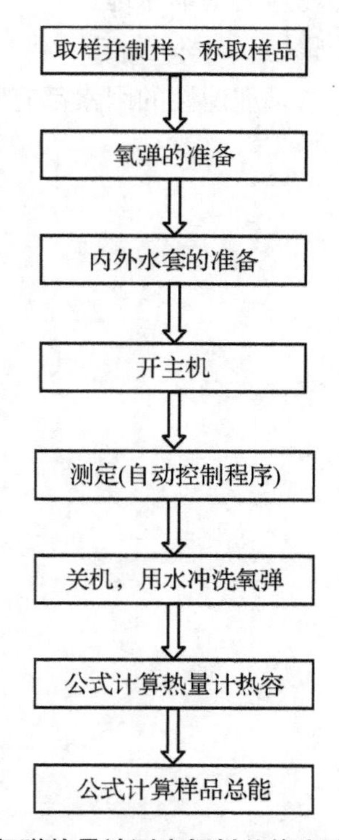

图 1 氧弹热量计测定饲料总能实验流程图

六、实验注意事项

（1）测定过程中一些因素会影响测定结果的准确性，须加以校正才可得出真实的热价，例如：由于辐射的影响，水温上升幅度与燃烧产热所致的实际升温之间有偏差；引火丝本身燃烧的发热量；含有氮、硫等元素的样品，在氧化后生成硝酸、硫酸，其发热量应予以扣除等。

（2）氧弹和内水套均系金属铸造，注意保护各抛光面，防止划痕变形，否则影响测定结果的准确度。

（3）平衡电位器用于补偿内、外水套热敏探头的任何微小差异，在通常情况下不要改变其位置。如果确要进行微小调节，则必须由精通仪器的技术人员进行细微的调节，当内、外套温度达到平衡后，锁紧表盘顶端的小钮。

（4）仪器一旦调试后，使用人员应严格遵守上述操作步骤，非经实验室指导教师许可不得擅自调试或旋动其他阀门或开关。

（5）温度的测定要使用贝克曼温度计，属于精密测温仪器，最小刻度为 0.01 ℃，用放大镜可读至 0.001 ℃。

七、思考题

（1）简述氧弹式测热计测定燃烧热的基本原理。

（2）简述测定燃烧热的主要步骤。

（3）试分析影响饲料总能测定结果准确性的因素都有哪些。

附　氧弹式热量计

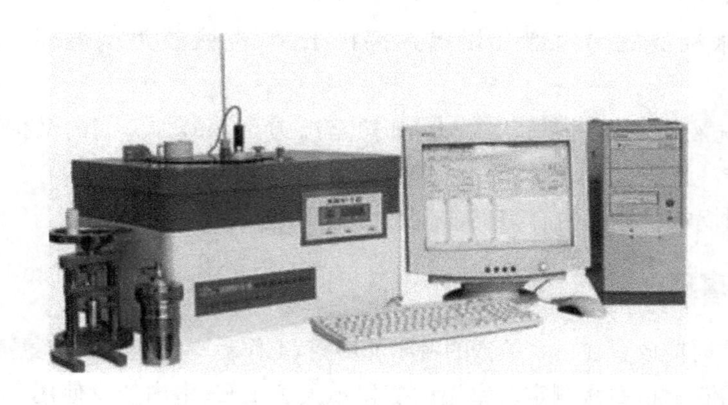

一、结构部件

氧弹热量计有自动量热仪、微机全自动量热仪等，量热系统由氧弹、内筒、外筒、温度传感器、搅拌器、点火装置、温度测量和控制系统以及水构成。自动量热仪的主机一般由机壳、外筒、内筒、备用水箱(或定容器)、搅拌器、温度传感器、点火电极、水循环系统、控制电路等组成。有些自动量热仪还有外筒水温调节系统和外筒子温度控制系统，可以保持外筒子水温和整个量热仪体系温度在一个很小的范围内波动，为整个量热体系创造一个相对稳定的测量环境。

二、操作步骤

1. 先将外筒装满水，实验前用外筒搅拌器(手拉式)将外筒水搅拌均匀。

2. 称取片剂苯甲酸 1 g(约 2 片)，再称准至 0.000 2 g 放入坩埚中。

3. 把盛有苯甲酸的坩埚固定在坩埚架上，将 1 根点火丝的两端固定在两个电极柱上，并让其与苯甲酸有良好的接触。然后，在氧弹中加入 10 mL 蒸馏水，拧紧氧弹盖，并用进气管缓慢地充入氧气直至弹内压力为 2.83～3.0 MPa 为止，氧弹不应漏气。

4. 把上述氧弹放入内筒中的氧弹座架上，再向内筒中加入约 3 000 g(称准至 0.5 g)蒸馏水(温度已调至比外筒低 0.2～0.5 ℃左右)，水面应至氧弹进气阀螺帽高度约 2/3 处，每次用水量相同。

5. 接上点火导线，并接好控制箱上的所有电路导线，盖上胶木盖，并将测温传感器插入内筒，打开电源和搅拌开关，仪器开始显示内筒水温，每隔半分钟蜂鸣器报时一次。

6. 当内筒水温均匀上升后，每次报时时，记下显示的温度，当记下第 10 次时，同时按“点火”键，测量次数自动复零，以后每隔半分钟贮存测温数据共 31 个，当测量次数达到 31 次后，按“结束”键表示实验结束(如温度达到最大值后记录的温度不满 10 次，则需人工记录几次)。

7. 停止搅拌，拿出传感器，打开水筒盖(注意：先拿出传感器，再打开水筒盖)，取出内筒和氧弹，用放气阀放掉氧弹内的氧气，打开氧弹，观察氧弹内部，若有试样燃烧不完全，则此次实验作废。

8. 用蒸馏水洗涤氧弹内部及坩埚并擦拭干净，洗液收集至烧杯中的体积约 150～200 mL。

9. 将盛有洗液的烧杯用表面皿盖上，加热至沸腾 5 min，加 2 滴酚酞指示剂，用 0.1 N 的氢氧化钠标准液滴定，记录消耗的氢氧化钠溶液的体积。

如发现在坩埚或者氧弹内有积炭，则此次实验作废。

三、使用注意事项

1. 仪器工作时应放置在一个单独的背阳的房间，工作台平整；理想环境温度为(20±5)℃。为了保证测量的准确性，每次测定时室温的变化不大于 1 ℃，室内禁止使用各种热源，不应有空气对流的现象。

2. 量热标准物质应用二等或者二等以上、经计量机关检定、标有热值的苯甲酸。

3. 氧弹内使用纯度为 99.5%的工业氧气，禁止使用电解氧。

4. 出厂时本仪器配有 Ni－Cr 点火丝。

5. 保持仪器表面清洁干燥，不可让水流入仪器，以免引起电路板损坏，尤其是外筒不能加得过满，以免搅拌时水溢出造成电路板损坏。

实验十一 饲料盐分含量的测定

饲料中盐分含量的测定主要是通过对饲料中可溶性氯的分析，进而换算出盐分的含量。氯在动物体内约占 0.1%，其主要以水溶性氯化物形式存在。动物长期摄入食盐不足可引起活力下降、食欲减退、精神不振。但若摄入食盐过剩，会增加对水的需要量，甚至引起拉稀中毒症状。国标 GB/T 6439—1992 饲料中水溶性氯化物的测定方法可用于各种配合饲料、浓缩饲料和单一饲料水溶性氯的分析。检测范围为 0～60 mg 氯。

硫氰酸盐反滴定法

该方法适用于各种配合饲料、浓缩饲料和单一饲料中水溶性氯化物的测定。

一、实验目的

按国标 GB/T 6439—1992 饲料中水溶性氯化物的硫氰酸盐反滴定方法测定饲料中可溶性氯含量，进而计算出饲料中盐分的含量。

二、实验原理

溶液澄清，在酸性条件下，加入过量硝酸银溶液使样品溶液中的氯化物形成氯化银沉淀，除去沉淀后，用硫氰酸铵回滴过量的硝酸银，根据消耗的硫氰酸铵的量，计算出其氯化物的含量，进而根据氯化钠中氯的百分含量，换算出氯化钠的含量。

三、实验仪器与试剂

1. 实验仪器

(1) 植物样品粉碎机或研钵。

(2) 试验筛：孔径 0.42 mm(40 目)。

(3) 分析天平：分度值 0.000 1 g。

(4) 移液管：2 mL，10 mL，25 mL，50 mL。

(5) 酸式滴定管：25 mL。

(6) 容量瓶:100 mL,1 000 mL。

(7) 烧杯:250 mL。

(8) 定量滤纸:快速,直径 15.0 cm;慢速,直径 12.5 cm。

2. 试剂

(1) 硝酸。

(2) 硫酸铁(60 g/L):称取硫酸铁[$Fe_2(SO_4)_3 \cdot xH_2O$]60 g 加水微热溶解后,调成1 000 mL。

(3) 硫酸铁指示剂:250 g/L 的硫酸铁水溶液,过滤除去不溶物,与等体积的浓硝酸混合均匀。

(4) 氨水:1∶19 水溶液。

(5) 硫氰酸铵[$c(NH_4CNS)$=0.02 mol/L]:称取硫氰酸铵 1.52 g 溶于 1 000 mL 水中。

(6) 氯化钠标准贮备液溶液:基准级氯化钠于 500 ℃灼烧 1 h,干燥器中冷却保存,称取 5.845 g 溶解于水中,转入 1 000 mL 容量瓶中,用水稀释至刻度,摇匀。此氯化钠标准贮备液的浓度为 0.100 0 mol/L。

(7) 氯化钠标准工作液:准确吸取(6)溶液 20.00 mL 于 100 mL 容量瓶中,用水稀释至刻度,摇匀。此氯化钠标准溶液的浓度为 0.020 0 mol/L。

(8) 硝酸银标准溶液[$c(AgNO_3)$=0.02 mol/L]:称取 3.4 g 硝酸银溶于 1 000 mL 水中,贮存于棕色瓶中。

(9) 硝酸银标准溶液与硫氰酸铵溶液的体积比 F:取 20.00 mL 硝酸银标准溶液,加 4 mL硝酸、2 mL 硫酸铁指示剂,在剧烈振荡条件下用硫氰酸铵溶液滴定至淡红色为终点,则体积比

$$F=\frac{20.00}{V} \tag{1}$$

式中:F——硝酸银标准溶液与硫氰酸铵溶液体积比;

20.00——所取硝酸银标准溶液的体积(mL);

V——滴定所消耗的硫氰酸铵溶液的体积(mL)。

(10) 硝酸银标准溶液浓度的标定:准确称取氯化钠标准工作溶液 10.00 mL 于 100 mL 容量瓶中,加入 4 mL 硝酸和 25.00 mL 硝酸银溶液,振荡使沉淀完全,用蒸馏水定容至 100 mL,摇匀,静置 5 min。用干滤纸过滤。准确量取滤液 50.00 mL 于 250 mL 三角瓶中,加 2 mL 硫酸铁指示剂,用硫氰酸铵溶液滴定至淡红色,30 s 不褪色为终点。则硝酸银标准溶液的标定浓度 $c(AgNO_3)$按式(2)计算:

$$c(AgNO_3)=\frac{c_1(NaCl)\times V_1}{\left(V_1-F\times V_2\times\frac{100}{50}\right)} \tag{2}$$

式中：c_1(NaCl)——氯化钠标准工作液浓度(mol/L)；

V_1——移取的氯化钠标准工作液体积(mL)；

V_2——滴定所消耗的硫氰酸铵溶液体积(mL)；

F——硝酸银标准溶液与硫氰酸铵溶液体积比；

所得结果应表示至4位小数。

四、实验步骤

(1) 取有代表性样品约2 kg，用四分法缩分至200 g，风干或以65 ℃烘干，用植物粉碎机磨细，过0.42 mm筛，混匀，装袋备用。

(2) 称取1～5 g磨好的样品(若氯含量高达1.6%，称1 g；若小于0.8%，称5 g)于三角瓶中，准确加入50.00 mL硫酸铁溶液和100 mL氨水溶液(1∶1)，搅拌10 min，放置10 min，用干滤纸过滤，滤液作为待测溶液。

(3) 移取待测溶液50.00 mL于100 mL容量瓶中，加10 mL硝酸和25.00 mL硝酸银标准溶液，用力振荡使沉淀完全，用蒸馏水定容，摇匀，静置5 min，用干滤纸过滤。取滤液50.00 mL，加硫酸铁指示剂10 mL，用硫氰酸铵溶液滴定至淡红色，30 s内不褪色为终点。

五、结果计算

(1) 饲料中水溶性氯按(3)式计算其质量分数w(Cl)：

$$w(\mathrm{Cl})(\%)=\left[\left(V_1-V_2\times F\times\frac{100}{50}\right)\times c\times 0.0355\right]/\left(m\times\frac{50}{150}\right)\times 100 \qquad (3)$$

式中：V_1——硝酸银标准溶液体积(mL)；

V_2——滴定所消耗硫氰酸铵溶液体积(mL)；

F——硝酸银标准溶液与硫氰酸铵溶液体积比；

c——硝酸银标准溶液的物质的量浓度(mol/L)；

m——试样质量(g)；

0.035 5——氯的摩尔质量(kg/mol)。

(2) 饲料中氯化钠的含量。根据氯化钠中氯的质量分数换算出试样中氯化钠的含量。NaCl=w(Cl)/0.606 8。

(3) 每个样取两个平行样进行测定，取平均值作为分析结果。氯化钠含量在3%以下(含3%)，允许绝对差0.05；氯化钠含量在3%以上，允许相对偏差小于3%。

实验流程见图1。

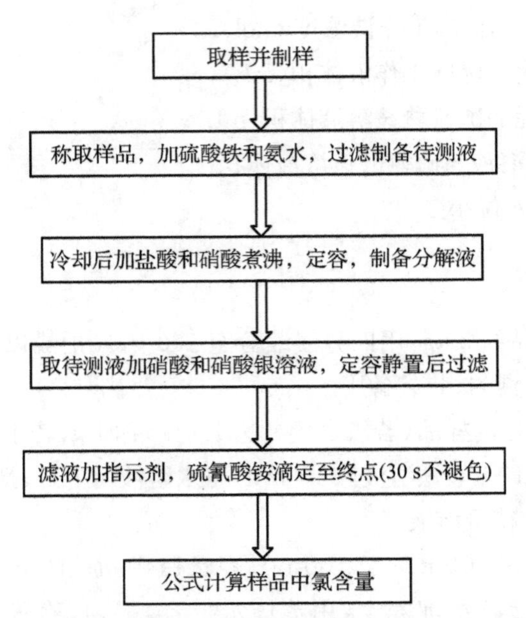

图1 硫氰酸盐反滴定法测定水溶性氯化物含量实验流程图

六、实验注意事项

（1）利用硫氰酸铵滴定硝酸银间接测定氯，是经典的沉淀滴定法，但是分析步骤冗长。目前离子色谱已大量应用于科研和生产，在有仪器的条件下，用离子色谱测定水溶性氯是十分方便的。采用阴离子色谱柱，流动相为碳酸钠和碳酸氢钠溶液，提取的水溶液可直接进行分析。

（2）水溶性氯也可用硝酸银标准溶液直接滴定，以铬酸钾作指示剂，氯离子与 Ag^+ 沉淀后，过量的 Ag^+ 与铬酸银生成砖红色铬酸银沉淀，指示终点。

（3）在标定硝酸银溶液的标准溶液时，或滴定试样滤液时，速度应快，且又不要过分剧烈摇动，防止产生的氯化银沉淀转换成硫氰酸银沉淀，使消耗的硫氰酸铵溶液体积增加，而使结果偏低。

（4）本方法是根据氯离子（Cl^-）来计算氯化钠含量的，但由于添加到配合饲料、浓缩饲料和添加剂预混合饲料中的氨基酸、维生素和抗生素等添加剂都可能带入氯离子，所以通过此法测定的氯化钠含量往往比实际添加的氯化钠的量高。

（5）近年来比色法也用于饲料中盐分的测定。硫氰酸汞虽然不易溶于水，却微溶于甲醇。由于溶解后的物质很难电离，所以即使加入 Fe^{3+} 也几乎不显色。这时如果有氯离子存在，发生反应生成 SCN^-，当加入 Fe^{3+} 时，即与 SCN^- 反应，生成红色的络合物 $[FeSCN]^{2+}$。由于呈现的红色深度随氯离子浓度的增加而增加，故对其颜色进行比色，即可定量测出试样中氯离子的含量，进而得出盐的含量。

饲料中水溶性氯化物快速测定方法

一、实验目的

掌握配合饲料、浓缩料和单一饲料中水溶性氯化物的快速测定方法，进而计算出饲料中盐分的含量。

二、实验原理

在中性溶液中，银离子能分别与氯离子和铬酸根离子形成溶解度较小的白色氯化银沉淀和溶解度比较大的砖红色铬酸银沉淀，因此，在滴入硝酸银标准滴定溶液的过程中，只要溶液中有适量的铬酸钾，首先析出的是溶解度较小的氯化银，而当快达到等当点时，银离子浓度随着氯离子的减少而迅速增加，当增加到铬酸银沉淀所需要的银离子浓度时，便析出铬酸银，使溶液呈砖红色。其反应如下：

$$Ag^{+}+Cl^{-}=\!=\!=AgCl\downarrow\text{（白色）}$$

$$2Ag^{+}+CrO_4^{2-}=\!=\!=Ag_2CrO_4\downarrow\text{（砖红色）}$$

三、实验仪器与试剂

1. 实验仪器

(1) 滴定管：酸式，25 mL 或 50 mL。

(2) 三角瓶：150 mL。

(3) 烧杯：400 mL。

2. 试剂

(1) 硝酸银标准溶液[$c(AgNO_3)=0.02$ mol/L]：参照硫氰酸盐反滴定法中的介绍。

(2) 铬酸钾指示剂：称取 10 g 铬酸钾，溶于 100 mL 水中。

四、实验步骤

称取试样 5～10 g，准确至 0.001 g，于 400 mL 烧杯中，准确加水 200 mL，搅拌 15 min，放置 15 min，准确移取上清液 20 mL 于 150 mL 三角瓶中，加水 50 mL、铬酸钾指示剂 1 mL，用硝酸银标准滴定溶液滴定，呈现砖红色，且 30 s 不褪色为终点。同时做空白测定。

实验流程见图 2。

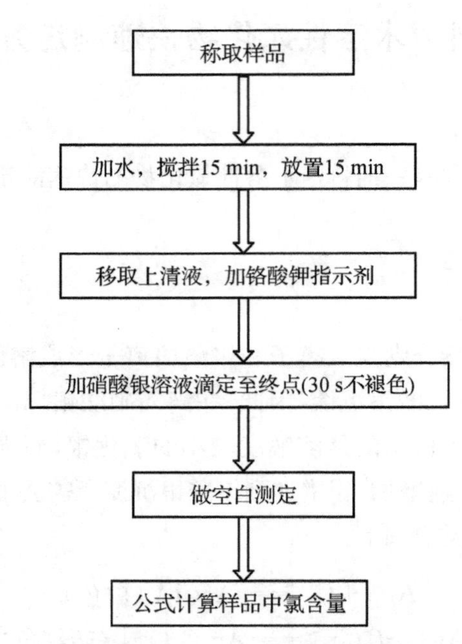

图 2 快速测定法测定水溶性氯化物含量实验流程图

五、结果计算

试样中氯化钠的质量分数按下式计算：

$$w(\mathrm{NaCl})(\%)=\frac{(V-V_0)\times c\times 200\times 0.058\ 45}{m\times 20}\times 100$$

式中：m——试样的质量(g)；

V——滴定时试样溶液消耗的硝酸银标准滴定溶液体积(mL)；

V_0——滴定时空白溶液消耗的硝酸银标准滴定溶液体积(mL)；

c——硝酸银标准滴定溶液浓度(mol/L)；

200——试样溶液的总体积(mL)；

20——滴定时移取的试样溶液体积(mL)；

0.058 45——与 1.00 mL 硝酸银标准滴定溶液[$c(AgNO_3)$=1.000 0 mol/L]相当的、以克表示的氯化钠质量。

所得结果应表示至 2 位小数。

六、思考题

(1) 饲料中水溶性氯化物的测定原理是什么？

(2) 简述饲料中水溶性氯化物的测定步骤。

(3) 试分析不同指示剂对测定饲料中水溶性氯化物含量的影响。

实验十二 饲料混合均匀度的测定

混合均匀是配合饲料加工中搅拌过程的基本工艺要求和目的。混合均匀度是配合饲料、浓缩饲料、预混合饲料质量的一个重要指标，也是反映饲料加工质量、评定混合机性能的主要参数。目前公认的科学地表达饲料混合均匀度的方法是“变异系数法”。变异系数(*CV*)表示的是样本的标准差相对于平均值的偏离程度。变异系数愈小，则混合均匀度越好。国家规定配合饲料、浓缩饲料混合均匀度变异系数应不大于10%，预混合饲料混合均匀度变异系数应不大于7%。

目前常见检测饲料混合均匀度的方法有GB/T 5918—1997甲基紫法、沉淀法、氯离子选择电极法等。甲基紫法操作比较简单，影响因素少，具有较好的精确度。

一、实验目的

通过对饲料样品中混合均匀度的测定，使学生掌握甲基紫法的基本原理和步骤，学会变异系数(*CV*)的计算方法，同时了解甲基紫法中存在的问题。

二、实验原理

以甲基紫色素作为示踪物，与添加剂一起加入，参与饲料混合生产，然后以比色法测定样品中甲基紫含量，通过甲基紫含量的差异反映饲料的混合均匀度。

三、实验仪器和试剂

1. 721型分光光度计。
2. 标准筛：10目、150目。
3. 电子秤。
4. 滤纸、过滤漏斗、玻璃棒、烧杯。
5. 甲基紫。
6. 无水乙醇。

四、实验步骤

1. 被测饲料必须全部通过 2 mm(10 目)筛孔。

2. 甲基紫必须混匀并研成细粉且全部通过 150 目标准筛。按物料的 1/100 000,即每 100 kg 物料加甲基紫 1 g。添加时先将甲基紫示踪剂与 250 g 左右的载体进行人工预混合,然后于同一时间再在小料添加口加入饲料。

3. 将甲基紫与饲料充分混匀,多点取样,取样时做到保持原料的原有状态,不做任何翻动或混合。

4. 用干洁的 100 mL 烧杯准确称取样品 10 g,准确移入无水乙醇 30 mL,搅拌浸泡洗涤样品,静置 30 min 后过滤至 50 mL 容量瓶,用乙醇洗涤残渣并定容。

5. 在 721 型分光光度计 590 nm 光波下,用无水乙醇调节分光光度计零点,将样品装入比色皿测定吸光度,每个样品测定两次取平均值。

6. 混合均匀度实验流程(图 1)

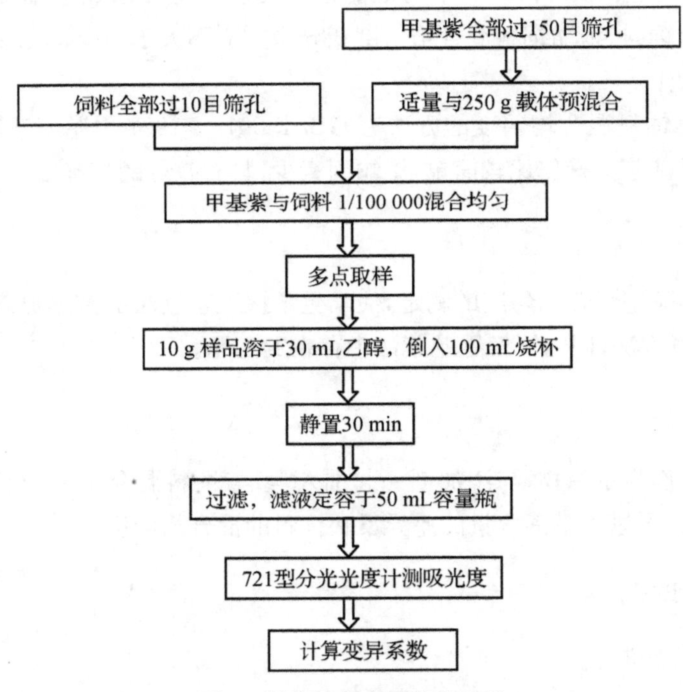

图 1 混合均匀度实验流程图

7. 结果计算

$$\overline{X}=\frac{X_1+X_2+X_3+\cdots+X_{10}}{10}$$

$$S=\sqrt{\frac{(X_1-\overline{X})^2+(X_2-\overline{X})^2+\cdots+(X_{10}-\overline{X})^2}{10-1}}$$

$$CV(\%)=\frac{S}{\overline{X}}\times 100$$

五、注意事项

1. 测定混合均匀度所用的甲基紫必须是同一批次，并且一定要与饲料充分混匀才能测定。

2. 甲基紫必须烘干研磨后方可投入使用，否则会减弱其流动性，影响其跟踪效果。根据有关规定：配合饲料小于 0.1 mm，即通过 150 目以上的分级筛；预混合饲料小于 0.074 mm，即通过 200 目以上的分级筛。烘干方法可参照 GB 6435—1986 饲料水分的测定方法。

3. 配合饲料中若含有苜蓿粉、槐叶粉等含有叶绿素的组分不能用甲基紫法测定。

4. 适当降低实验室温度，降低乙醇的挥发速度，提高测定精度。

5. 甲基紫须专门外加，故无法用于对产品的抽检，仅实用于生产厂家的实验室。且甲基紫是非营养物质，是为了测定而添加到饲料中去的，因而有一定的浪费。

六、思考题

1. 什么是混合均匀度，混合均匀度对饲料生产有什么样的意义？

2. 变异系数是如何计算的？变异系数是如何表达混合均匀度的？

3. 甲基紫法测混合均匀度时要注意哪些问题？有哪些弊端？

附 氯离子选择电极法（GB/T 5918—2008 中有介绍）

1. 方法原理

本法通过氯离子选择电极的电极电位对溶液中氯离子的选择性响应来测定氯离子的含量，以饲料中氯离子含量的差异来反映饲料的混合均匀度。

2. 仪器

(1) 氯离子选择电极。

(2) 双盐桥甘汞电极。

(3) 酸度计或电位计：精度 0.2 mV。

(4) 磁力搅拌器。

(5) 烧杯：100 mL，250 mL。

(6) 移液管：1 mL，5 mL，10 mL。

(7) 容量瓶：50 mL。

(8) 分析天平：分度值 0.000 1 g。

3. 试剂与溶液

本标准所用试剂和水，在没有注明其他要求时，均指分析纯试剂和 GB/T 6682 中规定的三级水。

(1) 硝酸(GB626—78)溶液：浓度(HNO_3)约为 0.5 mol/L，吸取浓硝酸 35 mL，用水稀释至 1 000 mL。

(2) 硝酸钾(GB647—77)溶液：浓度(KNO_3)约为 2.5 mol/L，称取 252.75 g 硝酸钾于烧杯中，加水微热溶解，用水稀释至 1 000 mL。

(3) 氯离子标准液：称取经 500 ℃灼烧 1 h 冷却后的氯化钠(GB1253—89)8.244 0 g 于烧杯中，加水微热溶解，转入 1 000 mL 容量瓶中，用水稀释至刻度，摇匀，溶液中含氯离子 5 mg/mL。

4. 样品的采集与制备

(1) 本法所需的样品系配合饲料成品，必须单独采制。

(2) 每一批饲料至少抽取 10 个有代表性的样品。每个样品的数量应以畜禽的平均一日采食量为准，即肉用仔鸡前期饲料取样 50 g；肉用仔鸡后期饲料与产蛋鸡饲料取样 100 g；生长肥育猪饲料取样 500 g。样品的布点必须考虑各方位深度、袋数或料流的代表性。但是，每一个样品必须由一点集中取样。取样时不允许有任何翻动或混合。

(3) 将上述每个样品在化验室充分混匀，以四分法从中分取 10 g 试样进行测定。对颗粒饲料与较粗的粉状饲料需将样品粉碎后再取试样。

5. 测定步骤

(1) 标准曲线的绘制

吸取氯离子标准液 0.1 mL，0.2 mL，0.4 mL，0.6 mL，1.2 mL，2.0 mL，4.0 mL，6.0 mL，分别加入 50 mL 容量瓶中，加入 5 mL 硝酸溶液和 10 mL 硝酸钾溶液，用水稀释至刻度，摇匀，即可得到 0.50 mg/50 mL，1.00 mg/50 mL，2.00 mg/50 mL，3.00 mg/50 mL，6.00 mg/50 mL，10.00 mg/50 mL，20.00 mg/50 mL，30.00 mg/50 mL 的氯离子标准液系列，将它们分别倒入 100 mL 的干燥烧杯中，放入磁力搅拌子一粒，以氯离子选择力电极为指示电极，双盐桥甘汞电极为参比电极，用磁力搅拌器搅拌 3 min(转速恒定)，在酸度计或电位计上读取指示值(mV)，以溶液的电位值(mV)为纵坐标，氯离子浓度为横坐标，在半对数坐标纸上绘制标准曲线。

(2) 试样的测定

称取试样 10 g(准确至 0.000 2 g)置于 250 mL 烧杯中，准确加入 100 mL 水，搅拌 10 min，静置 10 min 后用干燥的中速定性滤纸过滤。吸取试样滤液 10 mL 置于 50 mL 容量瓶中，加入 5 mL 硝酸溶液及 10 mL 硝酸钾溶液，用水稀释至刻度，摇匀，按标准曲线的操作步骤进行测定，读取电位值，从标准曲线上求得氯离子含量的对应值。

(3) 混合均匀度的计算

若各次测定的氯离子含量的对应值为 $X_1, X_2, X_3 \cdots\cdots X_{10}$，则其平均值 $\overline{X}$，标准差 S 与变异系数 CV 的计算如下：

$$\overline{X}=\frac{X_1+X_2+X_3+\cdots+X_{10}}{10}$$

$$S=\sqrt{\frac{(X_1-\overline{X})^2+(X_2-\overline{X})^2+\cdots+(X_{10}-\overline{X})^2}{10-1}}$$

$$CV(\%)=\frac{S}{\overline{X}}\times 100$$

若需求得饲料中的氯离子百分含量时，可按下式计算：

$$w(\%)=\frac{X}{W\times\frac{V}{100}\times 1\,000}\times 100$$

式中：w——氯离子(Cl^-)百分含量；

X——从标准曲线上求得的氯离子(Cl^-)含量(mg)；

W——测定时试样的重量(g)；

V——测定时样品滤液的用量(mL)。

实验十三 饲料粉碎粒度的测定

对饲料进行粉碎处理的目的是增加饲料的表面积，增加消化道内消化酶与饲料的接触面，提高饲料营养物质消化率，促进动物生长，降低动物消化道疾病的发生率，并有利于饲料的混合、调制、制粒、膨胀、挤压膨化及减少加工过程中饲料原料的分级，是保证产品质量的必要生产工艺。但饲料粉碎粒度过细不仅会增加加工成本，还会增加动物消化道的发病率；饲料粉碎粒度过粗会降低动物对饲料的消化率，同时也增加动物采食过程中能量的消耗。总之，饲料粉碎粒度不仅影响动物的生产性能，同时也影响饲料加工质量。

一、实验目的

使学生学会测定配合饲料粉碎粒度，了解标准筛筛网的筛孔尺寸，简单了解普通饲粮平均粒度和颗粒尺寸要求。

二、实验原理

用标准编织筛测定配合饲料粉碎粒度。

三、实验仪器

1. 标准编织筛

筛目(目/英寸)	4	6	8	12	16
对应孔径(mm)	5.00	3.20	2.50	1.60	1.25

2. 振筛机：同一型号电动振筛机。
3. 天平：感量为 0.01 g。

四、实验步骤

1. 将标准试验筛和底筛按筛孔尺寸由大到小自上而下叠放，底筛放最下面。
2. 从试样中称取试料 100 g，放入叠放好的组合试验筛的顶层筛内。

3. 将装有试料的组合试验筛放入电动振筛机上，开动振筛机，连续筛 10 min，应使试验筛做平面回转运动，振动频率为 120～180 次/min。

4. 筛分完后，将各层筛上物分别收集、称重(精确到 0.1 g)，并记录结果。

5. 配合饲料粉碎粒度实验流程如图 1。

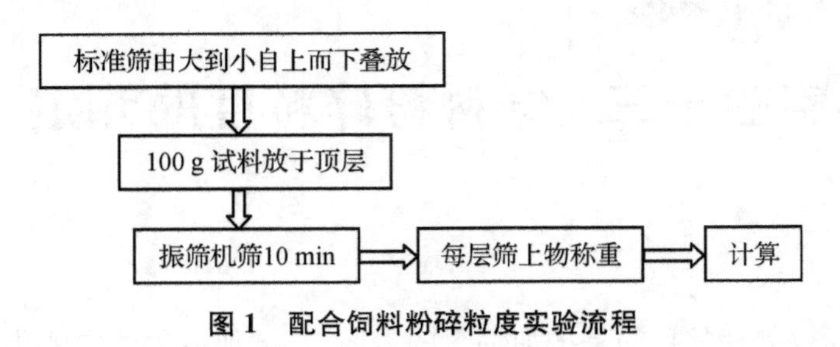

图 1　配合饲料粉碎粒度实验流程

6. 结果计算

本实验方法是分别计算出 4、6、8、12、16 目筛筛上物的留存百分率，以此来描述物料的粒度。

$$筛上物存留百分率\ P_{\mathrm{i}}(\%)=\frac{m_i}{m}\times 100$$

式中：P_i——某层试验筛上留存物料质量占试料总质量的百分数($i=1,2,3,4,5$)(%)；

m_i——某层试验筛上留存的物料质量($i=1,2,3,4,5$)(g)；

m——试料的总质量(g)。

每个试样平行测定两次，以两次测定的结果的算术平均值表示，保留至小数点后一位。

五、注意事项

1. 试样过筛的总质量损失不超过 1%，即经筛分后，$\frac{\sum 筛上物重量}{试样重量}\times 100\%\leqslant 1\%$。

2. 第二层筛筛下物质量的两个平行测定值的相对误差不得超过 2%。

3. 本实验方法是国家标准中规定的配合饲料粉碎粒度测定方法。它不宜用于粉碎机的粉碎性能的评定。

4. 筛分时若发现有未经粉碎的谷物与种子时，应加以称重并记载。

六、思考题

1. 查阅资料思考是不是配合饲料粉碎粒度越小越好。

2. 查阅资料回答粉碎玉米、大麦、小麦、燕麦、高粱分别要用多少毫米孔径的筛片。

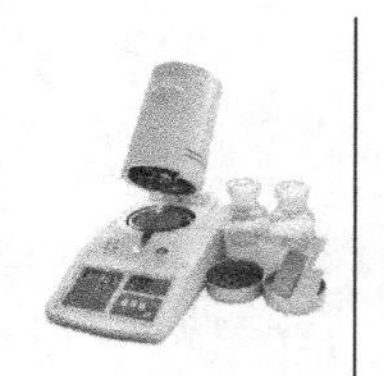

附 标准筛使用介绍

标准筛主要用于各实验室对颗粒状、粉状物料的粒度结构、液体类固体物含量及杂物量的精确筛分、过滤、检测。筛分粒度就是颗粒可以通过筛网的筛孔尺寸，以 1 英寸(25.4 mm)宽度的筛网内的筛孔数表示，因而，称之为"目数"。"目"是指每平方英寸筛网上的空眼数目。

目数	孔径(mm)	目数	孔径(mm)	目数	孔径(mm)	目数	孔径(mm)
5	4	28	0.63	80	0.2	180	0.088
6	3.2	30	0.6	85	0.18	190	0.08
8	2.5	32	0.56	90	0.17	200	0.076
10	2	35	0.5	100	0.15	220	0.07
12	1.6	40	0.45	110	0.135	240	0.065
14	1.43	45	0.4	120	0.125	250	0.063
16	1.25	50	0.355	130	0.111	260	0.057
18	1	55	0.315	140	0.105	280	0.055
20	0.9	60	0.3	150	0.1	300	0.054
24	0.8	65	0.25	160	0.097	320	0.048
26	0.71	70	0.22	170	0.091		

实验十四 颗粒饲料粉化率的测定

颗粒饲料粉化率是评价衡量配合饲料加工质量的主要指标之一，是对颗粒饲料在运输撞击过程中损失多少的预测，可显示颗粒饲料的坚实程度，是对颗粒本身质量的说明，在饲料生产、销售和检测中必须加以控制。用于测定粉化率的仪器称为颗粒饲料粉化率测定仪，简称粉化仪。粉化仪可模拟颗粒饲料在输送、装卸、运输、储存过程中的碰撞摩擦等运动，使其形成部分粉状饲料。该仪器用于测定颗粒饲料的粉化率指标，反映饲料颗粒的坚实程度。国外将其称为耐久性测定仪。我国曾在“七五”科技攻关项目中将“粉化仪研究”以及“颗粒饲料粉化率、含粉率测定方法研究”列为重点攻关课题，并已通过鉴定。现已初步形成我国统一的标准测定体系，并运用于生产与检测实践。

一、实验目的

通过本实验，掌握回转箱法测定颗粒饲料粉化率的方法，评价所测颗粒饲料粉化率是否合格。

二、实验原理

颗粒饲料粉化率是指颗粒饲料在粉化仪对颗粒饲料翻转摩擦后产生粉末的重量占其总重量的百分比。而100%减去粉化率就是颗粒饲料的坚实度。本方法适用于一般硬颗粒饲料的粉化率的测定。

三、实验仪器与设备

1. 粉化仪。
2. 标准筛一套。
3. 振筛机。
4. 天平，感量0.5 g。

四、实验步骤

1. 试样选取与制备:颗粒饲料冷却 1 h 后测定,从各批颗粒饲料中取出有代表性的原始样品 1.5 kg 左右。当检验颗粒饲料质量时,可直接选择有代表性的颗粒饲料即可。

2. 预筛:将所取样品大约分三份,分三次用振筛机预筛 1 min,将三次筛上物集中用四分法取两份试样,每份 500 g。

3. 粉化率的测定:将称好的 2 份试样分别装入粉化仪的回转箱内,盖紧箱盖,开动机器,使箱体回转 10 min(50 r/min)。停止后取出试样,用规定筛孔的筛子在振筛机上筛理 1 min,称取筛上物的重量,计算 2 份试样测定结果的平均值。

4. 颗粒饲料粉化率测定的实验流程如图 1。

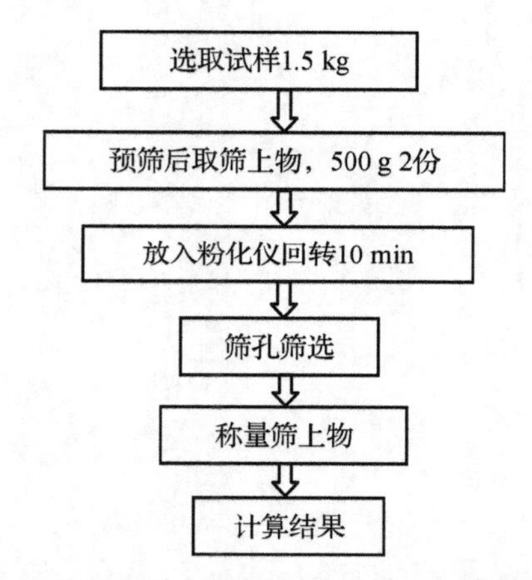

图 1 颗粒饲料粉化率测定的实验流程图

5. 结果计算:

粉化率(W_1)的计算:

$$W_1(\%)=100-\frac{m}{500}\times100$$

式中:W_1——试样粉化率;

m——回转后筛上物重量(g)。

所得结果表示至小数点后两位。

五、注意事项

1. 颗粒饲料的粉化率测定,只有采用标准粉化仪和规定的标准筛,用标准的测定方法操作,才能使测定结果有可广泛比较的实际意义。

2. 两份样品测定结果绝对值不大于 1。

3. 本实验针对颗粒饲料。

六、思考题

1. 在颗粒饲料生产过程中,哪些因素会使颗粒饲料中产生过多的粉末?
2. 颗粒饲料粉化率对实际生产有什么样的意义?

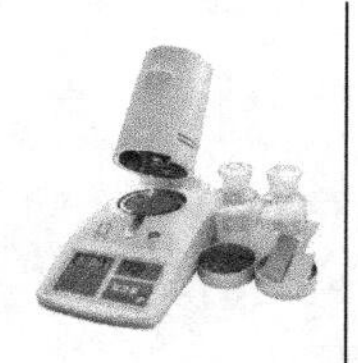

附　回转箱法粉化率测定仪（耐久性测定仪）使用介绍

回转箱法粉化率测定仪是模拟颗粒饲料在输送、装卸、运输、储存过程中的碰撞摩擦等运动，使其形成部分粉状饲料的仪器，用于测定颗粒饲料的粉化率指标，反映饲料颗粒的坚实程度。国外也称之为耐久性测定仪。

一、测定原理

回转箱法，即颗粒饲料在粉化仪中翻转时会受到摩擦，从而产生粉末。颗粒饲料粉化率就是指颗粒饲料在粉化仪中对颗粒饲料翻转摩擦后产生粉末的重量占其总重量的百分比。在一定速度下翻转一定时间后，颗粒饲料会受到回转箱壁的撞击摔打以及颗粒饲料之间相互碰撞及摩擦（模拟了颗粒饲料在输送和搬运过程中的运动状态）。

粉化仪就是模拟颗粒饲料在输送、装卸、运输、储存过程中的碰撞摩擦等运动，使其形成部分粉状饲料的仪器。

二、操作步骤

将称好的两份样品分别装入粉化仪的回转箱内，盖好箱盖，启动仪器，使箱体运转10 min（即转500转），停止后取出样品。

实验十五 颗粒饲料耐久性指数测定

颗粒饲料的工艺质量由多种因素构成，但最重要的则是颗粒耐久性。破碎的颗粒料会使畜禽的采食量和饲料转换率下降，产生粉尘，饲料的无形损耗增大，而最坏的影响莫过于顾客的抱怨。颗粒饲料耐久性指数 PDI (Pellet durability index) 是衡量颗粒饲料成品在输送和搬运过程中抗破碎的相对能力。耐久性指数越大，饲料的品质越好，饲料的利用率越高；耐久性指数越小，说明产生的粉尘多，饲料的无形损耗增大。影响饲料颗粒的耐久性指数 PDI 的因素有很多，如压模、蒸汽与调质、操作条件以及原料因素。若操作者能快速得到耐久性读数，他可以有时间调整制粒工艺参数，便能避免返工。调整的工艺参数主要有两个，即改变温度和产量。

一、实验目的

使学生了解颗粒饲料耐久性指数(PDI)对于颗粒饲料的意义。了解颗粒饲料耐久性指数的计算方法，以及仪器的原理和使用。

二、实验原理

把冷却筛分后的颗粒饲料样品放在一个特制的回转箱中，在一定速度下，翻转一定时间，这样颗粒饲料会受到回转箱壁的撞击摔打以及颗粒之间的相互碰撞及摩擦(模拟颗粒饲料在输送和搬运过程中的运动状态)，样品翻转后通过筛分，算出筛上饲料的重量与总量的比值，即为 PDI。PDI 越大，说明颗粒抗破碎能力越强，颗粒质量越好，饲料利用率越高。我国的该项指标是用粉化率来表示的，其操作原理也是采用回转箱的方式，取细粉和总量的比值作为粉化率值，其含义与 PDI 的意义相反，表明粉化率值越大，颗粒的抗破碎能力越差，颗粒质量越差，其利用率越低。

三、实验仪器与设备

1. 饲料耐久性测试仪。
2. 标准筛一套。

3. 振筛机。

4. 天平,感量 0.5 g。

四、实验步骤

1. 将待测样品用合适的筛子清理去除细粉,称取 2 份(每份 500 g)装入回转箱,启动仪器,箱体旋转 10 min,取出样品,过筛,计算筛上饲料的百分比,结果取平均值。

2. 结果计算:

$$颗粒饲料耐久性指数\ PDI = m_{上}/m \times 100\%$$

式中:$m_{上}$——颗粒样品经颗粒饲料耐久性测定仪翻转后,于规定分析筛的筛上物质量(g);

m——总样品质量(g)。

五、注意事项

1. 本实验针对颗粒饲料。

2. 一定要事先将待测样品用合适的筛子清理去除细粉。

3. 回转箱的设计和架构因工厂而不同,测试结果也会有所不同。

六、思考题

1. 什么是颗粒饲料耐久性指数(PDI, Pellet durability index),对实际生产有什么意义?

2. 影响饲料颗粒的耐久性指数的因素有哪些?

实验十六　鱼粉掺假的鉴别

鱼粉是一种蛋白含量高、氨基酸组成比例合理、营养物质消化吸收利用率好的动物性蛋白质饲料原料，在畜禽配合饲料中应用广泛。鱼粉的蛋白质含量一般在50%～70%，粗灰分含量多在20%以下，粗脂肪含量一般不超过12%，盐分含量2%～5%，水分含量一般低于10%。由于鱼粉货缺价贵，市场上质量参差不齐，掺杂造假严重。常见掺假物的种类有：植物性原料，如稻壳粉、麦麸、草粉、米糠、木屑、棉籽粕和菜籽粕等；动物性原料，如水解羽毛粉、血粉、肉骨粉等，另外还有尿素、铵盐、尿素—甲醛聚合物等含氮化合物以及砂土、石粉、黄泥等。如何判断鱼粉是否掺假成为饲料品管人员、养殖户及动物科学专业学生应熟练掌握的生产实践技术。

一、实验目的

通过物理方法、显微镜镜检和化学分析法对鱼粉进行鉴别检测，认识不同等级鱼粉物理性状和营养特性，掌握掺假鱼粉鉴别检测方法。

二、实验原理

根据不同的掺假目的、掺假方式，并结合鱼粉理化特性及掺假成分的理化特性进行检测鉴定。

三、实验仪器与试剂

烧杯、生物显微镜(解剖镜)、放大镜、分析筛(40目)、镊子、天平、凯氏定氮仪、四氯化碳、KI、碘、丙酮、间苯三酚、盐酸、稀硫酸、5%氢氧化钠溶液、10% 铬酸溶液、10%硝酸溶液、过氧化氢、氨水、Millon 试剂、钼酸盐溶液、硝酸盐溶液等。

四、实验步骤

鱼粉掺假鉴别一般采用感观鉴别、物理检查和化学分析3种方法，其中感观鉴别和物理检查对掺假鉴别非常必要，也是进一步有针对性地开展化学分析的依据。鱼粉掺假鉴别流程如图 1 所示。

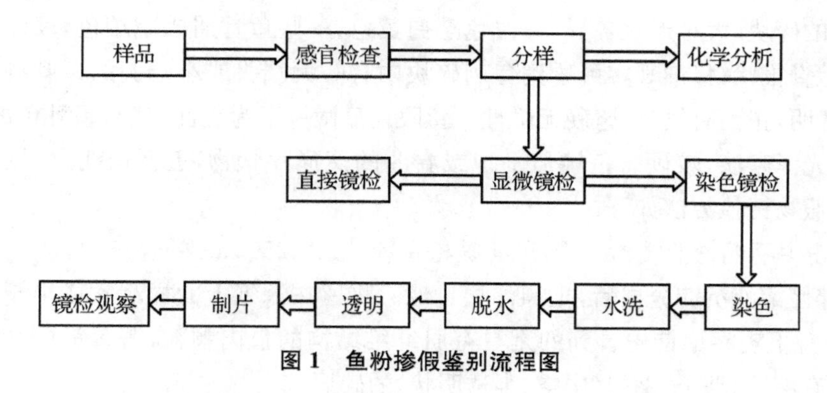

图 1 鱼粉掺假鉴别流程图

五、实验方法与内容

参照鱼粉国家标准(GB/T 19164—2003)检测前处理要求,样品在分析检验前应粉碎,使其通过直径为 1 mm 的分析筛,并充分混合。

(一) 感观鉴别法

通过眼观、鼻闻和手握等方式,必要时可借助放大镜,从鱼粉形状、颜色、气味、质地、光泽度、有无发热、结块等方面进行感观鉴别。鱼粉色泽因加工鱼原料不同略有差异,红鱼粉呈黄棕色、黄褐色等,白鱼粉呈黄白色。质量好的鱼粉膨松,纤维状组织明显,可见肌肉束、鱼肉和鱼块,且颗粒均匀,手握感到质地松软,呈疏松状,不结块、不发黏、不成团。气味表现为鱼香味,无焦灼味和油脂酸败味。如果鱼粉咸腥鲜味淡,可见棕色碎屑或白色及灰色及淡黄色丝,质地粗糙,有扎手感觉,可能存在掺假或掺杂现象,需要进一步检测分析。

(二) 物理检测法

1. 容重法

取鱼粉样品非常轻而仔细地倒入 1 000 mL 量筒中,直到正好达到 1 000 mL 刻度为止,用一刮铲或匙调整容积。注意放入样品时应轻放,不得震动和打击。然后把鱼粉倒出并称重,做三个平行样,取平均值,然后与纯鱼粉的容重对比。纯鱼粉的容重一般为 450～660 g/L,如果鱼粉含有杂质或掺杂物,容重会偏大或偏小。

2. 水浸泡法鉴别

此法可以对鱼粉中是否掺入麦麸、花生壳粉、稻壳粉、羽毛粉及砂土等掺假物进行鉴别。取样品 2～4 g 加水 100 mL 左右,搅拌后静置数分钟。麦麸、花生壳粉、稻壳粉、羽毛粉漂浮在上面,鱼粉则沉入水底;如有砂土时鱼粉和砂都沉于底部,轻轻搅拌后鱼粉稍浮起后旋转,而砂土在底部旋转。

3. 显微镜检测

纯鱼粉包括鱼肉、鱼骨、鱼鳞和鱼内脏的混合物。在体视显微镜下,鱼肉表现为颗粒较大，表面粗糙，具有纤维结构，呈黄色或黄褐色，有透明感，形似碎蹄筋，有弹性。鱼骨为半透明或不透明的碎块，大小形状各异，呈白色至白黄色，一些鱼骨屑成琥珀色，表面光滑，鱼刺细长而尖，似脊椎状，仔细观察可看到鱼刺碎块中有一大端头或小端头的鱼刺特征；鱼头骨呈片状，半透明，正面有纹理，坚硬无弹性。鱼眼在显微镜下为表面碎裂，呈乳色的圆球形颗粒，半透明，光泽暗淡，较硬。鱼鳞似平坦或卷曲的藻形片状物，近似透明，可见明显层纹。鱼粉常见掺假物镜检方法如下：

（1）鱼粉中羽毛粉的镜检　取 20 g 被检鱼粉，放入 250 mL 的烧杯中，加入 100 mL 四氯化碳，搅拌使溶液沉淀分层后，把漂浮层过滤。将留在滤纸上的样品吹成半干状态后，在 40 倍的显微镜下观察。首先看到的是具有肌纤维结构的鱼肉颗粒，若鱼粉中含有羽毛粉，则可以看见有羽毛、羽干、羽根（中空、半透明状）的碎屑。

（2）鱼粉中棉籽饼粉的镜检　将 20 目和 40 目分样筛叠放在一起，取 250 g 被检鱼粉样品放在分样筛内，摇动筛 3～5 min，样品分成粗、中、细三部分，观察中层 40 目筛样品，可见中央部分样品表面聚集有细短绒棉纤维，相互团絮在一起，色深黄或棕黄色。因四周部分样品有许多深褐色棉籽外壳碎片，用 30～50 倍显微镜观察可见，中央部分样品散布有细短绒棉纤维，卷曲、半透明、有光泽、白色；混有少量深褐色的棉籽外壳碎片，厚硬而有韧性，在碎片断面有浅色和深褐色相交叠的色层，有时可见有一些棉纤维仍附着在外壳上或埋在饼粕块中。

（3）鱼粉中血、肉骨粉的镜检　血粉在显微镜下为红色或黑红色的不透明块状或小球状，无纤维结构。肉骨粉包括骨颗粒、肌肉、胶原蛋白以及小血块和毛等。显微镜下，骨颗粒形状不规则、乳白色、肌肉少、黄色，肌纤维细而相互连接，肉骨粉中胶原蛋白多、结实、无纤维状结构，小血块呈黑红色，毛呈管状。

（4）鱼粉中稻谷壳的镜检　显微镜下稻谷壳呈规则或不规则长方形状物，浅黄色至黄色，表面有纵横交错的网格状纹，并有突起的金黄色亮点。

（5）鱼粉中贝壳粉的镜检　显微镜下贝壳粉呈不规则颗粒或片状，质坚硬，白色、灰色或粉红色，具有暗淡半透明的光泽。

（6）鱼粉中皮革粉的镜检　皮革粉呈白色、灰色及淡黄色的线状、丝状或锯齿状物。

（三）化学分析法

1. 粗蛋白测定

粗蛋白质是鱼粉中含氮物质的总称，包括真蛋白质和非蛋白含氮物质两部分，后者主要包括游离氨基酸、硝酸盐、氨等。国产鱼粉粗蛋白质含量一般为 45%～55%，进口鱼粉粗蛋白质含量一般为 60%～67%。采用凯氏定氮法，测定步骤与方法参见本书第一部分实验三。

2. 真蛋白测定

粗蛋白质仅反映鱼粉中所有含氮物质的总量，并不能反映其中真蛋白质含量，因此有必要进行鱼粉真蛋白含量测定。蛋白质在一定碱性条件下能与重金属盐类发生盐析作用而析出沉淀，此沉淀物不溶于热水，而非蛋白氮则易溶于水。用热水洗沉淀，将水溶性含氮物洗去。剩下的沉淀物再用凯氏定氮法测定，得出真蛋白的含量，利用真蛋白质与粗蛋白含量之比，可判断鱼粉中是否掺入水溶性非蛋白含氮物质。

(1) 试样的前处理：取样 1～2 g 于 200 mL 烧杯中，加蒸馏水 5 mL 煮沸，加入 1%硫酸铜溶液 20 mL，边加边搅拌，加完后继续搅拌 1 min，放置 1 h 以上或静置过夜，沉淀物以中速定性滤纸过滤，用 70 ℃以上的热水反复洗残渣，直至滤液无 SO_4^{2-}（取 5%氯化钡试液 5 滴滴于表面皿中，加 2 mol/L 盐酸 1 滴，滴入滤液，在黑色背景下观察应无白色沉淀）。将滤纸与残渣包好，放入烘箱，在 65～75 ℃条件下干燥 2 h，将烘干的试样连同滤纸一起放入烧瓶中消化。

(2) 随后步骤同测粗蛋白，测出真蛋白含量。真蛋白含量与粗蛋白含量之比即为鱼粉的真蛋白的比率。粗蛋白质应符合产品规定，真蛋白比率应符合下列数值：进口鱼粉不得小于 80%，国产鱼粉不得小于 75%，当测得鱼粉真蛋白比率小于上述值时，则该鱼粉中掺有水溶性非蛋白氮物质。

3. 鱼粉中掺入植物性饲料的检测

由于植物原料含淀粉和木质素，利用淀粉与碘反应产生蓝色或蓝黑色化合物、木质素在酸性条件下可与间苯三酚反应产生红色化合物，可迅速检出鱼粉中是否掺有植物性蛋白原料。

(1) 鱼粉中掺有淀粉的检测　取被检鱼粉 1～2 g 装入试管中，加 4～5 倍蒸馏水加热至沸以浸出淀粉。冷却后，滴入 1～2 滴碘—碘化钾(KI)溶液(取 16 g KI 溶入 100 mL 蒸馏水中，再加入 2 g I_2，溶解后摇匀，置棕色瓶中保存)，若溶液即现蓝色或蓝黑色，说明鱼粉中掺有淀粉。

(2) 鱼粉中掺有木质素含量高物质的检测　取被检粉碎鱼粉少许平铺入表面皿中，用间苯三酚液(2 g 间苯三酚溶入 100 mL 90%乙醇中)浸湿，放置 5～10 min，再滴加 2～3 滴浓盐酸，若试样中出现散布的红色点，说明鱼粉中掺入了含木质素高的物质。

(3) 鱼粉中掺入植物性物质的鉴别　由于植物性物质中含有淀粉、木质素等高分子化合物，可根据其特殊的显色反应进行判断。如淀粉与碘化钾溶液反应，样品中出现深蓝色或蓝紫色颗粒状物；木质素与间苯三酚在强酸条件下发生反应产生深红色化合物。

4. 鱼粉中掺入血粉的检测

(1) 实验原理　根据血粉中含有铁质，该铁质具有类似过氧化物酶的作用，能分解过氧化氢放出新生态氧，使联苯胺氧化成联苯胺蓝，出现蓝色环点。根据环点的有无，即可判断出鱼粉是否掺有血粉。

(2) 检测方法　取少许被检鱼粉入白瓷皿或白色点滴板中，加联苯胺—冰乙酸混合液数滴(1 g 联苯胺入 100 mL 冰乙酸中，加 150 mL 蒸馏水稀释)浸湿被检鱼粉，再加 3%过氧化氢液 1 滴，若掺有血粉被检样即显深绿或蓝绿色。

5. 鱼粉中掺入非蛋白含氮化合物的检测

铵盐一般均含氨态氮，尿素在碱性条件下经脲酶催化也可生成氨态氮。奈氏试剂可与氨态氮反应生成棕红色胶体络合物，并可依其红棕—红褐—深红色的颜色变化，判断其掺入量多少。

(1) 奈氏试剂法　取被检鱼粉 1～2 g 入 250 mL 烧杯中，加蒸馏水 25～50 mL，混匀后静置 20 min，备用。另取试管一支，加奈氏试剂 2 mL(称 KI 5 g 加入 5 mL 蒸馏水中，边搅拌边滴加 25% $HgCl_2$ 饱和液至稍有红色沉淀出现。再加入 40 mL 50% NaOH 溶液，最后用蒸馏水稀释至 100 mL，混匀入棕色试剂瓶保存)。然后沿管壁用滴管滴加上述被检样浸出液 1～2 滴，液面立即出现棕红色环，表明有铵盐掺入。若液面出现白或黄色环，可疑有尿素掺入，再用脲酶法进行进一步检测。

(2) 脲酶法　取 10 g 被检鱼粉于烧杯中，加 100 mL 蒸馏水搅拌、过滤，取滤液少许于点滴板上，加 2～3 滴甲基红指示剂(0.1 g 甲基红溶入 100 mL 95%乙醇中)，再滴加 2～3 滴脲素酶溶液(0.2 g 脲素酶溶入 100 mL 95%乙醇中)。在 40～50 ℃水浴上加热 1～2 min，静置 5 min。若点滴板上呈深红紫色，说明鱼粉中掺有尿素。若无脲素酶时可取两份 1.5 g 被检鱼粉入两支试管中，其中一支加入少许生黄豆粉，然后两管各加入 5 mL 蒸馏水，振摇后置于 60～70 ℃恒温水浴锅中 3 min，再滴加 2～3 滴甲基红指示剂。若加生黄豆粉的试管中呈较深紫红色，说明鱼粉中掺入了尿素。

(3) 掺杂尿素定量检测法　取一个 500 mL 烧瓶置可调温电炉上，用玻璃管、皮管连接冷凝管，冷凝管口浸入滴有甲基红—溴甲酚绿指示剂和 50 mL 1%的硼酸接收液中，接通冷凝水，此即定量检测的蒸馏装置。然后将怀疑掺有尿素的样本液快速无损地倒入烧瓶中(三角瓶用蒸馏水冲洗 3 次，使所有残液、残渣全部入烧瓶中)，并加蒸馏水至烧瓶 1/2 处。加热瓶内溶液至沸腾后调低电炉温度，使溶液保持沸而不溢状态。当蒸馏出瓶内溶液 1/3 后，用红色石蕊试纸蘸一下冷凝管口的流出液，若试纸不变色，停止蒸馏。用标准的 HCl 溶液滴定接收液呈灰红色即为终点。根据所耗 HCl 毫升数即可计算出试样中掺入尿素的百分含量。

$$\text{试样中尿素含量}(\%) = 0.03 \times V \times N \times 100 \div W$$

式中：V——滴定所耗标准 HCl 溶液体积；

N——HCl 标准液的实际当量浓度；

W——试样重量；

0.03——尿素含氮相对 V、N 的比值。

6. 格里斯试剂法

(1) 实验原理　在酸性条件下尿素与亚硝酸钠作用，产生黄色反应。若无尿素，则亚硝酸钠与对氨基苯磺酸发生重氮反应，其产物与 α-萘胺起偶氮作用，呈紫红色。

(2) 检测方法　取被检鱼粉 1 g 入烧杯中，加 20 mL 蒸馏水混匀，静置 20 min。取上清液 3 mL 入 50 mL 三角瓶中，加 1%亚硝酸钠液 1 mL、浓 H_2SO_4 1 mL，摇匀后静置 5 min。待泡沫消失后，加格里斯试剂(酒石酸 89 g，对氨基苯磺酸 10 g，α-萘胺 1 g，混匀研碎，置棕色瓶保存)0.5 g，摇匀，显黄色说明被检样掺有尿素，显紫红色说明未掺。

7. 鱼粉中掺入双缩脲的检测

(1) 实验原理　根据双缩脲在碱性介质中可与 Cu^{2+} 结合成紫红色化合物的原理，检测鱼粉中是否含有双缩脲。

(2) 检测方法　称取被检鱼粉 2 g 入 20 mL 蒸馏水中，搅拌均匀后静置 10 min，用干燥滤纸过滤。取滤液 4 mL 入试管中，加 6 mol/L NaOH 溶液 1 mL，再加 1.5% $CuSO_4$ 液 1 mL，摇匀后立即观察，溶液显蓝色表示未掺，显紫红色说明掺有双缩脲，且颜色越深，掺入比例越大。

8. 鱼粉中掺入鞣革粉的检测

(1) 实验原理　鞣革粉中铬经灰化后部分可变成 Cr^{6+}，Cr^{6+} 在强酸溶液中能与均二苯氨基脲发生反应，生成紫红色水溶性铬—二苯硫代偕肼腙化合物。该反应极为灵敏，微量铬即可检出。

(2) 检测方法　取被检鱼粉 1～2 g 入瓷坩埚中，炭化后入马弗炉灰化。冷却后，用少许蒸馏水将灰分湿润，加 10 mL 2 mol/L H_2SO_4 溶液使之呈酸性。再加数滴均二苯胺基脲溶液(0.2～0.5 g 均二苯胺基脲溶入 100 mL 90%乙醇中)，片刻后若出现紫红色，即证明有鞣革粉掺入。

9. 鱼粉中掺入钙质的检测

可利用盐酸与碳酸盐反应产生二氧化碳进行定性检测。取试样 10 g 放在烧杯中，加入 2 mL 盐酸，立即产生大量气泡的，说明掺入了碳酸钙粉、石粉、贝壳粉和蛋壳粉等钙质原料。

10. 鱼粉掺入禽粪的检测

禽粪中含有尿酸，若饲料中混入或掺入禽粪，则可通过检测尿酸确认。检测方法：置少许被检样于蒸发皿中，加入 1∶1 硝酸充分湿润，在水浴锅上蒸干。若有尿酸存在，则被检样外围呈红褐色。为确证，可滴加氨水显紫色(紫尿酸液)。

六、实验注意事项

1. 掺假鱼粉鉴别准确性需要不断训练和实践经验的积累。

2. 采用感官鉴别需要通过视觉、嗅觉、味觉、触觉及齿觉，从颜色、形态、细度、味道、气味、质地等判定鱼粉真假。同时要求熟记鱼粉及其掺假物的特征。

3. 体视显微镜检法难度大，最好通过观察鱼粉与其掺假物单一体视显微镜特征，再训练鉴别由少到多的混合物的体视显微镜特征，如此反复训练提高鉴别鱼粉真假的准确性。

4. 感官鉴别鱼粉真假是最原始但也是最重要最简单最廉价的方法，其他方法都离不开它的配合，因此成为首选方法。

5. 物理鉴别方法是感官鉴别法鉴别不出掺假鱼粉的结果时选用的方法。

6. 化学鉴别方法是感官和物理鉴别法都难以判定真假时选用的方法，且是定量鉴别鱼粉品质必选的方法。

7. 在生产实践和实验室化验中，掺假鱼粉鉴别要有计划有步骤地进行，最好首选感官和物理鉴别法作为鉴别第一步，第一步即能完成鉴别任务的，没有必要使用化学鉴别法。只有第一步没完成鉴别任务的才逐步进行。

七、思考题

1. 分析说明鱼粉常见掺假物及其特点。
2. 鱼粉掺假鉴别的方法有哪些？分析各种掺假鉴别方法的优缺点。
3. 简述鱼粉掺假鉴别方法的实验原理。
4. 简述纯鱼粉及掺假鱼粉常见掺假物的显微镜检特征。

实验十七 饲料的显微镜检测

显微镜检测饲料原料质量具有快速、准确、简便等特点。这种检测手段既不需要大型的仪器设备，也不需要复杂的检前准备，只需将被检样品按要求进行研磨，过筛或脱脂处理即可。同时饲料的显微镜检测不仅可做定性分析，而且可做定量分析，可对原料成分的纯度进行准确分析，可以检查出用化学方法不易检出的问题，弥补化学分析的不足。通过饲料显微镜检测可快速、准确地判断原料贮藏品质、是否掺杂使假及饲料加工是否良好，从而达到鉴别饲料及原料质量好坏的目的。

一、实验目的

通过开展饲料显微镜检测实验，掌握显微镜正确使用方法及饲料显微镜检操作要领，熟悉常见饲料显微镜检特征。

一般饲料原料或产品进行显微镜检的目的有如下几方面：

1. 检查饲料原料中应有的成分是否存在；
2. 检查是否含有有害成分；
3. 检查是否存在污染物；
4. 检查是否含有有毒的植物和种子；
5. 检查饲料及加工产品加工处理是否恰当；
6. 检查是否污染霉菌、昆虫或啮齿类的排泄物；
7. 检查是否混合均匀。

二、实验原理

饲料显微镜检是借助显微镜扩大人眼功能，依据各种饲料的组织形态、细胞形态、色泽、硬度及其不同的染色特性等，对样品的种类和品质进行鉴定的方法。常用的显微镜检技术包括体视显微镜检技术和生物显微镜检技术，前者以被检样品的外部形态特征为依据，如表面形状、色泽、硬度、粒度及破碎面等形态特征；后者以被检样品的组织细胞学特征为依据。由于饲料原料及产品在形态学及组织细胞学上具有相对独立性及其特异性，即饲料无论如何加工处理，或多或少保留一些区别于其他饲料的典型特征，因此饲料显微镜检测结果具有相对稳定性与准确性。饲料显微镜检的准确程度取决于饲料分析人员对被检饲料特征的熟悉程度及应用显微镜技术的熟练程度。

三、实验仪器与试剂

1. 实验仪器　体视显微镜(10～45 倍)、生物显微镜(40～1 000 倍)、离心机(1 200～1 500 r/min)、烘箱、抽滤器、分析天平、分样筛(10 目、20 目、30 目和 40 目)、电热板、载玻片、探针、镊子、镜头纸、滤纸、漏斗、滴管、烧杯、试管、小刷子、瓷盘等。

2. 实验试剂　四氯化碳(相对密度 1.589)、丙酮(相对密度 0.788)、稀释的丙酮(3∶1)、稀盐酸(1∶1)、稀硫酸(1∶1)、氢氧化钠、碘溶液(0.75 g 碘化钾＋1 g 碘溶于 30 mL 水)、悬浮液Ⅰ(10 g 水合氯醛＋10 mL 水＋10 mL 甘油，置棕色瓶中)、悬浮液Ⅱ(160 g 水合氯醛＋100 mL 水＋10 mL 稀盐酸)、硝酸铵溶液(10 g 硝酸铵溶于 100 mL 水)、钼酸盐溶液(20 g 三氧化钼溶于 30 mL 氨水与 50 mL 水的混合溶液中，将此液缓慢倒入100 mL 硝酸与 250 mL 水的混合液中，微热溶解，冷却后与 100 mL 硝酸铵溶液混合)。试剂均为分析纯，水为蒸馏水。

3. 参照样品　饲料原料样品、掺杂物样品(木屑、稻谷壳粉、花生壳粉等)、SB/T 10274 中的图谱。

四、实验步骤

饲料显微镜检是一种检查条件要求不高、简便快速准确的饲料检测方法，而且在一些国家被规定为饲料质量诉讼案的法定裁决方法之一，但要求检查人员具备一定实践经验，镜检时可按图 1 基本步骤进行。

(一) 被检样品的检前处理

参照 GB/T 14699.1 饲料采样方法，混合试样用四分法分取有代表性的分析样品 10～15 g。对于含油脂量高的或黏附有大量细颗粒的试样(鱼粉、肉骨粉及大多数家禽饲料等)可先用四氯化碳处理后，捞出漂浮物过滤，干燥。对于有糖蜜而形成团块结构或水分偏高模糊不清的试样，取 10 g 溶于 70 mL 四氯化碳，充分搅拌，静置沉降，小心倾析，重复处理 2 次，置 60 ℃干燥箱中干燥 20 min 后处理。对于颗粒或团粒试样置于研钵中碾压分散成各组分，再根据分析样粒度选用适当分样筛，将最大孔径筛放最上面，最小孔径筛放最下面，然后将四分法取的试样在套筛上充分振摇后，用小勺从每层筛面及筛底各取部分试样。

(二) 直接感观检查

将取好的待测样品平铺于白纸上，仔细观察辨别，可利用放大镜，从物料的颜色、粒度、软硬程度、气味、霉变、是否存在异物等方面进行分析检查，并逐项做好检查记录。观察中应特别注意细粉粒，因为掺假物、掺杂物往往被分得很细。

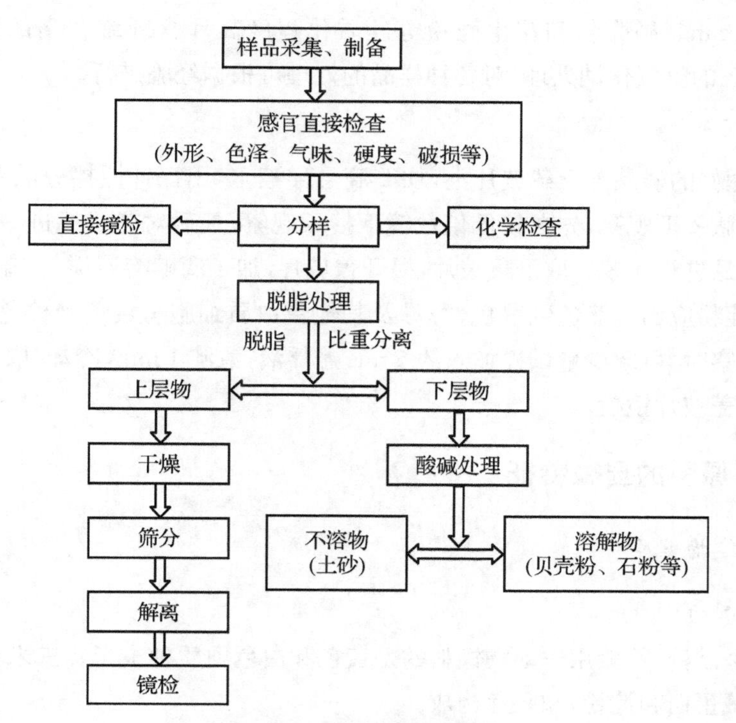

图 1 饲料显微镜检流程图

（三）体视镜观察

将筛分好的样品分别平铺于纸上或培养皿中，置于体视显微镜下，从低倍至高倍进行检查。从上到下，从左到右逐粒观察，先粗后细，边检查边用探针触探识别样品，探测各种颗粒的硬度、结构、表面特征，如色泽、形状等，并作记录。在检查过程中以比照样品在相同条件下与被检试样进行对比观察。将检出的结果与生产厂家出厂记录的成分相对照，即可对掺假、掺杂、污染等质量情况作出初步测定。

（四）生物镜观察

在体视显微镜下难以辨认的掺入较少或磨得很细的掺杂物，需通过生物镜进行观察，检查前按如下流程对试样进行前处理。

过筛（粒大 10 目，粒小 20 目）→酸处理（加热）→过滤→蒸馏水冲洗 2～3 次→必要时还需碱处理（加热）→过滤→蒸馏水冲洗 2～3 次→制作。

1. 样品处理

生物镜观察的样品，一般采用酸与碱进行处理。对于不同的原料，所用酸碱浓度和处理时间也不同，动物类原料多用酸处理，植物类和甲壳类需酸碱处理。对于动物中的单纯蛋白，如鱼粉、肉骨粉、水解羽毛粉等只需用 1.25％的硫酸处理 5～15 min，而对含角蛋白的样品，如蹄角粉、皮革粉、生羽毛粉、猪毛等需用 50％的硫酸处理，时间也稍长。动物中的甲壳类和动植物中的玉米粉、麸皮、米糠、饼粕类等先用 1.25％硫酸再用 1.25％氢氧化钠处理，时间约 10～30 min。稻壳粉和花生壳粉等硅质化程度高和含纤维较高的样品需分别用 50％硫酸和 50％的氢氧化钠处理，对各种样品的处理可根据经验进行。

2. 制片与观察

取少量处理好的样品置于载玻片上，加 2 滴悬浮液Ⅰ，用探针搅拌分散浸透均匀，加盖玻片，在生物显微镜下观察，先在较低倍数镜下搜索观察，然后对各目标进一步加大倍数观察，并与比照样品进行比较。取下载玻片，揭开盖玻片，加 1 滴碘溶液搅匀，盖上盖玻片置镜下观察。此时淀粉应当呈蓝色到黑色，酵母及其他蛋白质细胞呈黄色到棕色。如试样粒透明度低，不易观察时，可取少量试样加入约 5 mL 悬浮液，煮沸 1 min，冷却，取 1～2 滴沉淀物置载玻片上，加盖玻片镜检。

五、常见饲料原料的显微特征

（一）主要谷物类原料

1. 玉米及制品

玉米有多个品种，一般用作动物饲料的是黄色和白色硬质种玉米。玉米籽粒呈齿形，由皮层、胚乳（贮藏蛋白和淀粉）和胚芽构成。

显微特征：皮层光滑，半透明，薄，并带有平行排列的不规则形状的碎片物。胚乳具有软、硬两种胚乳淀粉。硬淀粉或者叫角质淀粉有黄色、半透明的特点；软淀粉系粉质、白色，不透明，并有光泽。胚芽呈奶黄色，质软，含油。鉴别粉碎后的玉米芯可根据其非常硬的木质组织结构，常常成团或呈不规则形片状，有白色海绵状的髓、苞皮和颖片（很薄，呈白色或淡红色，有脉）。

2. 小麦及制品

小麦粒为椭圆形，黄褐色，含粒性淀粉 82％～86％（胚乳），麸皮或种子外皮占 13％，胚芽占 2％。磨粉后麸皮和胚芽同胚乳分离开来。副产品主要有小麦胚芽、麸皮、淀粉等。

小麦麸皮粒片大小可异，呈黄褐色，薄，外表面有细皱纹，内表面黏附有不透明白色淀粉粒。麦粒尖端的麸皮粒片薄，透明，附有一簇长长的有光泽的毛。胚芽看起来软而平，近乎椭圆，含油，色淡黄。淀粉颗粒小，呈白色，质硬，形状不规则，半透明，有些不透明或有光泽的淀粉粒附着在麸皮破片上。

3. 稻米副产品

稻壳占稻谷总重量的 20％，富含硅，外表面有横纹线，并有针刺似的茸毛。稻谷脱壳后即为糙米。糙米仍被糠层包裹着，经研削后可除去糊粉层和胚芽。稻米三种主要副产品为统糠、米糠和碎米。统糠含有大量稻壳、少量粮糠和一些米粞。米糠包括果皮、糊粉层、胚芽和一些米粞。碎米是碾米过程中从较大的米粒中分离出来的小碎粒。

立体显微特征：稻壳呈不规则片状，外表面具有光泽的横纹线，颜色为由黄到褐色。米糠为很小的片状物，含油，呈奶油色或浅黄色，并结成团块。脱脂米糠则不结团块。米粞表面光滑，呈小的不规则形状，半透明，质硬，色白，蒸谷米的碎米则为黄褐色，碎米的粒度大于米糠或统糠中的米粞的粒度，截面呈椭圆形。胚芽呈椭圆形，平凸状，与米粒相连的一边弧度大，含油。有时可看到胚芽已破碎成屑。

4. 高粱及制品

高粱籽实颜色有白色、黄色、褐色或黑色。籽实局部被颖片覆盖，其颜色各异，有黄褐色、红褐色或深紫色，并带毛。深色籽实通常带苦味。与玉米一样，其仁粒有两种淀粉，胚乳外层淀粉比较硬，系角质淀粉，而内层淀粉色白，较为粉质化。

立体显微特征：可以看见皮层紧紧地附在硬质淀粉或者说角质淀粉上，颜色为色白、红褐色或淡黄色，依品种而异。硬质淀粉不透明，表面粗糙，而软质淀粉色白，有光泽，呈粉状。颖片硬而光滑、具有光泽的表面上有毛，颜色为淡黄、红褐直至深色。

(二) 主要油料饼粕

含油量大的油料必须采取预榨浸出。有些油料如花生、棉籽和向日葵籽外壳厚，壳中含有大量纤维。压榨或浸出前通过剥壳工作(破碎并筛分)可把壳全部或部分除去。饼粕的结构和特征取决于原料和提油的工艺方法。

1. 大豆饼粕

大豆饼粕主要由种皮、种脐和子叶组成，其显微特征表现为外壳的外表面光滑，有光泽，并有被针刺过的印记，其内表面为白黄色，不平，为多孔海绵状组织。外壳碎片通常紧紧地卷曲。种脐长椭圆形，带有一条清晰的裂缝(有些可从碎片上看出)，颜色有黄色乃至褐色或黑色。浸出粕颗粒的形状不规则，扁平，一般硬而脆。豆仁颗粒看起来无光泽，不透明，呈奶油色乃至黄褐色。压榨饼粉一般是压榨过程中豆仁颗粒与外壳颗粒因挤压而结成的团。这种颗粒状团块质地粗糙，其外表颜色比内部的深。

2. 花生饼粕

花生饼粕通常是由种子或者说花生粒制作出来的，最常用的提油方法是压榨，但溶剂浸出法也采用。显微特征表现为：外壳表面有成束纤维脊，并呈网状结构。花生壳被粉碎后，其碎片硬层为褐色，较外层为淡黄色，内层为不透明白色。纤维束呈黄色，长短纤维束交织一起，故有韧性。种皮非常薄，呈粉红色、红色或深紫色，并有纹理，常附于籽仁的碎块上。

3. 棉籽饼粕

棉籽饼粕主要由棉籽仁、少量的棉籽壳、棉纤维构成，采用压榨或溶剂浸出两种方法制得。体视显微镜下可见棉籽壳和短绒毛黏附在棉籽仁颗粒中。棉纤维中空，扁平，卷曲；棉籽壳为略凹陷的块状物，呈弧形弯曲，壳厚，棕色或红棕色。棉仁碎粒为黄色或黄褐色，含有许多黑色或红褐色的棉酚色素腺。立体显微特征：常看到短绒或者说纤维附着在外壳上和埋在饼粕粉块中。短绒倒伏、卷曲和张开，半透明，有光泽，白色。棉籽压榨时将棉仁碎片和外壳都压在一起了，看起来颜色较暗，每一碎片的结构难以看清。

4. 油菜籽饼粕

油菜籽为小圆球形，具有稍许光滑或成网状的表面，颜色因品种而异。采用溶剂浸出法提油之后，油菜籽粕是红褐色，质脆易碎。

立体显微特征：种皮和籽仁碎片不连在一起，易碎。种皮薄，硬度中等；外表面为红褐色或黑色，有些还呈网状；内表面有柔弱的半透明白色薄片附着在表面上。籽仁为小碎片，形状不规则，呈黄色乃至褐色，无泽，质脆。

5. 向日葵籽饼粕

向日葵籽饼粕是未脱壳向日葵或脱壳向日葵籽浸出提油后的剩余物，脱过壳的向日葵粕粉中仍残留一些壳片。

立体显微特征：外壳碎粒的大小、长度和形状各异，硬而脆，呈白色或者白中带有黑条纹。有些外壳碎粒在白色或黑色条纹褪掉后呈奶油色，且外表面有深的平行线迹，光滑而有光泽，内表面则粗糙。仁粒的粒度小，形状不规则，颜色为黄褐或灰褐色，无光泽。

（三）动物副产品饲料

1. 鱼粉

鱼粉是通过加压蒸煮、干燥、粉碎加工出来的。立体显微特征：鱼肉颗粒较大，表面粗糙无光泽，颜色为黄到黄褐色，相当硬，但只要用镊子钳就很容易将肌肉纤维断片弄破碎。肌肉纤维大多呈短断片状，卷曲，无光泽，表面光滑，且半透明。骨刺的特征取决于鱼粉来自鱼体的何种部位，如头、腹、躯干和尾巴。骨刺坚硬，颜色呈不透明白色乃至黄白色，表面光滑、暗淡到透明，大小与形状各异。鱼眼球是一种晶体似的凸透镜状物体，半透明，光泽暗淡，非常硬，呈圆形或破球形颗粒。鱼鳞是一种薄、平而卷曲的片状物，外表面上有一些同心线纹。

2. 虾壳粉

虾壳粉是小虾脱水或对虾脱壳加工的剩余物，由虾壳、虾头以及虾肉的小碎片构成。虾粉质脆易碎，呈片状，含有由虾眼睛形成的黑色颗粒，根据虾体色素不同其颜色有差别（淡黄、粉红或橘黄），并有一种特殊的气味。显微镜下看到触角是虾触角的片断，长圆管状，带有螺旋形平行线。虾眼为复眼，看起来是皱缩的小片，深紫色或黑色，表面上有横影线。

虾肉粒大小各异，光泽暗淡，半透明，呈黄色、橘黄色或粉红色，有时质地硬，或者肌肉纤维容易破碎成小片。来自虾躯体部位的连续的壳片薄而透明，而头部的壳片相当厚，不透明。虾腿片断为宽管状，带毛或者不带毛，平而有光泽，半透明。

3. 水解羽毛粉

水解羽毛粉是采取蒸汽加压和加热生产出来的。有些生产者仅使用家禽羽毛作原料，有些则使用家禽羽毛、内脏、头和脚。在显微镜下鉴别时，第二类羽毛粉中可发现骨头碎片。立体显微镜下羽干像清净的塑料管，呈黄色乃至褐色，有长有短，厚而硬，具有光滑表面，透明。羽支呈或长或短的小碎片，蓬松，不透明，光泽暗淡，呈白色乃至黄色。羽小支呈粉状，白色到奶油色。在高倍体视显微镜下，它们看起来是非常小而松脆的碎片，有光泽，白色到黄色，并结团。羽根呈厚扁管状，黄色乃至暗褐色，粗糙，坚硬，并带有光滑的边。

4. 血粉

血粉是屠宰动物的血中通入直接蒸汽煮到温度达 100 ℃即凝结成块，采取喷雾干燥或环形气流干燥粉碎而成的呈深巧克力色的粉状物，具有特殊气味。显微镜下血粉颗粒的粒度和形状各异，边沿锐利，颜色呈红褐色乃至紫黑色，质硬，无光泽或者有光泽，且表面光滑。用喷雾法干燥制得的血粉颗粒细小，大多是球形或破球形。

5. 肉骨粉

骨粉可以采用直接蒸汽(湿炼法)或蒸汽压力法加工。在湿炼法加工过程中，物料被直接蒸汽加热，将脂肪分离掉。然后挤压剩余物以除去残留脂肪，再干燥、粉碎。这种方法生产出的骨粉中有骨头、肉、血和腱的碎颗粒。但是采用蒸汽压力法加工出的骨粉为白色到灰色粉粒体，很少有骨头、肉和腱的碎颗粒。湿炼法生产的骨粉显微镜下颗粒为小片状，不透明，白色，光泽暗淡，表面粗糙，质地坚硬，用镊子钳难以使其破碎。有时骨粉颗粒表面上有血点或者里面有血管的线迹。蒸汽压力法生产的骨粉颗粒比湿法生产的骨粉颗粒容易破碎。腱和肉的小片颗粒形状不规则，半透明，呈黄色乃至黄褐色，质硬，表面光泽暗淡或光滑。

6. 贝壳粉

显微镜下贝壳粉颗粒质硬，根据贝壳种类的不同呈不透明白色乃至灰色或粉红色，光泽暗淡或达到半透明程度。贝壳粉颗粒表面两面光滑，但有些颗粒的外表面具有同心的或平行的线纹或者带深淡交错的线束，有些碎片边缘呈锯齿状。

(四) 饲料中微生物的检测

微生物常用的检测方法有血球计数板法、平板培养计数法、最大或然计数法(MPN)、酶联免疫法(ELISA)、DNA 探针检测法(DNA Probe)、聚合酶链式反应(PCR)等，其中血球计数板法是直接在显微镜下对微生物进行计数，所有其他的方法均需利用显微镜从菌体大小、形状、芽孢、鞭毛、菌毛、荚膜以及革兰氏染色特性等方面进行鉴定。无论是对饲料中的病原微生物，如沙门氏菌、志贺氏菌，还是对微生物饲料添加剂中的有益微生物如嗜酸乳杆菌、活性酵母进行检测，均需要利用显微镜。

六、实验注意事项

1. 通过筛选分离、浮选等手段，常用显微镜检测如检查鱼粉、肉骨粉饼粕类中杂物是否超出允许范围。

2. 通过酸碱处理，显微镜检技术可对被检样品掺杂物进行细胞结构分析，进而给掺杂物准确定性，如鱼粉中有羽毛粉、稻壳、棉仁饼、锯末等掺杂物时。

3. 显微镜检测技术通过对饲料原料的形态、细胞结构和染色特性观察，很方便地检出掺杂物，鉴别真伪，减少经济损失。

4. 显微镜检技术可以发现加工方法对饲料质量的影响，如鱼粉的干燥方法是喷雾的还是发酵的，饼粉类饲料加工过程是否充分、是否加热过度等。

5. 显微镜镜检技术是一门技术活，需要长期经验的积累，广泛应用于原料真假、掺杂物定性、饲料质量及是否被污染等方面的鉴别，与化学分析方法相互取长补短。

七、思考题

1. 饲料显微镜检测目的、意义表现在哪些方面？
2. 饲料显微镜检测所采用的显微镜分哪两种？分述其各自特点。
3. 简述饲料显微镜检测中显微镜使用方法及其注意事项。
4. 设计一种常用饲料原料或配合饲料的显微镜检方案。

实验十八　饲料霉菌毒素的测定

饲料霉菌毒素在饲料中容易发生，如果对有益于霉菌毒素生长的有利条件控制不力，饲料则很容易发霉变质。所谓霉菌毒素，是指存在于饲料中能直接引起畜禽动物病理变化或生理变化的霉菌代谢产物，目前已知能产生霉菌毒素的霉菌有150余种，霉菌毒素有200余种。但在饲料中发现的霉菌毒素主要有黄曲霉毒素（Aflatoxins B1，AFTB1）、玉米赤霉烯酮（Zearalenone，ZEN）、呕吐毒素（Doxynivalenol，DON）、伏马毒素、赭曲霉毒素A（Ochratoxin A，OTA）、T－2毒素6大毒素。检测霉菌毒素的方法有很多种，如经典的薄层色谱法（TLC）、气相色谱法（GC）、高压液相色谱法（HPLC）和各种联用技术如气质联用（GC－MS）、液质联用（HPLC－MS）以及基于免疫化学基础上的免疫分析方法如免疫亲合柱一荧光检测（IAC－FLD）和酶联免疫吸附法（ELISA）等，这些方法大致归纳为两大类：快速方法和确认方法。

目前，国际上使用较为普遍的霉菌毒素快速筛选法有荧光光度计法和酶联免疫法。荧光光度计法常常结合免疫亲和柱净化使用，是美国AOAC的标准检测方法，也是我国玉米、花生及其制品（花生酱、花生仁、花生米）、大米、小麦等食品中黄曲霉毒素检测推荐使用的国家标准方法（GB/T 18979—2003）。这个方法最大优点是不直接接触黄曲霉毒素，不用毒素标样，极少使用有机试剂，操作简便，耗时少。缺点是只能测黄曲霉毒素的总量，不能单独测B1、B2、G1、G2的含量，同时该法对水和试剂的要求较高，必须是高纯水（或重蒸馏水）。酶联免疫法（ELISA）是利用抗原—抗体的特异反应而建立起来的一种霉菌毒素快速分析方法，操作简便，成本比较低，适合作为大量阴性样品的快速筛选，也可作为现场检测的重要手段。目前，常见的黄曲霉毒素、脱氧雪腐镰刀菌烯醇、T－2毒素、玉米赤霉烯酮、棕曲霉毒素和伏马毒素等6种霉菌毒素都有商品化的ELISA试剂盒。

霉菌毒素的确认方法多采用色谱方法，诸如高效液相色谱法（HPLC）、气相色谱法（GC）以及经典的薄层色谱扫描法（TLC）等。高效液相色谱法（HPLC）及气相色谱法（GC）虽具有灵敏度高、分离能力强、特异性好、测定结果准确可靠等优点，但因仪器价格昂贵，难以在基层推广，因此，本实验重点介绍经典的薄层色谱扫描法（TLC）法，将快速ELISA法与液相色谱一串联质谱法附在本实验后供参考。

一、实验目的

实验采用薄层色谱扫描法对饲料原料及饲料加工产品的黄曲霉毒素进行定量检测，达到认识饲料霉菌毒素的特性及其危害，掌握薄层色谱扫描法检测方法的原理，熟悉薄层色谱扫描法操作步骤的目的。

二、实验原理

样品中黄曲霉毒素 B1 经提取、柱层析、洗脱、浓缩、薄层分离后，在 365 nm 波长紫外灯下产生蓝紫色荧光，根据其在薄层板上显示荧光的最低检出量来测定含量。

三、实验仪器与试剂

1. 实验试剂

(1) 氯仿(溶解标准毒素)、石油醚(固液提取法，除去油脂和色素)、甲醇(提取用)、乙腈、苯(定容用)、丙酮(供配制展开剂)、无水乙醚(预展用)。

以上试剂需先进行空白试验，如不干扰测定，才能使用，否则逐一检查，进行重蒸馏。

(2) 甲醇—水(55∶45)：即 55 mL 甲醇加 45 mL 水混匀。

(3) 苯—乙腈(98∶2)：取 98 mL 苯，加 2 mL 乙腈混匀，作定容用。

(4) 三氟乙酸(TFA)：供理化鉴定。

(5) 硅胶 G，薄层层析用。

(6) 无水硫酸钠，作脱水用。

(7) 氯仿—丙酮(92∶8)，作为展开剂。

(8) 黄曲霉毒素 B1 标准液：精密称取 1 mg 黄曲霉毒素 B1 标准品，先加入 2 mL 乙腈溶解后，再用苯稀释至 100 mL 配制成 10 μg/mL 的标准溶液。必要时可用紫外分光光度计测定其含量，并用 TLC 进行纯度检定。即在硅胶 G 上用氯仿—甲醇(96∶4)或氯仿—丙酮(92∶8)展开后应只有单一荧光点，无其他杂质荧光点，且原点上没有残留的荧光物质。

(9) 黄曲霉毒素标准使用液通常有两种，即含黄曲霉毒素 B1 分别为 0.2 μg /mL 和 0.04 μg/mL的苯—乙腈溶液。

(10) 次氯酸钠溶液，消除 AFT 之用。

2. 实验仪器

(1) 小型粉碎器。

(2) 样筛(20 目)。

(3) 电动振荡器。

(4) 干洁玻璃板(5 cm×2 cm)。

(5) 层析缸[6(宽)×4(高)×25(长)，cm]

(6) 紫外分析灯,波长 365 nm,最好带暗室。

(7) 微量注射器。

(8) 旋转蒸发器或蒸发皿。

四、实验步骤

薄层层析(TLC 法)是测定黄曲霉毒素的经典方法,但存在特异性与灵敏度相对较差的不足,然而由于此法仪器、试剂来源方便,操作简单易行,易于普及,所以国内外仍在使用,其实验流程如图 1 所示。

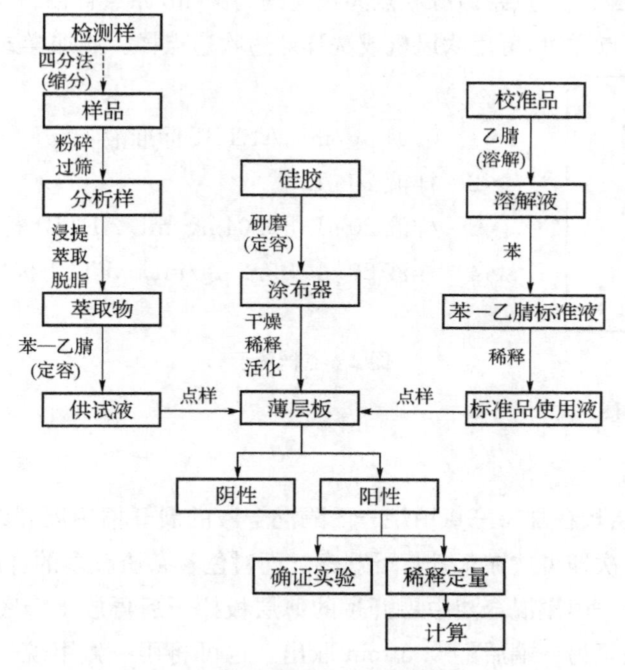

图 1　薄层层析(TLC)法流程图

(一) 取样

样品中应根据污染的程度取样,为避免取样带来的误差,必须大量取样,经粉碎混合均匀,采用多次四分法缩减至 0.5～1 kg,然后粉碎全部通过 20 目筛混匀。必要时每批样品取 3 份大样制成分析样品供分析测定用。如果样品脂肪含量超过 10%,粉碎前用乙醚脱脂,再制成分析用试样,但分析结果以未脱脂计算。

(二) 样品供试液的制备

称取 20 g 粉碎过筛样品于 250 mL 具塞锥形瓶中,用滴管加 6 mL 水使样品湿润,准确加入 60 mL 氯仿,振荡 30 min;过滤,取滤液 12 mL 于蒸发皿中,在 65 ℃水浴上挥干,再用苯—乙腈溶液转移至刻度试管中,并定容至 1 mL。

（三）薄层板的制备

称取约 3 g 硅胶，加相当于硅胶量 2～3 倍的水，用力研磨 1～2 min 至成糊状后立即倒入涂布器内，制成 5 cm×20 cm、厚度约 0.25 mm 的薄层板 3 块。在空气中干燥约 15 min，在 100 ℃活化 2 h，取出放干，于干燥器中保存。一般可保存 2～3 d，若放置时间较长，可再活化后使用。

（四）点样

将薄层板边缘附着的吸附剂刮净，在距离板下端 3 cm 的基线上用微量注射器滴加样液。一块板可滴加四个点，点距边缘和点间距离约为 1 cm，原点直径约 3 mm，在同一块上滴加点的大小应一致，点样时，可用吹风机或洗耳球边吹边点样。滴加样式如图 2。

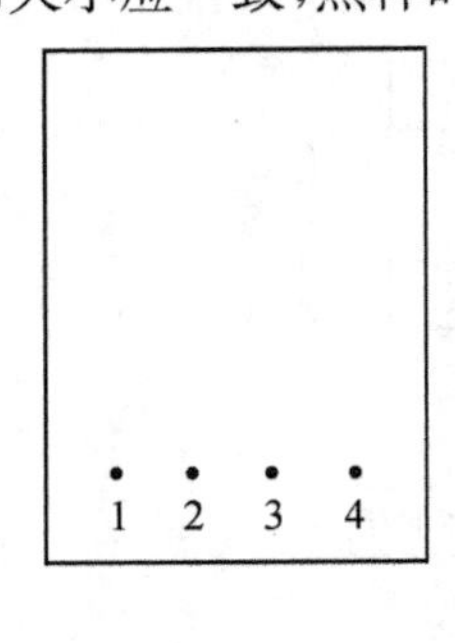

- 1　0.04 μg/mL AFTB1 标准液 10 μL
- 2　样液 20 μL
- 3　样液 20 μL+0.04 μg/mL AFTB1 标准液 10 μL
- 4　样液 20 μL+0.2 μg/mL AFTB1 标准液 10 μL

图 2　点样图示

（五）展开和观察

1. 展开

将点好样的薄层板在加有三氯甲烷—丙酮混合液的展开槽中展开约 12 cm。色素杂质较少的样品，这样一次即可放在紫外灯下观察。而对色素杂质较多的样品，必须进行二次展开，即将在三氯甲烷—丙酮混合液中展开过的薄层板挥干后再放于槽底铺有无水硫酸钠的乙醚中反向展开，展至另一端后经 0.5 min 取出。也可将用三氯甲烷—丙酮混合液展过的薄层板挥干在紫外灯下视 AFTB1 的荧光亮度及样液上疑似荧光点亮度加上足量三氟乙酸，反应 5 min 后再放于同一展开槽内反向展开至接近薄层板另一端，拿出挥干，在 365 nm 波长紫外灯下观察。使用苯—丙酮混合液代替三氯甲烷—丙酮混合液做展开剂（其比移值 R_f 约为 0.8），也有较好的分离效果。

2. 观察

第二点（样液）在第一、三、四点相应位置上不显蓝紫色荧光，则表示样品中黄曲霉毒素 B1 含量在 5 μg/kg（5 ppb）以下。如第二点（样液）在第一、三、四点相应位置上显示蓝紫色荧光，则需进行确证试验。

（六）确证试验

为了证实样液斑点荧光系由 AFTB1 所产生，可利用 AFTB1 在三氟乙酸作用下产生的衍生物 AFTB2a，极性增强，导致比移值 R_f 由原来的 0.6 变成 0.1 左右的特点，进一步确定。

由于 TFA 酸性较强，能使 AFTB1 水解成 AFTB2a，反应式如下：

$$\text{AFTB1} + H_2O \xrightarrow{TFA} \text{AFTB2a}$$

AFTB1　　AFTB2a

确证方法如下：

于薄层板左边依次滴加四个点：

第一点：16 μL 样品液；

第二点：10 μL 0.04 μg/mL 的黄曲霉毒素 B1 标准使用液；

在第一点和第二点上各加 TFA 1 小滴，反应 5 min 后，用电吹风吹热风 2 min（热风吹到薄层板上，但温度不高于 40 ℃）。用氯仿—丙酮（92∶8）展开，在紫外灯下观察。

第三点：16 μL 样品液；

第四点：10 μL 0.04 μg/mL 的黄曲霉毒素 B1 标准使用液。

如果第一、二点荧光斑点的 R_f 值相同（衍生物对照），第三、四点荧光斑点的 R_f 值也相同（衍生物空对照），则说明样液斑点的荧光系由 AFTB1 产生。

（七）稀释定量

样液中的 AFTB1 斑点的荧光强度如与其标准点的最低检出量（理论值为 0.000 4 μg）的荧光一致，则样品中 AFTB1 含量为 5 μg/kg(5 ppb)。如果样液中荧光强度比最低检出量强，则需根据其强度估计减少滴加微升数或将样液稀释后再点加不同微升数，直至样液点的荧光强度与最低检出量的荧光强度一致。滴加式样如下：

第一点：10 μL 0.04 μg/mL 的黄曲霉毒素 B1 标准使用液；

第二点：根据情况滴加 10 μL 样品液；

第三点：根据情况滴加 15 μL 样品液；

第四点：根据情况滴加 20 μL 样品液。

理论上，AFTB1 薄层色谱法的最低检出量为 0.000 4 μg，但由于个人的操作技术及薄层板的厚薄不同，所做实验的最低检出量不一定为 0.000 4 μg，可自行测定。测定的方法是：取活化后的薄层板，分别点淡标（0.04 μg/mL）5 μL、8 μL、10 μL、12 μL、15 μL，展开，观察（不需预展），找出自己实验条件下的最低检出量。按如下公式计算：

实际最低检出量(μg)＝出现最低检出量时的点样体积(mL)×0.04 μg/mL

（八）计算

$$AFTB1(\mu g/kg \text{或} ppb)=0.0004\times\frac{V_1}{V_2}\times D\times\frac{1000}{m}$$

式中：V_1——加入苯—乙腈混合液的体积(mL)；

V_2——出现最低检出量荧光时点加样液的体积(mL)；

D——样液的总稀释倍数；

m——用苯—乙腈混合液溶解时相当样品的质量(g)；

0.000 4——黄曲霉毒素 B1 的最低检出量(μg)。

（九）回收率测定

在阴性样品中加入一定量标准毒素，按测定样品的同样程序测定回收率。

五、实验注意事项

1. 避免采样带来的误差。样品中污染黄曲霉毒素高的颗粒可以左右测定结果，因此为了避免取样带来的误差，必须大量取样，并粉碎混合均匀，才可能得到能代表一批样品的相对可靠的结果，同时每批样品最好采三份大样供分析测定，以观察所采样品是否具有一定的代表性。

2. 对局部发霉变质的样品要检验时，应单独取样检验。

六、思考题

1. 饲料霉菌毒素常见的有哪些？分析对畜牧养殖业的危害。
2. 如何预防饲料霉菌毒素的污染？
3. 饲料霉菌毒素检测方法有哪些？分析其优缺点。

附 1 快速分析饲料霉菌毒素方法——酶联免疫吸附法

酶联免疫吸附法由于不需要前期的净化过程，大部分操作在 96 或 48 微孔板上进行，通过结合酶标仪完成定量检测，可以在较短的时间内完成大量样品的分析，具有快速、灵敏、准确、可定量、操作简便、无需贵重仪器设备，且对样品纯度要求不高等特性，适合作为大量阴性样品的快速筛选。同时可作为现场检测的重要手段，特别适用于饲料厂进行原料或成品的检测。

一、实验原理

酶联免疫吸附分析法(ELISA)检测伏马菌素、黄曲霉毒素、赭曲霉毒素、脱氧雪腐镰刀菌烯醇、T－2 毒素检测应用固相直接竞争酶联免疫吸附原理，用 70％甲醇(检测脱氧雪腐镰刀菌烯醇加 25 mL 蒸馏水萃取) 从研磨样品中提取毒素。萃取出的样品液与酶标记的伏马菌素、黄曲霉毒素、赭曲霉毒素、脱氧雪腐镰刀菌烯醇、T－2 毒素混合加入到抗体包被的微孔中，样品及标准品中的毒素与酶联耦合剂竞争结合孔中的特异抗体。经过洗涤后，当酶的底物加入到微孔中，颜色变为蓝色，且颜色深浅与样品中毒素含量成反比。加入反应终止液终止反应后，颜色应由蓝色转为黄色。在 450 nm 或 630 nm 的滤镜下使用酶标仪对微孔板进行光学测量。将样品与标准品的光密度值进行比较后确定得出结果。

二、实验仪器与试剂

黄曲霉毒素 B1 检测试剂盒(1～20.0 μg/kg)、玉米赤霉烯酮检测试剂盒、呕吐毒素检测试剂盒、伏马毒素检测试剂盒、赭曲霉毒素 A 检测试剂盒、T－2 毒素检测试剂盒、液晶显示酶标仪(230V，50～60Hz)、酶标板。

三、实验步骤

1. 样品萃取

(1) 固样样品萃取　磨碎样品使得 75％的样品能通过 20 目筛网，将磨碎的样品混合均匀，称取 5 g 磨碎的样品放入一个干净的可以封紧瓶口的试管中。加入 25 mL 70％的甲醇溶液，并将瓶口封紧。剧烈摇动混合 3 min。静置，收集上清液可直接用于分析。

(2) 液体样品萃取　量取 5 mL 液体样品放入一干净的试管中，加入 20 mL 88%的甲醇溶液，并将试管口封紧，剧烈摇动或混合 3 min。试管中混匀的样品可直接用于分析。

(3) 油类样品　量取 5 mL 的油样放入一干净的试管，加入 25 mL 70%的甲醇溶液，并将试管口封紧，剧烈摇动或混合 3 min。静置让混合样分为两相，取醇水相用于分析。

2. 检测

加 100 μL 酶联耦合剂至每个蓝色的稀释孔中。加 50 μL 标准品和样品到已装有 100 μL酶标记物的稀释孔中。移取每个稀释孔中液体各 100 μL 至相应的抗体包被的微孔中，室温下孵育 15 min。将孔中的液体倒入废液瓶中，用去离子水或蒸馏水冲洗每个孔，反复冲洗 5 次。向每个微孔中加入 100 μL 底物，室温下孵育 5 min。向每个微孔中加入 100 μL 停止液。用酶标仪 450 nm 滤镜及差接滤波器 630 nm 读取结果。

3. 结果计算

样品毒素含量 (mg/kg 或 μg/kg)＝仪器读数×稀释倍数

4. 确证实验

取阳性样品，应用液相色谱—质谱联用仪或薄层法进行确证实验。

四、实验注意事项

检测试剂盒适宜在 0～7 ℃条件下保存。饲料或粮食霉菌毒素属于极微量物质检测，取样影响检测结果，固体样取样严格按照 GB/T 14699.1－2005《饲料采样》要求进行采样；显色时间必须控制在 5 min，过短或过长对测定结果都有较大的影响。

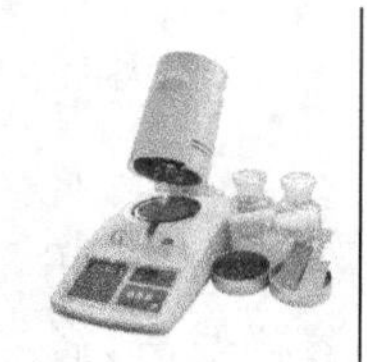

附 2 液相色谱—串联质谱法测定饲料中霉菌毒素

由于主要霉菌毒素的分离和检测条件较为一致，采用免疫亲和柱或 C18 净化后，液相色谱—串联质谱定量测定被广泛用于不同种类霉菌毒素的检测。与传统的紫外和荧光检测器相比，质谱检测器具有更高的选择性和灵敏度，而且该方法不需要衍生化及净化，省时高效。同时伏马菌素由于没有荧光特性和紫外特征吸收峰，适合采用该方法。

一、实验原理

样品经甲醇水溶液浸提，通过混合型阳离子交换固相萃取柱净化，以液相色谱—串联质谱仪对饲料霉菌毒素进行定性和定量分析，属于确证方法。

二、实验仪器与试剂

1. 主要仪器：液相色谱仪，串联质谱仪（Waters 公司），冷冻离心机（Sigma 公司），旋涡混匀器，电子天平，12 位水浴型氮吹仪，20 通道固相萃取装置，TC—M160 多功能净化柱。

2. 主要试剂：黄曲霉毒素 B1、B2、G1、G2 标准品（纯度≥99%），玉米赤霉烯酮标准品（纯度≥99%），T—2 毒素标准品（纯度≥99%），乙腈（色谱纯），甲醇（色谱纯），甲酸（分析纯），超纯水等。

三、实验方法

1. 标准溶液

取适量标准品，用甲醇配制成 100 mg/L 储备液，于−20 ℃保存。用 V(甲醇)∶V(水)＝70∶30 稀释标准储备液配制成 0.5 μg/L、1 μg/L、2 μg/L、5 μg/L、10 μg/L、20 μg/L、50 μg/L 标准工作溶液。

2. 样品的提取

称取(5±0.02)g 试样于 50 mL 比色管中，准确加入 25 mL V(甲醇)∶V(水)＝7∶3 的溶液进行提取，涡旋混匀 2 min，置于超声波清洗器中超声提取 20 min，中间振荡 2～3 次。

取出用定量滤纸过滤于 50 mL 离心管中 10 000 r/min 离心 10 min，倾出上清液至分液漏斗中，加 15 mL 正己烷脱脂；待静止分层后，取下层溶液备用。

3. 样品净化

取多功能净化柱，置固相萃取装置上，准确量取下层溶液 5 mL，控制流速为 2 mL/min 左右，抽干，收集流出液，在 60 ℃下氮气吹干。用 1 mL 乙腈一水（1∶1，*V*/*V*）溶解残渣，涡旋 30 s，经 0.22 μm 滤膜过滤，待测。

4. 色谱—质谱条件

Waters Atlantisd C18 柱色谱柱（150 mm×3.0 mm，3.0 μm），柱温 33 ℃，进样量20 μL。ESI+与 ESI—模式流动相的流速分别为 0.25 mL/min 和 0.30 mL/min，梯度洗脱。电喷雾离子源（ESI），离子源温度 120 ℃，脱溶剂温度 380 ℃，脱溶剂气和锥孔气均为 N_2，其中脱溶剂气流速为 550 L/h，锥孔气流速为 50 L/h，光电倍增器电压 650 V。黄曲霉毒素和单端孢霉烯族 A 类毒素采用正离子监测方式，毛细管电压 3.0 kV，萃取电压 2 V；玉米赤酶烯酮采用负离子监测方式，毛细管电压为 3.0 kV，萃取电压 2 V。碰撞气为高纯氩气，控制碰撞室压力为 300 Pa。采用 MRM 多反应监测方式。母离子（Q1）/子离子（Q3）离子对均设为单位分辨，各离子对的驻留时间（Dwelltime）均为 100 ms。

5. 标准曲线和检测限

选择系列标准溶液，按建立的仪器条件进行测定。采用空白样品中添加目标化合物的方法测定，以 10 倍信噪比为定量限（LOD），以 3 倍信噪比为检测限（LOQ），得到本方法霉菌毒素的 LOD 和 LOQ。分别以选定的定量离子峰面积 *Y* 对含量 *X*（μg/L）做标准曲线。

6. 加标回收率及精密度

采用经测定不含有霉菌毒素的样品作为空白样品，样品添加 3 个不同浓度的混合标准溶液（加标浓度范围在 0.5～50 μg/L 之间），每个浓度点取 6 份样品，按本方法进行实验，用液相色谱—串联四极杆质谱进行测定，求其平均回收率，并计算批内相对标准偏差。

四、实验注意事项

1. 质谱条件优化　由于玉米赤霉烯酮、黄曲霉毒素和单端孢霉烯族 A 类毒素属于脂溶性化合物，极性较弱，采用电喷雾电离（ESI）离子源更易操作和维护。

2. 液相色谱条件的优化　由于电喷雾质谱的电离是在溶液状态电离，因此流动相的组成和配比不但影响目标化合物的色谱行为，还会影响目标化合物的离子化效率，从而影响灵敏度。

在正离子模式下，流动相中加入 0.1% 甲酸；在负离子模式下，流动相中加入 0.02%乙酸，均有利于化合物的离子化。

3. 由于霉菌毒素的提取主要以甲醇、乙腈及它们与水的混合溶液为提取剂，不同体积比的提取液影响提取效率。

4. 固相萃取净化方法是复杂基质中痕量检测进行净化的常用方法，选择多功能净化柱净化效果较好，同时应考虑回收率的稳定性问题。

5. 霉菌毒素及其类似物浓度在 2.0～200.0 μg /L 范围内时检测方法呈现良好的线性关系。

实验十九 饲料中微量元素（铁、铜、锰、锌）含量的测定

原子吸收光谱法

一、实验目的

铁、铜、锰、锌是动物必需的微量元素，在动物饲料中添加这些物质的目的是满足动物的营养需要与保证更好的生产性能。为了饲料企业和养殖单位科学合理使用这类添加剂，提高饲料和养殖产品质量安全水平，保护生态环境，促进饲料产业和养殖业持续健康发展，农业部第 1224 号公告规定了铁、铜、锰、锌在不同用途饲料中推荐用量与最高限量。这为饲料生产企业生产合格的产品提出了新的要求，也为饲料质检部门提供了执法依据。

二、实验原理

将饲料样本经(550±10)℃灰化，再用一定浓度的盐酸溶解残渣后并稀释定容至一定体积生成待测溶液。原子吸收光谱法是通过特定光源（如铜灯）辐射出具有待测元素（如铜）特征谱线的光，此特征光通过试样蒸气时被蒸气中的待测元素（如铜）的基态原子所吸收，由辐射特征谱线的光被减弱的程度来测定试样中待测定元素（如铜）的含量。

本方法适用于所有动物饲料与原料中的铁、铜、锰、锌的测定。

三、实验仪器与试剂

（一）仪器设备

1. 实验室用样品粉碎机。
2. 分析天平：感量为 0.1 mg。
3. 坩埚：铂金、石英或瓷质坩埚。使用前用 1∶3 盐酸溶液煮沸，并用去离子水清洗。
4. 高温炉（又称马弗炉）：温度能控制在(550±15)℃。
5. 原子吸收光谱仪及附属设备一套。测定 Fe、Cu、Mn、Zn 所用空心阴极灯。
6. 容量瓶等。

7. 定量滤纸:中速,7~9 cm。

(二) 试剂与溶液

除非特殊规定外,仅使用分析纯试剂。

1. 水:应符合 GB/T 682 三级用水。

2. 浓硝酸。

3. 盐酸:$c(HCl)=12$ mol/L。

4. 盐酸溶液:1∶3(V∶V)。

5. Fe、Cu、Mn、Zn 标准储备溶液:

取 100 mL 水、125 mL 12 mol/L 的盐酸于 1 L 容量瓶中,混匀。分别称取下列试剂:392.9 mg 硫酸铜($CuSO_4 \cdot 5H_2O$),702.2 mg 硫酸亚铁铵[$(NH_4)_2SO_4 \cdot FeSO_4 \cdot 6H_2O$],307.7 mg 硫酸锰($MnSO_4 \cdot H_2O$)与 439.8 mg 硫酸锌($ZnSO_4 \cdot 7H_2O$)。将上述试剂加入容量瓶中,溶解后用水定容至刻度。此储备液含 Fe、Cu、Mn、Zn 量各为 100 μg/mL。

注:目前市场有 Fe、Cu、Mn、Zn 标准储备液出售,浓度为 1 mg/mL。

6. Fe、Cu、Mn、Zn 标准使用液:

取 6 个 100 mL 容量瓶,依次加标准储备液 0 mL、2 mL、4 mL、6 mL、8 mL、10 mL,用去离子水定容至100 mL。配制成 Fe、Cu、Mn、Zn 含量为 0 μg/mL、2 μg/mL、4 μg/mL、6 μg/mL、8 μg/mL、10 μg/mL 的标准使用液,用于标准曲线的测定与制作,或用市售标准储备按一定稀释倍数配制成上述浓度。

四、实验步骤

1. 样品采集与制备

取具有代表性的试样用四分法缩减至 200 g,粉碎至 40~60 目,装入密封容器中待用。

2. 试样分解液制备

称取试样 1.5~2.5 g 于坩埚中,准确至 0.1 mg,在电炉上低温炭化至无烟为止。坩埚小心放入高温炉,在(550±15)℃下灰化 3 h,如果灰化不完全,则在试样上滴加数滴去离子水,然后再将坩埚放入高温炉中灰化 2 h。冷却后在盛有灰分的坩埚中加 10 mL 盐酸溶液和浓硝酸数滴,小心煮沸,在加热期间务必避免内容物溅出。将此溶液过滤转入 100 mL 容量瓶中,以热去离子水充分洗涤坩埚及漏斗中滤纸,冷却至室温后,用去离子水定容至刻度,混匀,此溶液为试样分解液。注意:待测溶液中元素含量控制在 2~8 μg/mL之间。

3. Fe、Cu、Mn、Zn 的测定

1) 测定条件

按照仪器说明要求调节原子吸收光谱仪的测定条件。安装待测元素的光源空心阴极灯(如铜灯)。设定测定条件:选择待测元素与测量波长。Fe:248.3 nm;Cu:324.8 nm;Mn:

279.5 nm；Zn:213.8 nm。空气－乙炔流量一般为 1.0～4.5 L/min。开启冷却水，最后点火进入测定程序，每次只能选择一种元素。

2）Fe、Cu、Mn、Zn 标准工作曲线测定

在仪器相关程序中，按标准液的浓度由低到高的顺序输入标准浓度，依次测定各溶液的吸光度，形成工作曲线。

3）待测溶液的测定

在工作曲线生成后，在相同条件下依次测定待测溶液，最后按标准工作曲线计算待测溶液的元素含量。

4. 结果表示

根据标准工作曲线计算出待测溶液中元素含量，再根据样品分解液的稀释倍数计算待测样本中元素实际含量，并以 mg/kg 表示最终测定结果。

5. 实验流程

实验流程见图 1。

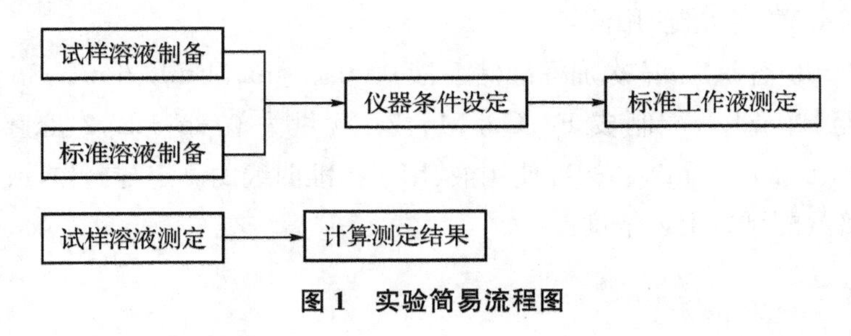

图 1　实验简易流程图

五、实验注意事项

1. 样品灰化分解时要充分，否则影响测定结果。
2. 标准工作溶液配制准确，工作曲线的吸光率与浓度的相关系数达 0.999 以上。
3. 样品待测液中元素含量应控制在仪器要求的测定范围之内。否则，无法进行测定。

六、思考题

1. 原子吸收光谱法测定原理是什么？
2. 如何保证测定结果的准确性？

附 日立－2000 原子吸收分光光度计基本操作流程

1. 确认水、电、气。确认并安装元素灯。

2. 开启电脑，进入 XP 系统后打开主机电源，打开通风。在桌面上点击图标启动 AAS 软件。

3. 点击图标，在屏幕右边可看到连接进度指示条(约半分钟)，仪器与电脑建立连接。状态指示为 READY。

4. 点击图标，进入方法设置窗口。

5. 在 Method setup 下点击 Measurement mode，选择 Measurement mode 为 FLAME，Sample Introduction 为 Manual。其他项的内容根据需要填写。

6. 依次设置 Element 元素，Instrument set(仪器设置条件)，Analytical condition(分析条件)，Standard table(标准样品表)，Sample table(未知样品表)，QC(质控)，Report format(报告格式)等项目。

7. 点击图标，确认分析的条件。

8. 点击图标，在 Instrument tool 下点击 Set conditions，稳定仪器 15 min。

9. 打开冷却水，空压机和乙炔气。(设置空气压力：500 kPa，乙炔压力：90 kPa，水流量>0.5 L/min)

10. 按面板上的红色点火按钮 FLAME ON/OFF。在每天的第一次将弹出要求检查气体泄漏，点击确认 Leak Test (Gas Controller)进行气路的检漏。在检漏结束后，再次按该按钮，火焰点燃。吸喷去离子水清洁雾化室。

11. 点击图标，准备测量。

12. 点击图标，根据屏幕提示依次测量标准和样品。

13. 测量结束后按End结束工作。

14. 吸喷去离子水 15 min。

15. 再次按面板上的红色点火按钮 FLAME ON/OFF 关闭火焰。关闭乙炔和空气以及冷却水，清洁雾化室和燃烧头。（注意：① 要放掉压缩机内的空气。② 要更换废液槽内的废液）

16. 点击数据图标，处理数据并打印报告。

实验二十 饲料中维生素 A、E、D_3 的测定

高效液相色谱法

维生素是一类动物代谢所必需且需要量极少的低分子有机化合物，体内一般不能合成，必须由饲料提供或由饲料提供维生素的前体物。在集约化饲养模式下，饲料中添加一定量的脂溶性维生素 A、E 与 D_3 才能保证动物的生产能力正常发挥。因动物品种差异、生产目的与生理状态不同，维生素 A、E 与 D_3 需要量也不尽一致。同样，因饲料生产者执行的标准不同，饲料中的维生素添加量也存在差异。评价饲料中维生素 A、E 与 D_3 的含量已是饲料检验的必测内容。

饲料中维生素 A 的测定

一、实验目的

高效液相色谱法测定饲料中维生素 A 含量是国家标准推荐测定方法。掌握高效液相色谱测定饲料中维生素 A 含量的方法对保证饲料产品质量具有十分重要的意义。本方法适用于配合饲料、浓缩饲料、复合预混料、维生素预混料中维生素 A 的测定。测量范围为每千克试样中含维生素 A 在 1 000 IU 以上。

二、实验原理

用碱溶液皂化试验试样后，用乙醚将维生素 A 提取出来，蒸除溶剂，残渣溶于适当溶剂，注入高效液相色谱仪分离，在波长 326 nm 条件下测定，用外标法计算维生素 A 含量。

三、试剂与溶液

除特殊注明外，本标准所用试剂均为分析纯，水为蒸馏水，色谱用水符合 GB/T 6682 中一级用水规定。

1）无水乙醚（无过氧化物）。

① 过氧化物检查方法:用 5 mL 乙醚加 1 mL 10 g/L 碘化钾溶液,振摇 1 min,如有过氧化物则放出游离碘,水层呈黄色;如加 5 g/L 淀粉指示液,水层呈蓝色。该乙醚需处理后使用。

② 去除过氧化物的方法:乙醚用 5 g/L 硫代硫酸钠溶液振摇,静置,分取乙醚层,再用蒸馏水振摇,洗涤两次,重蒸,弃去首尾 5%部分,收集馏出的乙醚,再检查过氧化物,应符合规定。

2) 无水乙醇。

3) 正己烷:色谱纯。

4) 异丙醇:色谱纯。

5) 甲醇:色谱纯。

6) 2,6-二叔丁基对甲酚(BHT)。

7) 无水硫酸钠。

8) 碘化钾溶液:100 g/L。

9) 淀粉指示剂:5 g/L。

10) 硫代硫酸钠:50 g/L。

11) 氢氧化钾:500 g/L。

12) 抗坏血酸乙醇溶液:5 g/L。取 0.5 g L-抗坏血酸结晶纯品溶解于 4 mL 温热的蒸馏水中,用无水乙醇稀释至 100 mL,临用前配制。

13) 酚酞指示剂:10 g/L。

14) 维生素 A 乙酸酯标准品:维生素 A 乙酸酯含量≥99.0%。

15) 维生素 A 标准溶液

① 维生素 A 标准储备液:准确称取维生素 A 乙酸酯标准品 34.4 mg(精确至 0.000 01 g)于皂化瓶中,按分析步骤皂化和提取,将乙醚提取液全部浓缩蒸发至干,用正己烷溶解残渣置入 100 mL 棕色容量瓶中并稀释至刻度,混匀,4 ℃保存。该贮备液浓度为 344 μg/mL(1 000 IU/mL)。

② 维生素 A 标准工作液:准确吸取 1.00 mL 维生素 A 标准贮备液,用正己烷稀释 100 倍;若用反相色谱测定,将 1.00 mL 维生素 A 标准贮备液置入 100 mL 棕色容量瓶中,用氮气吹干,用甲醇稀释至刻度,混匀。此标准工作液浓度为 3.44 μg/mL (10 IU/mL)。

16) 氮气(纯度 99.9%)。

四、仪器与设备

1) 实验室常用仪器、设备。

2) 圆底烧瓶,带回流冷凝器。

3) 旋转蒸发器。

4) 超纯水器。

5）高效液相色谱仪，带紫外检测器。

五、实验步骤

1）试样采集与制备：采集具有代表性的饲料样 500 g，四分法缩至 100 g，磨碎，全部通过 0.28 mm 孔筛，混匀，装入密闭容器中，避光低温保存备用。

2）实验步骤

（1）试样溶液的制备

① 皂化：称取配合饲料或浓缩饲料 10 g，精确至 0.001 g，维生素预混合饲料或复合预混合饲料 1～5 g，精确至 0.000 1 g，置入 250 mL 圆底烧瓶中，加 50 mL L-抗坏血酸乙醇溶液，使试样完全分散、浸湿，另加 10 mL 氢氧化钾溶液，混匀。置于沸水浴上回流 30 min，不时振荡，防止试样黏附在瓶壁上，皂化结束，分别用 5 mL 无水乙醇、5 mL 水自冷凝管顶端冲洗其内部，取出烧瓶冷却至约 40 ℃。

② 提取：定量转移全部皂化液于盛有 100 mL 无水乙醚的 500 mL 分液漏斗中，用 30～50 mL 蒸馏水分 2～3 次冲洗圆底烧瓶并入分液漏斗，加盖，放气，随后混合，激烈振荡 2 min，静置分层。转移水相于第二个分液漏斗中，分次用 100 mL、60 mL 乙醚重复提取两次，弃去水相，合并三次乙醚相。用蒸馏水每次 100 mL 洗涤乙醚提取液至中性，初次水洗时轻轻旋摇，防止乳化。乙醚提取液通过无水硫酸钠脱水，然后转移到 250 mL 棕色容量瓶中，加 100 mg BHT 使之溶解，用乙醚定容至刻度（V_1）。以上操作均在避光通风柜内进行。

③ 浓缩：从乙醚提取液（V_1）中分取一定体积（V_2）（依据样品标示量、称样量和提取液量确定分取量）置于旋转蒸发器烧瓶中，在水浴温度约 50 ℃，部分真空条件下蒸发至干或用氮气吹干，残渣用正己烷溶解（反相色谱用甲醇溶解），并稀释至 10 mL（V_3）使其维生素 A 最后浓度为每毫升 5～10 IU，离心或通过 0.45 μm 过滤膜过滤，收集清液移入 2 mL 小试管中，用于高效液相色谱仪分析。以上操作均在避光通风柜内进行。

（2）测定

① 高效液相色谱条件

a. 正相色谱：

色谱柱：硅胶 Lichrosorb Si60，柱长 12.5 cm，内径 4 mm，粒度 5 μm（或性能类似的分析柱）。

流动相：正己烷＋异丙醇（98∶2；V∶V）。

流速：1.0 mL/min，恒量流动。

温度：室温。

进样量：20 μL。

检测器：紫外检测器，检测波长 326 nm。

b. 反相色谱：

色谱柱：C18 型柱，柱长 12.5 cm，内径 4 mm，粒度 5 μm（或性能类似的分析柱）。

流动相:甲醇+异丙醇(95∶5;V∶V)。

流速:1.0 mL/min,恒量流速。

温度:室温。

进样量:20 μL。

检测器:紫外检测器,检测波长 326 nm。

②定量测定:按高效液相色谱仪说明书调整仪器操作参数,向色谱柱注入相应的维生素A 标准工作液和试样溶液,得到色谱峰面积响应值(P_2 与 P_1),用外标法定量测定。

3) 测定结果计算

试样中维生素 A 的含量,以质量分数 X_1 计,数值以国际单位每千克(IU/kg)或毫克每千克(mg/kg)表示,按公式(1)计算:

$$X_1=\frac{P_1\times V_1\times V_3\times \rho_1}{P_2\times m_1\times V_2\times f_1}\times 1\,000 \tag{1}$$

式中:P_1——试样溶液峰面积响应值;

V_1——提取液总体积(mL);

V_3——产品样溶液最终体积(mL);

ρ_1——维生素 A 标准工作液浓度(μg/mL);

P_2——维生素 A 标准工作液峰面积响应值;

m_1——试样质量(g);

V_2——从提取液(V_1)中分取的溶液体积(mL);

f_1——转换系数,1 IU 相当于 0.344 μg 维生素 A 乙酸酯,或 0.300 μg 视黄醇活性。

平行测定结果用算术平均数表示,保留 3 位有效数字。

4) 重复性检验

同一分析者对同一试样同时两次平行测定(或重复测定)所得结果相对偏差见表 1。

表 1 相对偏差

维生素 A 含量(IU/kg)	相对偏差(%)
$1.00\times10^3\sim1.00\times10^4$	±20
$1.00\times10^4\sim1.00\times10^5$	±15
$1.00\times10^5\sim1.00\times10^6$	±10
$>1.00\times10^6$	±5

5）实验流程

实验流程见图 1。

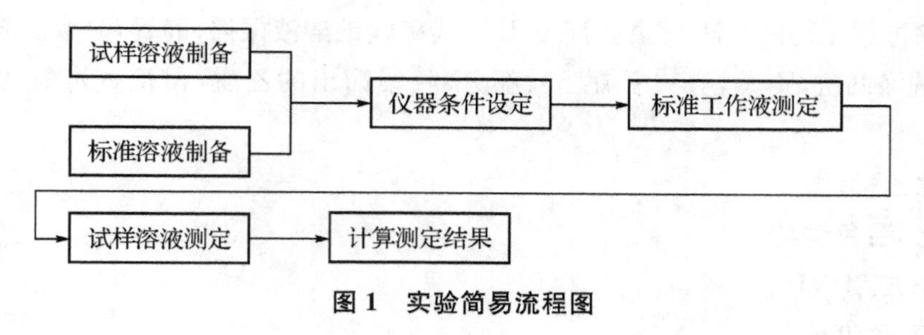

图 1 实验简易流程图

六、实验注意事项

在试样皂化时，应防止试样黏附在瓶壁上，否则测定结果偏低。选择不同型号色谱柱其色谱条件可能相应改变。必要时根据色谱柱说明进行调整。

七、思考题

1. 维生素 A 的测定原理是什么？
2. 如何保证试样中维生素 A 提取完全？
3. 如何判定测定结果的准确性？

饲料中维生素 D_3 的测定

一、实验目的

本方法适用于配合饲料、浓缩饲料、复合预混料、维生素预混料中维生素 D_3 的测定。测量范围为每千克试样中含维生素 D_3 在 500 IU 以上。

二、实验原理

用碱溶液皂化试样后，用乙醚将维生素 D_3 提取出来，蒸发乙醚，残渣溶解于甲醇并将部分溶液注入高效液相色谱反相净化柱，收集含维生素 D_3 淋洗液，蒸发至干，溶解于适当溶剂中，注入高效液相色谱分析柱。在 264 nm 处测定，外标法计算维生素 D_3 含量。

三、试剂与溶液

除特殊注明外，本标准所用试剂均为分析纯，水为蒸馏水，色谱用水为高纯水。

1）无水乙醚（无过氧化物）。

① 过氧化物检查方法：用 5 mL 乙醚加 1 mL 10 g/L 碘化钾溶液，振摇 1 min，如有过氧

化物则放出游离碘，水层呈黄色；如加 5 g/L 淀粉指示液，水层呈蓝色。该乙醚需处理后使用。

② 去除过氧化物的方法：乙醚用 5 g/L 硫代硫酸钠溶液振摇，静置，分取乙醚层，再用蒸馏水振摇，洗涤两次，重蒸，弃去首尾 5% 部分，收集馏出的乙醚，再检查过氧化物，应符合规定。

2）无水乙醇。

3）正己烷：色谱纯。

4）1,4-二氧六环。

5）甲醇：色谱纯。

6）2,6-二叔丁基对甲酚(BHT)。

7）无水硫酸钠。

8）碘化钾溶液：100 g/L。

9）淀粉指示剂：5 g/L(现配现用)。

10）硫代硫酸钠：50 g/L。

11）氢氧化钾：500 g/L。

12）抗坏血酸乙醇溶液：5 g/L。取 0.5 g L-抗坏血酸结晶纯品溶解于 4 mL 温热的蒸馏水中，用无水乙醇稀释至 100 mL，临用前配制。

13）酚酞指示剂：10 g/L。

14）氯化钠溶液：100 g/L。

15）维生素 D_3 标准品：维生素 D_3 含量≥99.0%。

16）维生素 D_3 标准溶液

① 维生素 D_3 标准储备液：准确称取 50 mg 维生素 D_3 标准品(胆钙化醇)(精确至 0.000 01 g)于 50 mL 棕色容量瓶中，用正己烷溶解并稀释至刻度，混匀，4 ℃保存。该贮备液浓度为 1.0 mg/mL。

② 维生素 D_3 标准工作液：准确吸取维生素 D_3 标准贮备液，用正己烷按1∶100 比例稀释，若用反相色谱测定，将 1.0 mL 维生素 D_3 标准贮备液置入 10 mL 棕色容量瓶中，用氮气吹干，用甲醇稀释至刻度，混匀，再按比例稀释，该标准工作液浓度为 10 μg/mL。

17）氮气(纯度 99.9%)。

四、仪器与设备

1）实验室常用仪器、设备。

2）圆底烧瓶，带回流冷凝器。

3）旋转蒸发器。

4）超纯水器。

5）高效液相色谱仪，带紫外可调波长检测器。

五、实验步骤

1）试样采集与制备：采集具有代表性的饲料样 500 g，四分法缩至 100 g，磨碎，全部通过 0.28 mm 孔筛，混匀，装入密闭容器中，避光低温保存备用。

2）实验步骤

（1）试样溶液的制备

① 皂化：称取试样，配合饲料 10～20 g，浓缩饲料 10 g，精确至 0.001 g，维生素预混合饲料或复合预混合饲料 1～5 g，精确至 0.000 1 g，置入 250 mL 圆底烧瓶中，加 50～60 mL L-抗坏血酸乙醇溶液，使试样完全分散、浸湿，加 10 mL 氢氧化钾溶液，混合均匀，置于沸水浴上回流 30 min，不时振荡防止试样黏附在瓶壁上，皂化结束，分别用 5 mL 无水乙醇、5 mL 水自冷凝管顶端冲洗其内部，取出烧瓶冷却至约 40 ℃。

② 提取：定量转移全部皂化液于盛有 100 mL 无水乙醚的 500 mL 分液漏斗中，用 30～50 mL 蒸馏水分 2～3 次冲洗圆底烧瓶并入分液漏斗，加盖，放气，随后混合，激烈振荡 2 min，静置分层。转移水相于第二个分液漏斗中，分次用 100 mL、60 mL 乙醚重复提取两次，弃去水相，合并三次乙醚相。用氯化钠溶液 100 mL 洗涤一次，再用水每次100 mL洗涤乙醚提取液至中性，初次水洗时轻轻旋摇，防止乳化。乙醚提取液通过无水硫酸钠脱水，转移到 250 mL 棕色容量瓶中，加 100 mg BHT 使之溶解，用乙醚定容至刻度（V_1）。以上操作均在避光通风柜内进行。

③ 浓缩：从乙醚提取液（V_1）中分取一定体积（V_2）（依据样品标示量、称样量和提取液量确定分取量）置于旋转蒸发器烧瓶中，在部分真空、水浴温度 50 ℃的条件下蒸发至干，或用氮气吹干。残渣用正己烷溶解（需净化时用甲醇溶解），并稀释至10 mL（V_3），使其获得的溶液中每毫升含维生素 D_3 2～10 μg（80～400 IU），离心或通过0.45 μm过滤膜过滤，收集清液移入 2 mL 小试管，用于高效液相色谱仪分析。以上操作均在避光通风柜内进行。

（2）高效液相色谱净化柱净化

用 5 mL 甲醇溶解圆底烧瓶中的残渣，向高效液相色谱净化柱中注射 0.5 mL 甲醇溶液（按“饲料中维生素 A 的测定”所述色谱条件，以维生素 D_3 标准甲醇溶液流出时间 ±0.5 min），收集含维生素 D_3 的馏分于 50 mL 小容量瓶中，蒸发至干（或用氮气吹干），溶解于正己烷中。

所测样品的维生素 D_3 标示量在每千克超过 10 000 IU 范围时，可以不使用高效液相色谱净化柱，直接用分析柱分析。

（3）测定

① 高效液相色谱净化条件

色谱净化柱：Lichrosorb RP—8，长 25 cm，内径 10 mm，粒度 10 μm。

流动相：甲醇＋水（90∶10；V∶V）。

流速：2.0 mL/min。

温度：室温。

检测波长：264 nm。

② 高效液相色谱分析条件

a. 正相色谱：

色谱柱：硅胶 Si60，柱长 12.5 cm，内径 4.6 mm，粒度 5 μm(或性能类似的分析柱)。

流动相：正己烷+1,4-二氧六环(97∶3；V∶V)。

流速：1.0 mL/min，恒量流动。

温度：室温。

进样量：20 μL。

检测器：紫外检测器，检测波长 264 nm。

b. 反相色谱：

色谱柱：C18 型柱，柱长 12.5 cm，内径 4 mm，粒度 5 μm(或性能类似的分析柱)。

流动相：甲醇+水(95∶5；V∶V)。

流速：1.0 mL/min，恒量流动。

温度：室温。

进样量：20 μL。

检测器：紫外检测器，检测波长 264 nm。

③ 定量测定：按高效液相色谱仪说明书调整仪器操作参数，为准确测量，按要求对分析柱进行系统适应性试验，使维生素 D_3 与维生素 D_3 原或其他峰之间有较好分离度，其 $R \geqslant 1.5$。向色谱柱注入相应的维生素 D_3 标准工作液和试样溶液，得到色谱峰面积响应值，用外标法定量测定。

3) 测定结果计算

试样中维生素 D_3 的含量，以质量分数 X_1 计，数值以国际单位每千克(IU/kg)或毫克每千克(mg/kg)表示，按式(2)计算：

$$X_1 = \frac{P_1 \times V_1 \times V_3 \times \rho_1 \times 1.25}{P_2 \times m_1 \times V_2 \times f_1} \times 1\,000 \tag{2}$$

式中：P_1——试样溶液峰面积响应值；

V_1——提取液总体积(mL)；

V_3——产品样溶液最终体积(mL)；

ρ_1——维生素 D_3 标准工作液浓度(μg/mL)；

P_2——维生素 D_3 标准工作液峰面积响应值；

m_1——试样质量(g)；

V_2——从提取液(V_1)中分取的溶液体积(mL)；

f_1——转换系数，1 IU 维生素 D_3 相当于 0.025 μg 胆钙化醇。

注:维生素 D_3 对照品与试样同样皂化处理后,所得标准溶液注入高效液相色谱分析柱以维生素 D_3 峰面积计算不乘 1.25。

平行测定结果用算术平均数表示,保留 3 位有效数字。

4) 重复性检验

同一分析者对同一试样同时进行两次平行测定(或重复测定)所得结果相对偏差见表 2。

表 2 相对偏差

维生素 D_3 含量(IU/kg)	相对偏差(%)
1.00×10^3～1.00×10^5	±20
1.00×10^5～1.00×10^6	±15
$>1.00\times10^6$	±10

5) 实验流程

实验流程见图 2。

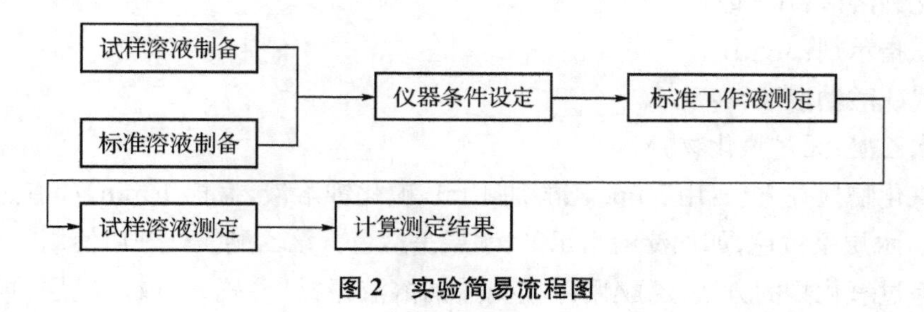

图 2 实验简易流程图

六、实验注意事项

在试样皂化时,应防止试样黏附在瓶壁上,否则测定结果偏低。选择不同型号色谱柱其色谱条件可能相应改变。必要时根据色谱柱说明进行调整。

七、思考题

1. 维生素 D_3 的测定原理是什么?
2. 如何保证试样中维生素 D_3 提取完全?
3. 如何判定测定结果的准确性?

饲料中维生素 E 的测定

一、实验目的

高效液相色谱法测定饲料中维生素 E 含量是国家标准推荐测定方法。掌握高效液相色谱测定饲料中维生素 E 含量的测定方法对保证饲料产品质量具有十分重要的意义。本方法适用于配合饲料、浓缩饲料、复合预混料、维生素预混料中维生素 E(dl-α-生育酚)的测定。测量范围为每千克试样中含维生素 E 在 1 mg 以上。

二、实验原理

用碱溶液皂化试验样品,使试样中天然生育酚释放出来,添加的 dl-α-生育酚乙酸酯转化为游离的 dl-α-生育酚,乙醚提取,蒸发乙醚,用正己烷溶解残渣。试液注入高效液相色谱柱,用紫外检测器在 280 nm 处测定,外标法计算维生素 E(dl-α-生育酚)含量。

三、试剂与溶液

除特殊注明外,本标准所用试剂均为分析纯,水为蒸馏水,色谱用水符合 GB/T 6682 中一级用水规定。

1) 碘化钾溶液:100 g/L。

2) 淀粉指示剂:5 g/L。

3) 硫代硫酸钠溶液:50 g/L。

4) 无水乙醚:无过氧化物。

① 过氧化物检查方法:用 5 mL 乙醚加 1 mL 碘化钾溶液,振摇 1 min,如有过氧化物则放出游离碘,水层呈黄色;如加淀粉指示剂,水层呈蓝色。该乙醚需处理后使用。

② 去除过氧化物的方法:乙醚用硫代硫酸钠溶液振摇,静置,分取乙醚层,再用蒸馏水振摇,洗涤两次,重蒸,弃去首尾 5%部分,收集馏出的乙醚,再检查过氧化物,应符合规定。

5) 无水乙醇。

6) 正己烷:色谱纯。

7) 1,4-二氧六环。

8) 甲醇:色谱纯。

9) 2,6-二叔丁基对甲酚(BHT)。

10) 无水硫酸钠。

11) 氢氧化钾溶液:500 g/L。

12) 抗坏血酸乙醇溶液:5 g/L。取 0.5 g L-抗坏血酸结晶纯品溶解于 4 mL 温热的蒸馏水中,用无水乙醇稀释至 100 mL,临用前配制。

13) 维生素 E(dl-α-生育酚)标准品:dl-α-生育酚含量≥99.0%。

14) 维生素 E(dl-α-生育酚)标准溶液。

① dl-α-生育酚标准储备液:准确称取 dl-α-生育酚标准品 100 mg(精确至0.000 1 g)于 100 mL 棕色容量瓶中,用正己烷溶解并稀释至刻度,混匀,4 ℃保存。该贮备液浓度为1.0 mg/mL。

② dl-α-生育酚标准工作液:准确吸取 dl-α-生育酚标准贮备液,用正己烷按 1∶20 比

例稀释。若用反相色谱测定，将 1.0 mL dl－α－生育酚标准贮备液置入10 mL棕色容量瓶中，用氮气吹干，用甲醇稀释至刻度，混匀，再按比例稀释，配制工作液浓度为 50 μg/mL。

15）酚酞指示剂乙醇溶液：10 g/L。

16）氮气（纯度 99.9％）。

四、仪器与设备

1）实验室常用仪器、设备。

2）圆底烧瓶，带回流冷凝器。

3）恒温水浴锅或电热套。

4）旋转蒸发器。

5）超纯水器。

6）高效液相色谱仪，带紫外检测器。

五、实验步骤

1）试样采集与制备：采集具有代表性的饲料样 500 g，四分法缩至 100 g，磨碎，全部通过 0.28 mm 孔筛，混匀，装入密闭容器中，避光低温保存备用。

2）实验步骤

（1）试样溶液的制备

① 皂化：称取试样配合饲料或浓缩饲料 10 g，精确至 0.001 g，维生素预混料或复合预混料 1～5 g，精确至 0.000 1 g，置入 250 mL 圆底烧瓶中，加 50 mL L－抗坏血酸乙醇溶液，使试样完全分散、浸湿，置于水浴上加热直到沸点，用氮气吹洗稍冷却，加 10 mL 氢氧化钾溶液，混合均匀，在氮气流下沸腾皂化回流 30 min，不时振荡，防止试样黏附在瓶壁上，皂化结束，分别用 5 mL 无水乙醇、5 mL 水自冷凝管顶端冲洗其内部，取出烧瓶冷却至约 40 ℃。

② 提取：定量地转移全部皂化液于盛有 100 mL 无水乙醚的 500 mL 分液漏斗中，用 30～50 mL 蒸馏水分 2～3 次冲洗圆底烧瓶，并入分液漏斗，加盖、放气，随后混合，激烈振荡 2 min，静置、分层。转移水相于第二个分液漏斗中，分次用 100 mL、60 mL 乙醚重复提取两次，弃去水相，合并三次乙醚相。用蒸馏水每次 100 mL 洗涤乙醚提取液至中性，初次水洗时轻轻旋摇，防止乳化。乙醚提取液通过无水硫酸钠脱水，转移到 250 mL 棕色容量瓶中，加 100 mg BHT 使之溶解，用乙醚定容至刻度（V_1）。以上操作均在避光通风柜内进行。

③ 浓缩：从乙醚提取液（V_1）中分取一定体积（V_2）（依据样品标示量、称样量和提取液量确定分取量）置于旋转蒸发器烧瓶中，在部分真空、水浴温度约 50 ℃的条件下蒸发至干或用氮气吹干。残渣用正己烷溶解（反相色谱用甲醇溶解），并稀释至 10 mL（V_3）使获得的溶液中每毫升含维生素 E（dl－α－生育酚）50～100 μg，离心或通过 0.45 μm 过滤膜过滤，用于高效液相色谱仪分析。以上操作均在避光通风柜内进行。

（2）测定

① 高效液相色谱条件

a. 正相色谱：

色谱柱：硅胶 Lichrosorb Si50，柱长 12.5 cm，内径 4 mm，粒度 5 μm。

流动相：正己烷＋1，4－二氧六环（97∶3；V∶V）。

流速：1.0 mL/min，恒量流动。

温度：室温。

进样量：20 μL。

检测器：紫外检测器，检测波长 280 nm。

b. 反相色谱：

色谱柱：C18 型柱，柱长 12.5 cm，内径 4 mm，粒度 5 μm。

流动相：甲醇＋水（95∶5；V∶V）。

流速：1.0 mL/min，恒量流动。

温度：室温。

进样量：20 μL。

检测器：紫外检测器，检测波长 280 nm。

② 定量测定：按高效液相色谱仪说明书调整仪器操作参数，向色柱注入相应的维生素 E（dl－α－生育酚）标准工作液和试样样品，得到色谱峰面积响应值，用外标法定量测定。

3）测定结果计算

试样中维生素 E 的含量，以质量分数 X_1 计，数值以国际单位每千克（IU/kg）或毫克每千克（mg/kg）表示，按公式（3）计算：

$$X_1=\frac{P_1\times V_1\times V_3\times \rho_1}{P_2\times m_1\times V_2\times f_1}\times 1\,000 \tag{3}$$

式中：P_1——试样溶液峰面积响应值；

V_1——提取液总体积（mL）；

V_3——产品样溶液最终体积（mL）；

ρ_1——维生素 E 标准工作液浓度（μg/mL）；

P_2——维生素 E 标准工作液峰面积响应值；

m_1——试样质量（g）；

V_2——从提取液（V_1）中分取的溶液体积（mL）；

f_1——转换系数，1IU 维生素 E 相当于 0.909 mg dl－α－生育酚，或 1.0 mg dl－α－生育酚乙酸酯。

平行测定结果用算术平均数表示，保留 3 位有效数字。

4）重复性检验

同一分析者对同一试样同时进行两次平行测定（或重复测定）所得结果相对偏差见表 3。

表 3 相对偏差

dl-α-生育酚（mg/kg）	相对偏差（%）
1～10	±20
⩾10	±10

5）实验流程

实验流程见图 3。

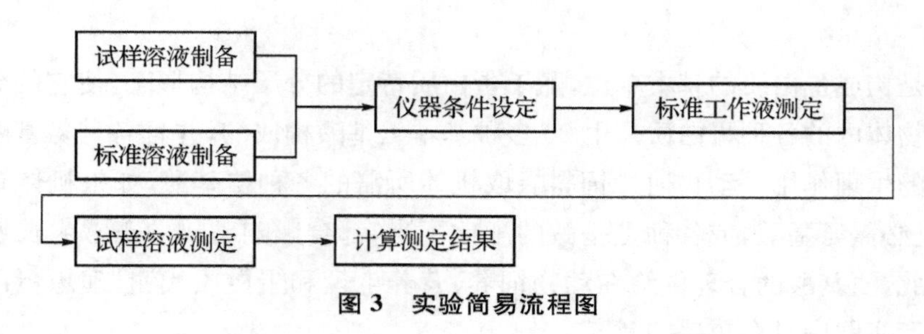

图 3 实验简易流程图

六、实验注意事项

在试样皂化时，应防止试样黏附在瓶壁上，否则测定结果偏低。选择不同型号色谱柱其色谱条件可能相应改变。必要时根据色谱柱说明进行调整。试样提取应在通风柜内进行。

七、思考题

1. 高效液相色谱仪分析样品的基本原理是什么？
2. 如何保证试样中维生素 E 提取完全？
3. 如何判定测定结果的准确性？

实验二十一 饲料氨基酸的测定

氨基酸是构成蛋白质的基本单位，赋予蛋白质特定的分子结构形态，使它的分子具有生物活性。生物体内的各种蛋白质是由20多种基本氨基酸构成的，并且各种氨基酸在动物体内起着不同的生理作用。动物通过饲料摄取机体所需的各种氨基酸，如果机体缺乏某种氨基酸，特别是必需氨基酸，或各种氨基酸的配比不当，都会影响动物的正常生长发育及其生产性能。因此，氨基酸的合理供给在动物饲养、营养生理和蛋白质代谢、理想蛋白质模型的研究以及生产实践中具有重要的意义。

氨基酸分析是指把以肽键结合的氨基酸残基构成的蛋白质经过加热水解，生成游离的氨基酸，再通过氨基酸分析仪或液相色谱分析其氨基酸构成比例的一种简单而有效的方法。只要掌握其操作技能，就可以进行分析并获得准确的结果。氨基酸的分析包括单一氨基酸和总的氨基酸含量的分析，其样品主要包括两种情况：一是对饲料原料和各种配合饲料产品中以蛋白质形式存在的或游离氨基酸含量的测定；二是饲料级氨基酸添加剂单制剂中氨基酸含量的测定。氨基酸的含量分析是保障合理供给动物体内所需氨基酸的必要手段。

一、实验目的

本实验通过了解氨基酸的理化性质和质量标准，掌握测定氨基酸饲料品质和含量的原理和方法，对于保障配合饲料质量、提高动物养殖效益、打击假冒伪劣产品等都具有重要意义。

二、实验方法

（一）氨基酸的自动分析仪法

氨基酸自动分析方法是采用离子交换层析法来分离各种氨基酸，分离后的氨基酸与茚三酮进行柱后反应，然后定量测定，但是茚三酮法灵敏度差、检测线较低，样品中氨基酸含量在200～500 pmol时，仅能在纳克水平上进行检测，当样品中氨基酸的含量低于100 pmol时，与柱前衍生法相比，分析的准确性要降低一个数量级，且此法受到流动相速度低的限制，分析速度较慢。此外，在用此法进行饲料样本的分析过程中，常采用样本量很少的前处理方法，由于饲料均匀性较差，使结果在同一样本、不同次处理之间和不同实验室测定之间产生了较大的差异，这一缺陷尚待克服。这种方法的特征是可以进行全自动分析，当样品中含量高时可信度高，再现性也高。

氨基酸自动分析仪早在 1951 年由 Stein 和 Moore 两人发明，后来不断加以改进。由于氨基酸自动分析仪是根据氨基酸的特点专门设计的专用 HPLC，具有分离效果好、准确度高的特点，因此在氨基酸的测定方法中比较常用，但与一般 HPLC 相比，设备价格比较昂贵。目前在饲料分析中使用比较普遍的氨基酸分析仪是日本日立的系列产品(图 1)。

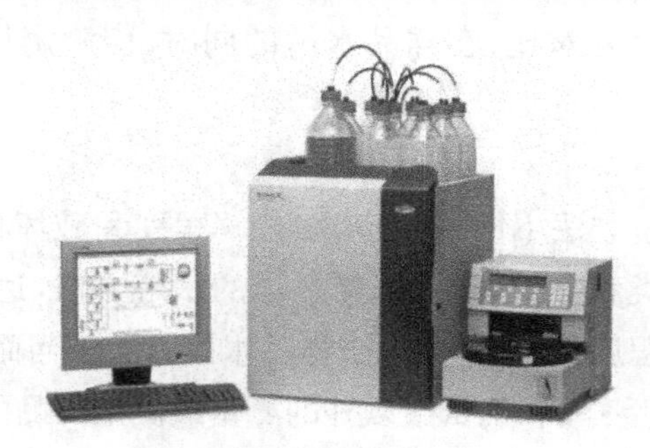

图 1　氨基酸自动分析仪

1. 实验原理

用于氨基酸分析仪的一般是合成的离子交换树脂。在树脂上，由于连接着酸根和碱根，故有阳离子交换剂和阴离子交换剂之别。不同氨基酸对树脂的亲和力不同，因此氨基酸分离时便有先后顺序。一般酸性及含有—OH 基(羟脯氨基酸)的氨基酸最先洗脱，接着是中性氨基酸，最后是碱性氨基酸，其强弱顺序是：碱性氨基酸>芳香族氨基酸>中性氨基酸>酸性氨基酸及羟基氨基酸。洗脱出的氨基酸分别与茚三酮发生反应，产生 Ruheman 紫色，通过荧光检测器测定吸光度，进行定量测定。

2. 实验步骤

1）分析样品的准备

氨基酸分析的准确度取决于许多因素的综合影响，如分析仪本身、实验操作、分析样品的制备及其水解方法的选择等都将不同程度地影响氨基酸分析的准确性。由于分析方法灵敏度、精度、重复性等的提高，分析时间大幅度地缩短，同时由于自动化程序控制的应用，对分析样品的制备等也提出了更高的要求，使得样品处理在氨基酸分析仪中成为最重要的一环和影响测定结果准确性的关键一步。需要分析的样品种类繁多，来源各异，主要包括两大类：一类是动物性产品，如动物的组织、器官、体液、代谢产物及动物饲料样品等；第二类是植物性样品，如植物根、茎、花、果、种子、植物汁液、饲料样品等。在它们当中不仅蛋白质的含量和种类不同，而且它们的物理性状，如颗粒大小、硬度也不一样，这就造成了样品前处理的复杂性。目前氨基酸分析仪的灵敏度已达到 10^{-11} mol，若用荧光检测器，灵敏度还可以提高 1～2 个数量级，因而所需样品极少，几毫克或几十微克样品即可用于分析，所以颗粒的大小及其均匀程度就成为产生误差的最重要因素之一。

(1) 采样　除了纯蛋白等本身均匀的样品外，一般样品特别是均匀度差的样品，应有十几至几十克原始风干样品，在采样时应严格按照样品的采集与制备方法进行，使样品具有代表性。

(2) 粉碎　原始风干样品要先进行粗粉碎，混合后用四分法缩分取出约 5 g，再用高速离心磨细磨，使其颗粒全部能通过 80 目筛孔，应避免磨温过高对某些氨基酸的损失。磨好的样品混匀装入样品瓶中，保存在干燥阴凉处。脂肪含量高的样品在细磨前应先用乙醚或石油醚脱脂。为了便于换算和对比，在样品水解的同时，应测定样品的含水量和蛋白质的含量。

2) 样品的水解处理

分析样品所采用的水解方法不同，对氨基酸分解程度和破坏程度也不同，因此，有必要根据需要分析氨基酸的种类和含量要求，选择适当的水解方法，达到分解彻底、所要测定的氨基酸遭到破坏和损失的程度最小，避免由于样品水解方法不当而影响分析结果的准确性。

(1) 盐酸水解法　除色氨酸和胱氨酸以外的氨基酸测定样品的水解用此法。

① 原理

常规(直接)水解法是使饲料蛋白在 110 ℃、$c(HCl)=6$ mol/L 盐酸作用下，水解成单一氨基酸，再经离子交换色谱法分离并以茚三酮做柱后衍生测定。水解过程中色氨酸全部被破坏，不能测量；胱氨酸和蛋氨酸部分被氧化，使测定结果偏低。

② 仪器和设备

实验室用样品粉碎机；样品筛：孔径 60 目；分析天平：感量 0.000 1 g；真空泵与真空规；喷灯或熔焊机；恒温箱或水解炉；旋转蒸发器或浓缩器：可在室温至 65 ℃间调温，控温精度 ±1 ℃，真空度可低至 3.3×10^{3} Pa (25 mm 汞柱)；氨基酸自动分析仪：茚三酮柱后衍生离子交换色谱仪，要求各氨基酸的分辨率大于 90%。

③ 试剂与溶液配制

a. 盐酸溶液，$c(HCl)=6$ mol/L：将优级纯盐酸与水等体积混合。

b. 液氮或干冰—乙醇(丙酮)。

c. 稀释用柠檬酸钠缓冲液，pH 2.2，$c(Na^{+})$为 0.2 mol/L：称取柠檬酸三钠 19.6 g，用水溶解后加入优级纯盐酸 16.5 mL、硫二甘醇 5.0 mL、苯酚 1 g，加水定容至 1 000 mL，摇匀，用 G4 垂熔玻璃砂芯漏斗过滤，备用。

d. 不同 pH 和离子强度的洗脱用柠檬酸钠缓冲液：按氨基酸分析仪器说明书配制。

e. 茚三酮溶液：按氨基酸分析仪器说明书配制。

f. 氨基酸混合标准储备液：含 L-天门冬氨酸、L-苏氨酸等 17 种常规蛋白水解液分析用层析纯氨基酸，各氨基酸组分浓度 c(氨基酸)=2.50(或 2.00)μmol/mL。

g. 混合氨基酸标准工作液：吸取一定量的氨基酸混合标准储备液置于 50 mL 容量瓶中，以稀释用柠檬酸钠缓冲液定容，混匀，使各氨基酸组分浓度 (氨基酸)为 100 nmol/mL。

④ 水解操作步骤

a. 封管水解法：精确称取 30 mg(精确到 0.1 mg)左右样品，置 18 mm×18 mm 的试管底部，加入 20 mL 的 6 mol/L 盐酸，加 1 滴消泡剂(正辛醇)，再加 1 滴苯酚，将试管在距离试管口 1～2 cm 处用喷灯加热，并拉细至约 ϕ2 mm，将试管放入盐水中(或干冰—丙酮，或液氮中)2 min，将试管与真空泵相连，抽真空至基本无气泡为止，抽真空至 7 Pa 后在真空下立即封管，将封好的试管置于干燥箱内，于(110±1)℃下水解 24 h，冷却后打开试管，将水解液过滤至 50 mL 容量瓶中，用双重蒸馏水反复多次冲洗试管和滤纸，定容。用移液管吸取适量的滤液，置于旋转蒸发器或浓缩器中，60 ℃抽真空，蒸发至干。残留物用约 1 mL 双重蒸馏水溶解并蒸干。此操作应反复 2 次后于 4 ℃冰箱中保存待分析。准确加入 3～5 mL pH 为 2.2 稀释用柠檬酸钠缓冲液，使样品溶液中的氨基酸浓度达到 50～250 nmol/mL，摇匀过滤或离心，取上清液上机测定。

b. 回流通氮水解法：准确称取样品 6 mg(精确至 0.1 mg)置于 100 mL 圆底双颈瓶中，加 70 mL 6 mol/L 盐酸，并在烧瓶侧颈上接上通氮管，通入氮气，装上冷凝器，加热微沸回流 20～22 h，将水解液过滤至 100 mL 容量瓶中，用双重蒸馏水洗涤烧瓶与滤液合并，定容。取出 1 mL 水解液，使其含粗蛋白质约为 0.15 mg，于减压下蒸干。残留物加入 1 mL 双重蒸馏水，蒸干，此操作反复 2 次后，放入 4 ℃冰箱中保存待分析。分析时加入一定量的缓冲液，过滤或离心后上机待测。

⑤ 结果计算

试样中某氨基酸含量按下面公式计算：

$$w(\text{某氨基酸})=\frac{\rho}{W}\times10^{-6}\times D$$

式中：w——某氨基酸含量(ng)；

ρ——某氨基酸上机水解液中氨基酸的质量浓度(ng/mL)；

W——试样质量(mg)；

D——试样稀释倍数。

允许差：对于酸解或酸提取液测定的氨基酸，当含量小于或等于 0.5%时，两个平行试样测定值的相对偏差应不大于 5%；含量大于 0.5%时，不大于 4%。对于色氨酸，当含量小于 0.2%时，两个平行试样测定值相差应不大于 0.03%；含量大于、等于 0.2%时，相对偏差不大于 5%。以两个平行试样测定结果的算术平均值报告，保留两位小数。

(2) 碱水解法　分析色氨酸样品的水解用此法。

① 原理

由于酸水解对色氨酸有破坏作用，因此需采用碱水解法来测定色氨酸，但碱水解会破坏精氨酸、丝氨酸、苏氨酸、胱氨酸及半胱氨酸等，故本法只限于测定色氨酸，色氨酸在碱性条件下很稳定。

② 仪器设备

四氟乙烯衬管；其他同普通酸水解法。

③ 试剂与溶液

a. 氢氧化锂溶液，$c(\text{LiOH})=4$ mol/L：称取一水合氢氧化锂 167.8 g，用水溶解并稀释至 1 000 mL，使用前取适量超声或通氮脱气处理。

b. 液氮或干冰—乙醇(丙酮)。

c. 盐酸溶液，$c(\text{HCl})=6$ mol/L：将优级纯盐酸与水等体积混合。

d. 稀释用柠檬酸钠缓冲液，pH 4.3，$c(\text{Na}^{+})=0.2$ mol/L：称取柠檬酸三钠 14.71 g、氯化钠 2.92 g 和柠檬酸 10.50 g，溶于 500 mL 水，加入硫二甘醇 5.0 mL 和辛酸 0.1 mL，最后定容至 1 000 mL，摇匀。

e. 不同 pH 和离子强度的洗脱用柠檬酸钠缓冲液：按氨基酸分析仪器说明书配制。

f. 茚三酮溶液：按氨基酸分析仪器说明书配制。

g. L-色氨酸标准储备液：准确称取层析纯 L-色氨酸 102.0 mg，加少许水和数滴 0.1 mol/L 氢氧化钠溶液，使之溶解，定量地转移至 100 mL 容量瓶中，加水至刻度，色氨酸浓度为 5.0 μmol/L。

h. 氨基酸混合标准储备液：含 L-天门冬氨酸、L-苏氨酸等 17 种常规蛋白水解液分析用层析纯氨基酸，各氨基酸组分浓度 c(氨基酸)＝2.50(或 2.00) μmol/mL。

i. 混合氨基酸标准工作液：准确吸取 2.00 mL L-色氨酸标准储备液和适量的氨基酸混合标准储备液，置于 50 mL 容量瓶中，并用 pH＝4.3 的稀释用柠檬酸钠缓冲液定容。该溶液色氨酸浓度为 200 nmol/mL，而其他氨基酸浓度为 100 nmol/mL。

④ 试样选取与制备

制备同普通酸水解法。对于粗脂肪含量大于或等于 5%的试样，需将经过脱脂后的试样风干、混匀，装入密闭容器中备用，而对于粗脂肪小于 5%的试样，则可直接称量未脱脂试样。

⑤ 分析测定

称取 50～100 mg 的饲料试样(准确至 0.1 mg)，置于聚四氟乙烯衬管中，加 1.50 mL 的 4 mol/L 氢氧化锂溶液，于液氮或干冰乙醇(丙酮)中冷冻 2 min，而后将衬管插入水解玻管，抽真空至 7 Pa($\leqslant 5\times10^{-2}$ mm 汞柱)或充氮(至少 5 min)，封管。然后，将水解管放入(110±1)℃恒温干燥箱水解 20 h。取出水解管冷至室温，开管，用稀释用柠檬酸钠缓冲液将水解液定量地转移到 10 mL 或 25 mL 容量瓶中，加入盐酸溶液约 1.00 mL 中和，并用上述缓冲液定容。离心或用 0.45 μm 滤膜过滤后，取清液贮于冰箱中，供上机测定使用。

用相应的混合氨基酸的标准工作液按仪器说明书调整仪器操作参数和(或)洗脱用柠檬酸钠缓冲液的 pH，使各氨基酸分辨率≥85%，注入制备好的试样水解液和相应的氨基酸混合标准工作液，进行分析测定。碱溶液每 6 个单样品为一组，各组间插入混合氨基酸标准工作液进行校对。

分析结果分别用下述公式计算色氨酸在试样中的含量：

$$X_1=\frac{\rho_1}{W_1}\times 10^{-6}\times D$$

$$X_2=\frac{\rho_2}{[W_2(1-X_3)]}\times 10^{-6}\times D$$

式中：X_1——未脱脂试样测定的色氨酸含量；

X_2——用脱脂试样测定的色氨酸含量；

ρ_1——未脱脂试样上机水解液中色氨酸质量浓度(ng/mL)；

ρ_2——脱脂试样上机水解液中色氨酸质量浓度(ng/mL)；

W_1——未脱脂试样质量(g)；

W_2——脱脂试样质量(g)；

D——试样稀释倍数；

X_3——脱脂试样脱脂前脂肪百分含量。

样品测定结果以两个平行测定结果的算术平均值表示且保留两位小数。

(3) 过甲酸氧化处理－盐酸水解结合法　含硫氨基酸[(半)胱氨酸、蛋氨酸]样品的水解用此法。

① 原理

由于在蛋白质酸水解过程中，常伴有(半)胱氨酸和蛋氨酸的损失，不易得到准确的结果。通常可用"过甲酸"氧化法预处理，使胱氨酸和蛋氨酸分别转化成半胱磺酸和甲硫氧砜，这两种化合物在水解过程中是稳定的，且易于与其他氨基酸分离。然后用氢溴酸或偏重亚硫酸钠终止反应，再进行普通的酸水解后，以茚三酮做柱后衍生剂，经离子交换色谱法分离测定。

② 仪器设备

同普通酸水解法。

③ 试剂与溶液配制

a. 过甲酸溶液：Ⅰ. 常规过甲酸溶液：将30%过氧化氢与88%甲酸按1∶9(V∶V)混合，于室温下放置1 h，置冰水浴中冷却30 min，使用前现配制。

Ⅱ. 浓缩料用过甲酸溶液：将常规过甲酸溶液中按3 mg/mL加入硝酸银即可，此溶液适用于氯化钠含量小于3%的浓缩料。当浓缩料中氯化钠含量大于3%时，氧化剂中硝酸银浓度可按下述公式计算：

$$\rho_R\geqslant 1.454\times W\times w_N$$

式中：ρ_R——过甲酸中硝酸银的浓度(mg/mL)；

w_N——试样中氯化钠的含量(mg/mL)；

W——试样质量(mg)。

b. 氧化终止剂：48%氢溴酸或用偏重亚硫酸钠溶液(33.6 g偏重亚硫酸钠加蒸馏水定

容至 100 mL)。

c. 其他试剂与溶液同普通水解法。

④ 试样选取与制备

同普通酸水解法。

⑤ 测定步骤

a. 样品的过甲酸氧化处理:称取 2 份(精确至 0.1 mg)50～75 mg(含蛋白质 7.5～25 mg)的样品,分别于 20 mL 的浓缩瓶或浓缩管中,于冰水浴中冷却 30 min 后,加入经冷却的过甲酸溶液 2 mL,加溶液时,需将样品全部浸湿,但不要摇动,盖好瓶塞,连同水浴一道置于 0 ℃冰箱中,反应 16 h。

b. 终止过甲酸的氧化反应,以下步骤因使用不同的氧化终止剂有所不同。

Ⅰ. 当以氢溴酸为终止剂时,于各管中加入氢溴酸 0.3 mL,振摇,放回水浴,放置 30 min,然后转移到旋转蒸发器或浓缩器上,在 60 ℃、低于 3.3 MPa 下浓缩至干。用 6 mol/L 盐酸溶液约 15 mL 将残渣定量转移到 20 mL 安瓿管中,封口,置恒温烘箱中,(110±1)℃下水解 22～24 h。取出安瓿管或水解管,冷却,用蒸馏水将内容物转移至 50 mL 容量瓶中,定容。充分混匀,过滤,取 1～2 mL 滤液,置于旋转蒸发器或浓缩器中,在低于 50 ℃的条件下,减压蒸发至干。加少许蒸馏水重复蒸干 2～3 次。准确加入一定体积 2～5 mL 的稀释上机用柠檬酸钠缓冲液,振摇,充分溶解后离心,取上清液供仪器测定用。

Ⅱ. 当以偏重亚硫酸钠为终止剂时,则于样品溶液中加入偏重亚硫酸钠溶液 0.5 mL,充分摇匀后,直接加入 6 mol/L 盐酸溶液 17.5 mL,置于(110±3)℃水解 22～24 h。

取出水解管,冷却,用水将内容物转移到 50 mL 容量瓶中,用氢氧化钠溶液中和至 pH 约 2.2,并用上机用的缓冲溶液稀释定容,离心,取上清液供分析测定用。

⑥ 分析结果与计算

同普通酸水解法。

(4) 酶水解法　对酸不稳定的样品如天门冬酰胺、谷氨酰胺及色氨酸的水解用此法。

① 原理

天门冬酰胺、谷氨酰胺在酸水解时会分别生成天门冬氨酸、谷氨酸,测定的天门冬氨酸、谷氨酸应当是分别含有天门冬酰胺、谷氨酰胺的部分。要想了解天门冬酰胺、谷氨酰胺的数量时,通过酶水解法可以实现。使用的蛋白水解酶是一类专门作用于蛋白质和多肽中肽键的生物催化剂,具有以下特点:催化蛋白质水解效率高,极少的酶可以催化较多底物;水解蛋白质的酶有木瓜蛋白酶、链霉蛋白酶、脯氨酸肽酶、氨基肽酶、羧基肽酶、内肽酶、胰糜肽酶、胰蛋白酶和胃蛋白酶等,可在较温和的条件下对不同蛋白质或不同氨基酸形成的肽键进行水解生成氨基酸;可以进行对酸不稳定样品中的天门冬酰胺、谷氨酰胺及色氨酸的定量测定;被酸破坏或酸水解不完全的氨基酸,可以被酶水解释放而达到理论值;某些对酸和碱不稳定的键,如半纤维蛋白原中的酪氨酸—氧—磺酸,在酶水解中能按照理论值得到分解;由于不同蛋白酶对不同氨基酸具有不同的专一性,分析不同的氨基酸可采用不同的酶,或几种酶的同时配合水解，可以使蛋白质完全水解为氨基酸；酶水解后，不可避免氨基酸与酶混合存在，因此，可以将酶固定在琼脂糖（凝胶）等上进行消化，代表性的有木瓜蛋白酶/亮氨酸氨基肽酶/脯氨酸二肽酶法，即用木瓜蛋白酶/羧基肽酶 Y(pH 5)水解，再进一步用脯氨酸二肽酶/亮氨酸氨基肽酶(pH 8)进行消化的方法。实际测定时根据样品的相对分子质量和分析目的等设定具体的适宜的反应条件。

② 仪器设备

分析天平(精确至 0.1 mg)；恒温干燥箱或恒温水浴装置；具塞试管；滤纸或过滤器；容量瓶；离心机；浓缩机或旋转蒸发仪。

③ 试剂和溶液

Tris-HCl 缓冲液：0.2 mol/L、pH7.5；木瓜蛋白酶溶液：3 mg/mL。

④ 实验步骤

取粉碎样品烘干，含脂肪多的样品要先经脱脂(可顺便测脂肪含量)，准确称取样品 100 mg左右(精确到 0.1 mg)，放入具塞试管中。木瓜蛋白酶溶液(3 mg/mL)在使用之前配制，把木瓜蛋白酶溶于 0.2 mol/L、pH 7.5 的 Tris-HCl 缓冲液中即可。加入上述木瓜蛋白酶溶液 5 mL，在 65 ℃恒温水浴或恒温箱中水解 24 h，注意勿使样品黏于管壁，中途摇匀数次，过滤或离心，用重蒸馏水反复多次冲洗试管和滤纸，定容于 50 mL 容量瓶中。取上清液 1 mL 置于 5 mL 平底小烧瓶中，减压蒸干(重复此操作一次)。准确加入 0.02 mol/L HCl (pH 2.2)1 mL，充分摇匀后上机测定。

(5) 酸提取法 赖氨酸、蛋氨酸、苏氨酸、色氨酸等游离氨基酸的测定用此法。

① 测定原理

饲料中添加的游离氨基酸可以用稀盐酸溶液直接进行提取处理，然后经离子交换色谱分离后进行测定。

② 仪器设备

同普通酸水解法。

③ 试剂与溶液

a. 提取剂盐酸溶液(浓度为 0.1 mol/L)：取 8.3 mL 优级纯盐酸，用蒸馏水定容至 1 L。

b. 不同 pH 和离子强度的洗脱用柠檬酸缓冲液：按仪器说明书配制。

c. 茚三酮溶液：按仪器说明书配制。

d. 蛋氨酸、赖氨酸和苏氨酸标准贮备液：于 100 mL 烧杯中分别准确称取蛋氨酸 93.3 mg、赖氨酸盐酸盐 114.2 mg 和苏氨酸 74.4 mg，加蒸馏水 40～50 mL 和数滴盐酸溶解，然后分别转移至 250 mL 容量瓶中定容，其氨基酸浓度为 2.5 μmol/mL。

e. 混合氨基酸标准工作液：分别吸取蛋氨酸、赖氨酸和苏氨酸标准贮备液各 1.00 mL 于同一 25 mL 容量瓶中定容，其氨基酸浓度为 100 nmol/mL。

④ 试样选取与制备

同普通酸水解法。

⑤ 实验步骤

a. 试样处理:准确称取 1～2 g 样品(精确到 0.1 mg)(蛋氨酸含量≤4 mg,赖氨酸可略高),加 0.1 mol/L 盐酸提取剂 20～30 mL,搅拌 15 min 后,放置,将上清液过滤到 100 mL 容量瓶中,重复提取 2 次,定容。若提取过程中速度太慢,也可离心 10 min(4 000 r/min)。测定赖氨酸时,预混料和浓缩饲料基质会有较大干扰,应针对待测样品同时做添加回收率实验,以校准测定结果。

b. 测定:用相应的混合氨基酸标准工作液,按照仪器说明书,调整仪器操作参数、洗脱用柠檬酸钠缓冲液的 pH,使各氨基酸分辨率≥85%,注入制备好的试样水解液和相应的氨基酸混合标准工作液,进行分析测定。酸提取液每 6 个单样为一组,组间插入混合氨基酸标准工作液进行校准。

⑥ 数据采集和处理

日立 L—8800A 型氨基酸自动分析仪采用 32 位操作系统即 Windows NT 管理系统,使用操作软件进行数据自动采集和数据处理。计算与分析结果的表示同普通酸水解法。

3) 分离洗脱

经过水解获得的氨基酸的洗脱是用不同 pH 的缓冲液来进行的,一般标准分析(蛋白质水解物)采用柠檬酸钠盐作缓冲溶液,如果分析生理体液(尿、血浆、乳汁、脑脊髓液及植物组织提取液),则采用柠檬酸锂盐作缓冲溶液,因为天门冬酰胺及谷氨酰胺于钠盐缓冲液中,在图谱上不能与天门冬氨酸和谷氨酸分开,两者重叠成一个峰,不能得出各自的结果。

标准分析(蛋白质水解分析)一般采用 4 种缓冲液:缓冲液 1 的 pH 为 3.3,可以冲洗出酸性氨基酸;缓冲液 2 的 pH 为 3.3,主要用于冲洗出中性氨基酸,与缓冲液 1 相比,缓冲液 2 乙醇含量较少;缓冲液 3 的 pH 为 4.3,主要用于冲洗异亮氨酸、亮氨酸、酪氨酸和苯丙氨酸;缓冲液 4 的 pH 为 4.9,主要用于碱性氨基酸的洗脱。

另外,除了上述 4 种缓冲液外,所有的氨基酸分析仪都配有再生液,即内含较浓的氢氧化钠溶液,用作柱子的再生。每做完一个试样,仪器自动吸入再生液,将柱子冲洗干净后,再接着做下一个样品。各缓冲液和再生液的配制参见仪器说明书。

洗脱出来的氨基酸,与另一通路的茚三酮溶液结合,在一定温度条件下,便呈颜色反应,一般氨基酸呈 Ruheman 紫色,但脯氨酸呈黄色,所以氨基酸自动分析仪一般都设有两个频道:一个频道是 570 nm 波长,另一个频道为 440 nm 波长。因为茚三酮在 pH 5.5 时才适于颜色反应,否则出峰很低。所以,上机的样品分析溶液要调整 pH 为 2.2,通过柱子后 pH 就可以变为 5.5。另外,茚三酮在光和空气中(氧气)极不稳定,极易被氧化,所以新配制的茚三酮溶液要先充氮气,除去氧气,再加还原剂,以防止其被氧化。常用的稳定剂有三氯化钛、氯化亚锡和硼氢化钠等。用三氯化钛做还原剂,加入 1 h 后就可以稳定,且不产生沉淀,而氯化亚锡则需要 24 h 才能稳定。

3. 实验流程

实验流程见图 2。

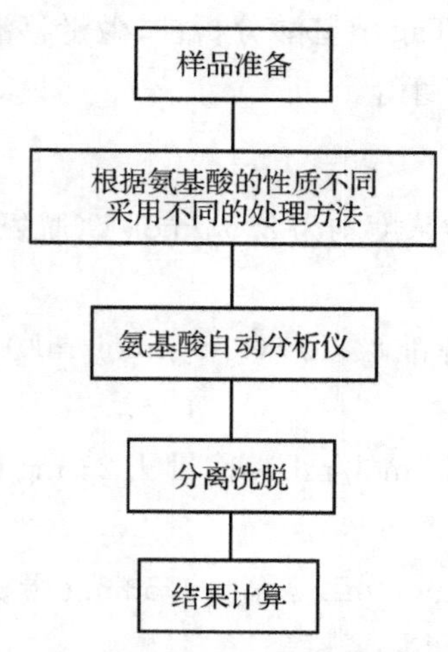

图 2　氨基酸自动分析仪的测定流程

4. 注意事项

加水分解的蛋白质标准品，有时会产生丝氨酸和苏氨酸的部分侧链分解和由于对加水分解有抵抗性的缬氨酸和异亮氨酸的存在，得到的分析值比实际值低，因此需要进行校正。如果要知道氨基酸的组成比，且算出绝对量时，有必要利用亮氨酸等氨基酸的内部标准氨基酸溶液进行定量的计算。

(二) 高效液相色谱法的分析测定

高效液相色谱技术(HPLC)与方法的发展与应用，使氨基酸分析更加方便、快速、精确且属于柱前衍生法。柱前衍生剂主要有：DNS(Dansyl chloride，丹磺酸法)，OPA(O - phthaldehyde，邻苯二甲醛法)，FMOC (9 - Fluorenylmethyl choroformate) 和 PITC (Phenylis othiocyante，异硫氰酸苯酯)等。1993 年，Waters 公司的氨基酸分析专家 S. A. Cohen 等人合成了一种新的柱前衍生剂：6 -氨基喹啉- N -羟基琥珀酰亚胺基氨基甲酸酯(6 - Aminoquinolyl－N－hydroxysuccinimidyl carbamate，AQC)，并将其成功地用于氨基酸分析，缩短了氨基酸分析所需要的时间，提高了分析的灵敏度，可对样品进行 1～10 pmol 水平的检测，已成为氨基酸分析的一种有效分离技术，并应用到生物学、医学、化学、环保、食品和饲料工业等领域。

1. 实验原理

经过水解后的所有氨基酸，在室温下与 AQC 很快发生衍生反应，生成稳定的荧光衍生物 AQC 氨基酸，然后经 Waters AccQ-Tag 分析柱分离氨基酸，用荧光检测器测定。本方法适用于饲料原料、全价配合饲料、浓缩饲料和预混料中除了色氨酸以外的 17 种氨基酸的分析测定。该方法操作步骤简单，反应速度快，不受介质的影响，衍生产物稳定，过量衍生剂不干扰分析结果，缩短了氨基酸分析所需要的时间，提高了分析的灵敏度。

2. 仪器设备

分析天平：精确至 0.1 mg；恒温干燥箱；浓缩器或旋转蒸发器；pH 计；超声波水浴；涡旋

发生器；高效液相色谱仪；AccQ-Tag 氨基酸分析柱；微量移液管；玻璃器皿：水解管、衍生试管、量筒、容量瓶、刻度试管、移液管等。

3. 试剂与溶液

1）氨基酸标样：17 种氨基酸浓度均为 2.5 μmol/L（胱氨酸浓度减半）。

2）标准贮备液的制备

(1) α-氨基丁酸（AABA）标准贮备液（2.5 μmol/mL）：25.8 mg α-氨基丁酸定容于 100 mL容量瓶中。

(2) 磺基丙氨酸贮备液（2.5 μmol/mL）：称量 4.23 mg 磺基丙氨酸定容于 10 mL 容量瓶中。

(3) 蛋氨酸砜贮备液（2.5 μmol/mL）：称量 4.53 mg 蛋氨酸砜定容于 10 mL 容量瓶中。

3）氨基酸标准溶液的制备

准确吸取 1 mL 的 17 种氨基酸标准溶液、1 mL 磺基丙氨酸贮备液、1 mL 蛋氨酸砜贮备液，加入 1 mL 蒸馏水，制成 0.5 μmol/mL 氨基酸标准溶液。

4）标准工作溶液的制备

将不同体积的氨基酸标准溶液、α-氨基丁酸标准贮备液和蒸馏水混合制成不同浓度系列的氨基酸标准溶液（表 1）。

表 1 不同浓度系列的氨基酸标准溶液

溶液名称	溶液体积				
氨基酸标准溶液(μL)	200	800	1 200	1 600	1 800
α-氨基丁酸标准贮备液(μL)	200	200	200	200	200
超纯水(μL)	1 600	1 000	600	200	0
氨基酸标准工作液浓度(μmol/mL)	0.05	0.20	0.30	0.50	0.45

5）流动相 A 溶液

称 19.04 g 分析纯三水乙酸钠，加 1 L 高纯水溶解，用稀磷酸（1∶1，V∶V）调整 pH 至 5.2，加 1 mL EDTA 溶液（1 mg/mL），加 0.1 g 叠氮化钠，加 2.37 mL 三乙胺，用磷酸缓冲液调整 pH 至 4.95，用 0.45 μm 滤膜过滤，使用前超声脱气。

6）流动相 B 溶液

经 0.45 μm 滤膜过滤的色谱纯乙腈与超纯水按 3∶2（V∶V）比例配制。在超声水浴中脱气 20 s。

7）6 mol/L 盐酸水解液

将优级纯的盐酸与蒸馏水按照 1∶1（V∶V）比例混合均匀即可。

8）过甲酸溶液

88%甲酸与 30%的过氧化氢按 9∶1（V∶V）混合。室温下放置 1 h 后移至 0 ℃下保存。

9）氢溴酸 40%，分析纯。

10）AQC 试剂。

4. 实验步骤

1）样品的前处理

（1）分析样品的准备

用于氨基酸分析的试样需经过磨碎，通过 100 目筛孔。样品用量如表 2 所示，通常是用样品中氮的含量来计算适用于氨基酸分析的样品用量，计算公式为：样品用量(g)＝$\frac{32\ \text{mg N}}{\text{CP}(\%)\times 0.16\times 10}$，式中 CP%为粗蛋白含量。一般用于氨基酸分析的样品中应含有约 32 mg 的氮。同时要测定样品的干物质含量，可由分析天平（精确至 0.1 mg）称量。

表 2　氨基酸分析样品的用量

样品的蛋白质含量(%)	样品用量(g)
10	2.000 0
20	1.000 0
30	0.666 7
40	0.500 0
50	0.400 0

样品的脱脂：当样品中粗脂肪含量高于 6%时，在样品水解前须在密闭的通风橱中经石油醚脱脂（如油菜籽、菜籽饼），然后水解处理。

（2）过甲酸水解处理

在蛋白质酸水解过程中，常伴有（半）胱氨酸及蛋氨酸的损失，为避免这种损失，通常可用“过甲酸”氧化反应，使（半）胱氨酸及蛋氨酸分别转变为半胱磺酸及甲硫氧砜，这两种化合物在酸水解中是稳定的，且易与其他氨基酸分离。其氧化反应发生在硫原子上。待过氧化反应结束后，要去除过量的甲酸，可以将（脱脂）样品（及脱脂用的滤纸）放入 300 mL 锥形瓶中，加入 100 mL 过甲酸后，置磁力搅拌器于冰浴中进行搅拌，当滤纸漂浮起来时应停止搅拌。

蛋氨酸或胱氨酸含量较高的样品，或两种氨基酸含量都高的样品（如羽毛粉或肉粉），需加 200 mL 过甲酸，此悬浮液在 0 ℃下放置 15 h。然后，加入 12 mL 的 HBr，去除过量的甲酸。加入 HBr 时应在冰浴中，一边搅动一边小心加入，每隔 5 min 加数滴。加几滴丁醇去除气泡，如样品很快澄清，还需继续加入 HBr。加入 HBr 后，溶液还需在 0 ℃继续搅动15 min。停止搅动后，将锥形瓶中的溶液分数次适量地移入蒸馏瓶中，将蒸馏瓶放在旋转蒸发器上，在 50～60 ℃下蒸馏至近 5 mL，此蒸馏产物需用 20 mL 水冲洗蒸馏，反复 4 次。之后，将样品进行水解处理。未经氧化（脱脂）处理的样品其过甲酸水解的处理过程同脱脂样品的处理过程。

2）样品的酸水解法

将未经氧化处理的脱脂样品和滤纸一同放入 1 L 的蒸馏瓶中。在氧化与未氧化两种处理的样品中，分别加入 400 mL 的 6 mol/L HCl，烧瓶与冷凝器相连，将其煮沸、回流水解15 h（110 ℃）。未经氧化处理的样品的水解需充氮进行。这样，溶液不断冒泡将氧释放出来。

水解后，将水解液在 D4 多孔玻璃器上过滤。

取 100 mL 此水解液，在旋转蒸发器上浓缩至接近 5 mL，然后，移至 300 mL 烧瓶中，用 20 mL 蒸馏水冲洗 4 次，洗液均并入 300 mL 烧瓶中，蒸馏瓶需用 5 mL 的 0.1 mol/L HCl、2 mL的 2 mol/L NaOH、蒸馏水各冲洗两次。在 300 mL 烧瓶中加入 15 mL 的内部标准液（400 mg/L），用 HCl 及 NaOH 将溶液 pH 调至 2.2，使最后溶液体积至刻度（最后样品体积）。该溶液在 D4 多孔玻璃过滤器上过滤，取 100 mL 溶液在 25 ℃下保存，供氨基酸分析之用。

3）水解工作液的准备

样品水解溶液经冷却后过滤，取 1～2 mL 水解液（根据样品中蛋白质含量而定），置于浓缩管中，在 50 ℃条件下浓缩至干。然后向浓缩管中加入 20 μL α-氨基丁酸标准贮备液、1.8 mL蒸馏水，涡旋混合 20 s，密封，4 ℃贮存备用。

4）衍生反应

（1）取氨基酸标准溶液或氨基酸水解工作液适量（100 pmol 以内）于 6 mm×50 mm 试管中，加入 20 μL 的 0.02 mol/L 的盐酸溶液，充分混匀后，加入 60 μL 的 0.2 mol/L 硼酸盐缓冲溶液（pH 8.8），充分混匀。

（2）向溶液中加入溶有无水乙腈的 20 μL AQC 试剂（10 mmol），充分振摇混匀，在室温下放置 1 min。

（3）反应之后，酪氨酸的—OH 也发生 AQC 反应，通过加热分解使其还原，应进一步将溶液置于 55 ℃烘箱中保温 10 min，或室温放置 1 h 以上。这种情况下，过量的 AQC 也被分解成 AMQ 和 NHS。

（4）将生成的衍生溶液移至自动进样器的样品瓶中，密封待测。

（5）衍生溶液注入 HPLC 后，分离各种 AQC 氨基酸，柱温为 37 ℃，激发波长 245 nm，荧光发射波长 395 nm。本方法不能分析酪氨酸，如果分析的话，可以用 254 nm 的紫外吸收方法检测，但精确度比荧光检测低 1 个数量级。

5）色谱条件及分离（梯度洗脱）

（1）柱温：对于一般氨基酸分析为 37 ℃，含硫氨基酸一般为 47 ℃。

（2）检测器：荧光检测器（激发波长 245 nm，发射波长 395 nm）或紫外检测器（波长 254 nm）。

（3）通过不同的梯度洗脱进行氨基酸的分离：HPLC 系统配置不同，所用梯度表也不相同，参见 Waters AccQ-Tag 用户手册。试验前通过调整 A、B 液的比例及 pH，建立最佳梯度洗脱程序，所有样本的氨基酸分析均在同一个程序下完成。梯度的线性变化是由于缓冲液变换的缘故，即从 20∶80 的乙腈—醋酸钠缓冲液到 70∶30 乙腈—醋酸钠缓冲液的过程变换进行氨基酸的洗脱分离。若采用 Millemmium2010 软件，则在“Quickset Control”窗口下设置运行时间为 45 min。下面给出 510 系统的梯度表，仅供参考（表 3）。

表 3 510 系统的梯度表

时间(min)	流速(mL/min)	普通氨基酸(%)		含硫氨基酸(%)		曲线
		A	B	A	B	
0	1.0	100	0	100	0	*
17	1.0	93	7	92	8	6
21	1.0	90	10	83	17	6
32	1.0	66	34	73	27	6
34	1.0	66	34	50	50	6
35	1.0	0	100	50	50	6
37	1.0	0	100	0	100	6
38	1.0	100	0	100	0	6
45	1.0	100	0	100	0	6

进样体积:10 μL;流速:1 mL/min。

梯度洗脱 0.5 min 后注入样品,开始时流速控制在 0.8 mL/min,38 min 后,流速增加到 1 mL/min。

(4) 化学试剂:乙腈试剂用 Rathburn Chemicals HPLC 级。洗脱液 A:乙腈—醋酸钠缓冲液 20∶80(V/V);洗脱液 B:乙腈—醋酸钠缓冲液 70∶30(V/V)。

6) 结果计算

试样中某氨基酸含量按下面公式计算:

$$w(\text{某氨基酸})=\frac{\rho}{W}\times10^{-6}\times D$$

式中:w——某氨基酸含量(ng);

ρ——某氨基酸上机水解液中氨基酸的质量浓度(ng/mL);

W——试样质量(mg);

D——试样稀释倍数。

允许差:对于氨基酸含量高于 0.5%时,两个平行试样测定值的相对偏差应不大于 4%;含量低于 0.5%、大于 0.2%时,两个平行试样测定值相差应不大于 0.03%;含量低于0.2%,相对偏差不大于 5%,以两个平行试样测定结果的算术平均值报告,保留两位小数。

5. 实验流程

实验流程图见图 3。

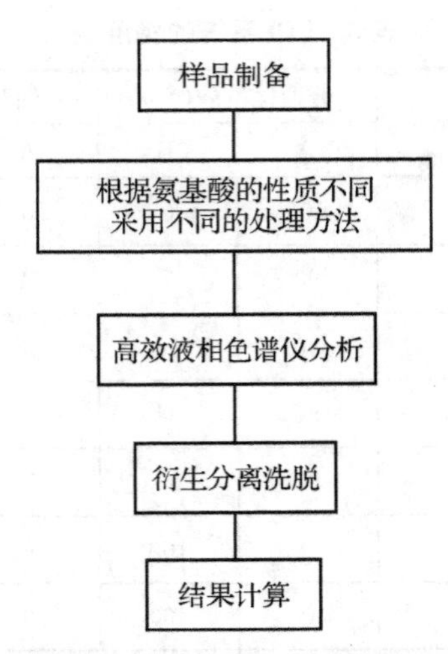

图 3 高效液相色谱仪中氨基酸的测定流程

6. 注意事项

(1) 由于氨基酸在氧及碳水化合物存在下易被破坏(Maillard 反应,赖氨酸一碳水化合物),在粉碎样品时其温度需低于 50 ℃,样品磨碎后,可增加其表面积。样品应在室温下放 24 h,使其含水量恒定。

(2) 为使测定的各种氨基酸在标准曲线的线性范围内,应使供分析的氨基酸溶液的浓度与标准氨基酸溶液的浓度相接近。

(3) 配制衍生剂时,在打开 AccQ-fluor 试剂盒中的 2A 瓶之前,轻轻弹击,确保所有粉末全部落入瓶底,由 2B 瓶中吸取 1 mL 稀释剂放入 2A 瓶中,加盖密封,振摇 10 s 后放入 55 ℃加热装置中加热,至衍生剂粉末全部溶解。加热时间不超过 10 min。该衍生剂置于干燥器中,室温下可保存 1 周。

(三) 四种饲料级氨基酸的测定

1. 饲料级 L-赖氨酸盐酸盐

合成赖氨酸主要的商品形式是 L-赖氨酸盐酸盐,常用的有日本味之素、韩国世元和美国的 ADM 等品牌,目前也有 65%的 L-赖氨酸硫酸盐,如大成、迪高沙等品牌。本文中以 L-赖氨酸盐酸盐为例,介绍其产品的理化特性和质量标准、鉴别与测定的方法。

1) L-赖氨酸盐酸盐的理化特性与质量标准

L-赖氨酸盐酸盐化学名称为 L-2,6-二氨基己酸盐酸盐,分子式为 $C_6H_{14}N_2O_2 \cdot HCl$,相对分子质量为 182.65,熔点为 263～264 ℃。市售的 L-赖氨酸盐酸盐为白色或淡褐色结晶粉末或颗粒,有特殊气味,无涩味。易溶于水,难溶于乙醇或乙醚,有旋光性,纯度为 98.5%,L-赖氨酸含量为 78%。硫酸盐类产品,其 Lys 含量只有 50%左右。以淀粉、糖质为原料,经发酵提取制得的 L-赖氨酸盐酸盐的质量标准如表 4。

表4 L-赖氨酸盐酸盐的质量标准

项目	指标
含量≥	98.5%
比旋光度$[\alpha]_D^{20}$	+18.0°～+21.5°
干燥失重≤	1.0%
透光率≥	95%
pH[水溶液(1∶10)]	5.0～6.0
灰分≤	0.3%
重金属(以Pb计)≤	0.003%
砷(As)≤	0.000 2%

2) L-赖氨酸盐酸盐含量的测定

(1) 原理

赖氨酸是碱性氨基酸，具有弱碱性，可在冰乙酸介质中用高氯酸标准溶液进行滴定，溶液由橙黄色转变为黄绿色为止，然后根据高氯酸标准溶液的消耗量，计算L-赖氨酸盐酸盐产品中赖氨酸的含量。

(2) 仪器

烘箱；电子天平：感量为0.000 1 g；滴定管。

(3) 试剂与溶液

① 甲酸：分析纯。

② 冰乙酸：分析纯。

③ 6%乙酸汞一乙酸溶液：称取6 g乙酸汞，加入100 mL乙酸溶解，混匀备用。

④ 0.2% α-萘酚苯甲醇指示液：称取0.2g α-萘酚苯甲醇，加100 mL冰乙酸溶解，混匀。

⑤ 0.1 mol/L的高氯酸一冰乙酸标准溶液：量取8.5 mL的高氯酸，在搅拌下加入500 mL冰乙酸中，混匀。在室温下滴加20 mL乙酸酐，搅拌至溶液均匀，冷却后用冰乙酸稀释至1 000 mL混匀。

标定：准确称取于105 ℃条件下烘干至恒重的基准邻苯二甲酸氢钾0.6 g，置于干燥的锥形瓶中，加入50 mL冰乙酸，温热溶解。加2～3滴结晶紫指示液(5 g/L)，用配制好的高氯酸溶液滴定至溶液由紫色变为蓝色为终点。根据所消耗的高氯酸的用量，计算高氯酸标准液的准确浓度。

高氯酸浓度(mol/L)＝邻苯二酸氢钾的质量(g)/(高氯酸溶液的用量×0.204 2)

0.204 2表示与1 mL的1 mol/L高氯酸标准溶液相当的邻苯二甲酸氢钾的质量(g)。

(4) 方法步骤

准确称取105 ℃条件下烘干至恒重的试样0.1 mg(精确至0.000 1 g)，加3 mL甲酸、50 mL冰乙酸、5 mL乙酸汞一乙酸溶液，再加10滴α-萘酚苯甲醇指示液，以标定好的高氯酸标准溶液滴定至溶液由橙黄色变为黄绿色为终点，记录消耗高氯酸溶液的体积(V)，并做空白试验，记录高氯酸标准液所消耗的体积(V_0)。

若滴定样品与标定高氯酸时温度之差超过 10 ℃，则须重新标定高氯酸溶液浓度；若不超过 10 ℃，可按公式(2)加以校正。

(5) 结果计算

L-赖氨酸盐酸盐($C_6H_{14}N_2O_2 \cdot HCl$)的含量按公式(1)计算：

$$X=\frac{c\times(V-V_0)\times 0.18265}{2m}\times 100\% \tag{1}$$

式中：X——样品中赖氨酸盐酸盐的含量(%)；

c——高氯酸标准溶液的浓度(mol/L)；

V——样品消耗高氯酸溶液的体积(mL)；

V_0——空白试验消耗高氯酸溶液的体积(mL)；

m——样品质量(g)；

0.182 65——赖氨酸盐酸盐的毫摩尔质量(g/mmol)。

注：同一样品两次测定值之差不得超过 0.2%，结果保留一位小数。

3) 注意事项

(1) 测定过程中所用的玻璃器皿要干燥无水。样品应放于(105±2)℃烘箱中干燥至恒重，否则影响测定结果的准确性。

(2) 本品是赖氨酸的盐酸盐，由于醋酸溶液中可释放出酸性相当强的盐酸，可能会影响滴定终点，因此在冰乙酸溶液中定量加入醋酸汞，使氯离子生成在醋酸中难以解离的氯化汞，以消除氯离子的干扰。若醋酸汞加入量不足，则氯离子没有被充分沉淀，影响滴定终点，使测定结果偏低；若加入适当过量的醋酸汞(1～3 倍)时，则不影响测定结果。

(3) 由于稀释标准高氯酸的冰醋酸随着温度升高体积会有所膨胀(冰醋酸的膨胀率为 0.001 1)，从而影响标准高氯酸的浓度，温度每升高 1 ℃，体积随之增大 0.1%，浓度降低 0.1%(表 5)，所以当测试样品时的温度与标准高氯酸标定时的温度相差±2 ℃时，应需重新标定或根据式(2)加以校正。

表 5　同一样品、同一标准溶液不同温度下的 L-赖氨酸测定结果

室温 20 ℃下测定			室温 29 ℃下测定			
样重(g)	高氯酸标准溶液用量(mL)	L-赖氨酸含量(%)	样重(g)	高氯酸标准溶液用量(mL)	校正前 L-赖氨酸含量(%)	校正后 L-赖氨酸含量(%)
空白	0.04		空白	0.04		
0.171 6	17.74	98.62	0.172 0	17.94	99.50	98.55
0.177 2	18.30	98.53	0.181 6	18.95	99.56	98.61
0.203 5	21.04	98.67	0.192 6	20.12	99.68	98.73
平均		98.61	平均		99.58	98.63

注：① 高氯酸标准溶液在 20 ℃时的标定浓度为 0.104 7 mol/L；

② 29 ℃时，高氯酸的校正浓度为 0.103 7 mol/L。

$$c_1=\frac{c_0}{1+0.0011(T_1-T_0)} \tag{2}$$

式中：c_1——T_1 时标准溶液的物质的量浓度(mol/L)；

c_0——T_0 时标准溶液的物质的量浓度(mol/L)；

T_1——滴定样品时的溶液温度(℃)；

T_0——标定时溶液的温度(℃)。

(4) 高氯酸标准溶液中冰醋酸具有挥发性，其凝固点为 15.6 ℃，故在室温高时易挥发，但低于 15 ℃时又易结冰。因此，配制、标定、贮存时，都应注意温度，一般在 15～25 ℃即可。高氯酸标准溶液在短时间内(1～10 d)在不同温度下标定后，经温度校正，其浓度基本一致。但在较长时间(2 个月左右)以后应重新标定，液体变微黄色时不能再用。

2. 饲料级 DL-蛋氨酸

蛋氨酸在饲料添加剂中的常用形式是 DL-蛋氨酸，主要品牌有罗纳一普朗克、迪高沙等。作为蛋氨酸添加剂使用的还有液态蛋氨酸羟基类似物(DL-MHA)，又称液态羟基蛋氨酸，化学名称是 DL-2-羟基-4-甲硫基丁酸。市售的产品有安迪苏公司、诺伟思公司等产品，产品外观为褐色黏液。其效价相当于蛋氨酸的 65%～88%。另有 DL-蛋氨酸羟基类似物钙盐(MHA—Ca)，是用液态羟基蛋氨酸与氢氧化钙或氧化钙中和，经干燥、粉碎后制成，其效价相当于蛋氨酸的 65%～86%。还有 N-羟甲基蛋氨酸钙，又称保护性蛋氨酸或过瘤胃蛋氨酸，主要作为反刍动物饲料中的蛋氨酸添加剂。

1) DL-蛋氨酸

DL-蛋氨酸化学名称为 DL-2-羟基-4-甲硫基丁酸，分子式为 $C_5H_{11}NO_2S$，相对分子质量是 149.22。易溶于稀酸、稀碱，可溶于水，微溶于乙醇，不溶于乙醚。熔点 281 ℃，其 1% 水溶液 pH 为 5.6～6.1，无旋光性。DL-蛋氨酸是白色或淡黄色结晶或结晶粉末，有微弱的含硫化合物的特殊气味。以甲硫基丙醛、氰化物、硫酸及氢氧化钠为原料生产的饲料级 DL-蛋氨酸质量标准如表 6。

表 6 DL-蛋氨酸的质量标准(%)

项目	指标
DL-蛋氨酸≥	98.5
干燥失重 ≤	0.5
氯化物(以 NaCl 计)≤	0.2
重金属(以 Pb 计)≤	0.002
砷(以 As 计)≤	0.000 2

2) DL-蛋氨酸含量的测定

(1) 原理

在中性介质中准确加入过量的碘溶液，过量的碘溶液用硫代硫酸钠标准溶液回滴，以淀粉为指示剂，至纯蓝色刚刚消失为止。根据硫代硫酸钠标准溶液的用量，计算样品中 DL-蛋氨酸的含量。

(2) 仪器

电子天平：感量 0.000 1 g；碘量瓶：500 mL；滴定管。

(3) 试剂与溶液

500 g/L 磷酸氢二钾溶液，200 g/L 磷酸二氢钾溶液，200 g/L 碘化钾溶液，碘溶液：$c(1/2\ I_2)$=0.1 mol/L，硫代硫酸钠标准滴定溶液：$c(Na_2S_2O_3)$=0.05 mol/L，淀粉指示液：将淀粉 1 g 用 10 mL 冷水充分混匀，然后将其边搅拌边加入 200 mL 的热水中，煮沸到半透明为止，静置后，取其上清液为指示液。

(4) 分析测定

称取试样 0.25 g(精确至 0.000 2 g)移入 500 mL 碘量瓶中，加入 100 mL 去离子水，依次加入 10 mL 磷酸氢二钾溶液、10 mL 磷酸二氢钾溶液、10 mL 碘化钾溶液试剂，待试样全部溶解后准确加入 50 mL 碘溶液，盖上瓶盖，充分摇匀，于暗处放置 30 min，用硫代硫酸钠标准溶液滴定过量的碘，临近终点时加入 1 mL 淀粉指示剂，滴定至溶液从蓝色变为无色并保持 30 s 为终点，记录硫代硫酸钠消耗的体积(V)，并做空白试验，记录硫代硫酸钠消耗的体积(V_0)。

(5) 计算

以质量分数表示的蛋氨酸含量，试样中 DL-蛋氨酸的质量含量按公式(3)计算：

$$w(C_5H_{11}NO_2S)=\frac{c\times(V-V_0)\times 0.0746}{m}\times 100\% \tag{3}$$

式中：c——硫代硫酸钠标准滴定溶液的实际浓度(mol/L)；

V——滴定试样时消耗的硫代硫酸钠标准滴定溶液的体积(mL)；

V_0——空白试验消耗的硫代硫酸钠标准滴定溶液的体积(mL)；

m——试样的质量(g)；

0.074 6——与 1.00 mL 硫代硫酸钠标准滴定溶液[$c(Na_2S_2O_3)$=1.000 mol/L]相当的以克表示的 DL-蛋氨酸的质量。

3) 饲料用羟基蛋氨酸钙盐的测定

准确称取样品 0.2～0.3 g(精确至 0.000 1 g)，置于 500 mL 碘量瓶中，加水 100 mL，振摇或微热溶解，加 5 g 磷酸氢二钾、2 g 磷酸二氢钾，振荡溶解，准确加入 50 mL 0.05 mol/L 碘液，加塞摇匀，在 25～30 ℃下暗处放置 30 min，加 1 mL 淀粉试液为指示剂，用 0.05 mol/L 硫代硫酸钠溶液滴定过量的碘，按同样的方法做空白测定。计算公式同 DL-蛋氨酸测定计算公式(3)。

4) 饲料用液态蛋氨酸羟基类似物的测定

取本品 0.2～0.3 g(精确至 0.000 1 g)，置于 500 mL 碘量瓶中，加水 100 mL、磷酸氢二钾 5 g 及磷酸二氢钾 2 g，振摇溶解。准确加入 0.05 mol/L 碘液 50 mL，加塞摇匀，在 25～30 ℃下暗处放置 30 min。加 1 mL 淀粉试液为指示剂，用 0.05 mol/L 硫代硫酸钠溶液滴定过量的碘，按同样方法做空白测定。计算公式除换算系数改为 0.075 1，其余同 DL-蛋氨酸测定计算公式(3)。

5) 注意事项

所得结果保留一位小数，取平行测定结果的算术平均值为测定结果，两次平行测定结果的绝对差值不得大于 0.1%。

3. DL-色氨酸

色氨酸是动物饲料中的限制性氨基酸之一，在实验分析中可借助于色氨酸的理化特性进行简单鉴别，也可利用荧光强度测定法、分光光度分析法(GB/T 15400—1994)或高效液相色谱法(仲裁法)测定色氨酸的含量，并依此判定其优劣与真伪。

1) DL-色氨酸的理化特性与质量标准

饲料级 DL-色氨酸外观为无色或微黄色结晶粉末，略有异味，难溶于水，其含量在 98.5%以上。25 ℃水中的溶解度为 1.1 g/100 mL(左旋型)、0.25 g/100 mL(消旋型)。DL-色氨酸的生物学效价是 L-色氨酸的 60%～80%。DL-色氨酸的分解温度为 285～292 ℃。其质量标准见表 7。

表 7 色氨酸的质量标准(%)

项目	指标
含量≥	98.5
氯化物(以氯计)≤	0.2
铵盐(以 NH_4^+ 计)≤	0.04
水分≥	1
灰分≤	0.5
重金属(以 Pb 计)≤	0.002
砷(As)≤	0.000 2

2) 饲料中色氨酸含量的测定——分光光度法

(1) 原理

色氨酸在酸性和高温条件下易被破坏，必须单独用酶解法或碱水解法处理测定。利用样品中游离出的色氨酸吲哚环与对二甲氨基苯甲醛(PDA—B)反应，生成蓝色化合物，加入亚硝酸钠进行重氮化反应，使蓝色进一步加深，在一定范围内颜色深浅与色氨酸含量成正比。此法适用于配合饲料、浓缩饲料和单一饲料中色氨酸的测定。

(2) 仪器

分析天平：感量 0.1 mg；分光光度计；离心机：转速 4 000 r/min；实验用粉碎机；培养箱；容量瓶：25 mL、50 mL、250 mL；刻度吸管：0.5 mL、2 mL、5 mL、25 mL；具塞试管：直径 18 mm，长 150 mm。

(3) 试剂与溶液

① 硫酸溶液：$c(1/2\ H_2SO_4)=21.2$ mol/L，量取 589 mL 硫酸徐徐加入约 350 mL 水中，冷却后稀释至 1 L。

② 1% 对二甲氨基苯甲醛溶液：1.0 g 对二甲氨基苯甲醛溶于 21.2 mol/L 硫酸中，并定容至 100 mL。

③ 0.2%亚硝酸钠溶液(m/V)。

④ 10%氢氧化钾溶液(m/V)。

⑤ L-色氨酸,色谱纯。

⑥ L-色氨酸标准溶液:准确称取25.0 mg L-色氨酸于小烧杯中,加少量0.1 mol/L氢氧化钾溶液使之溶解,定量地转移到250 mL棕色容量瓶中,用水定容,浓度为100 μg/mL。

注:本标准溶液于4 ℃冰箱中保存,一个月内使用,浓度不变。所有试剂除注明者外,均为分析纯,水为蒸馏水。

(4) 试样的设备

① 选取有代表性的试样,按四分法缩分至200 g,粉碎,全部通过0.25 mm孔径筛。

② 按GB 6433脱脂并测定脂肪含量。脱脂样品风干后,混匀,装入密封容器内备用。

(5) 实验步骤

① 工作曲线的绘制

a. 吸取色氨酸浓度为100 μg/mL的标准溶液5.00 mL、7.50 mL、10.00 mL、12.50 mL、15.00 mL、17.50 mL分别置于25 mL棕色容量瓶中用蒸馏水定容,摇匀。溶液浓度分别为20 μg/mL、30 μg/mL、40 μg/mL、50 μg/mL、60 μg/mL、70 μg /mL。

b. 吸取不同浓度的标准溶液1 mL,分别加入具塞试管中,空白管加1 mL蒸馏水,向每支试管内加入10%氢氧化钾溶液1 mL,混匀,将试管放入冷水容器中,加5 mL对二甲氨基苯甲醛溶液,从冷水容器中取出试管,摇匀,室温(20~30 ℃,下同)放置30 min。

c. 向上述每支试管内加0.2 mL亚硝酸钠溶液,摇匀,室温放置25 min。

d. 以空白管调零,在590 nm波长下,以1 cm光径测定各溶液吸光度值。

e. 以色氨酸浓度为横坐标,吸光度值为纵坐标,绘制工作曲线或列出回归方程式。

② 样品测定

a. 称样:根据样品蛋白质、色氨酸含量确定称样量,按表8建议的称样量称取脱脂试样两份,精确至0.1 mg。

表8 色氨酸测定时不同来源样品的参考称样量

蛋白质含量(%)	饲料种类	称样量(mg)
10以下	高粱、玉米	650~700
11~20	小麦、大麦、糠麸、配合料、混合料、各种叶粉等	450~500
21~30	干酒糟、干粉渣、豆腐渣、杂豆、糟渣类	350~400
31~40	棉仁饼、菜籽饼、蓖麻饼、向日葵饼、浓缩料	200~250
41~50	虾粉、豆饼、芝麻饼、酵母、豆粕、花生饼、国产鱼粉	180~200
50以上	鱼粉、血粉、肉骨粉、蚕蛹、羽毛粉	160~180

b. 水解:将试样置于50 mL容量瓶中,在轻轻振摇中缓缓加入25 mL氢氧化钾溶液,使试样湿润且不黏壁,置于(40±1)℃培养箱中水解16~18 h。

c. 离心:取出水解液冷却至室温后,用重蒸馏水定容,摇匀,取部分水解液以4 000 r/min转速离心15 min。

d. 显色：取2 mL上清液置于具塞试管中，并将试管放入冷水容器中，加入5 mL对二甲氨基苯甲醛溶液，摇匀。每个试样另取2 mL上清液于具塞试管中，加5 mL硫酸溶液作为样品空白，摇匀，室温放置30 min。然后向每支试管内加入0.2 mL亚硝酸钠溶液，摇匀，室温放置25 min。

e. 比色：与标准溶液比色操作一样，测定其吸光度。

(6) 分析结果的表述

① 计算公式：

$$色氨酸(\%)(脱脂样)=A\times\frac{25}{m\times10^3}\times100 \tag{4}$$

$$色氨酸(\%)(原样)=A\times\frac{25\times(1-F)}{m\times10^3}\times100 \tag{5}$$

式中：m——脱脂试样质量(mg)。

A——从工作曲线上查得色氨酸含量(μg)。

F——脂肪分率。

② 结果的表示：两个平行样品的测定结果用算术平均值表示，保留两位小数；试样脂肪含量小于4%时，式(4)和(5)所得结果在允许偏差之内。

③ 重复性：两个平行样品测定值的相对偏差，当色氨酸含量小于0.1%时，不大于4%；0.1%～0.5%时，不大于3%；大于0.5%时，不大于2%。

4. L-苏氨酸

苏氨酸是一种限制性氨基酸，在实验分析中，掌握苏氨酸的理化特性进行简单鉴别，利用分光光度分析或高效液相色谱分析测定苏氨酸的含量，并依此判定其优劣与真伪。

1) 苏氨酸的理化特性与质量标准

苏氨酸的化学名称为L-2-氨基-3-羟基丁酸，相对分子质量为119.1，按干燥品计算，含$C_4H_9NO_3$不得少于98.5%。饲料添加剂苏氨酸为白色至浅褐色结晶或结晶性粉末，无臭。易溶于甲酸，溶于水，几乎不溶于乙醇。苏氨酸的质量标准见表9。

表9 L-苏氨酸的质量标准

项目	指标
含量≥	98.5%
比旋光度，$[\alpha]_D^{20}$	−25.0°～−29.0°
pH	4.5～6.0
干燥失重≤	0.5%
炽灼残渣≤	0.5%
重金属(以Pb计)≤	0.003%
砷(As)≤	0.000 2%

2) 苏氨酸含量的测定

(1) 电位滴定法测定苏氨酸的含量　准确称取本品0.1 g，加无水甲酸3 mL与冰醋酸50 mL使之溶解，按电位滴定法，用高氯酸滴定液(0.1 mol/L)滴定，并将滴定的结果用空白试验校正。每毫升高氯酸滴定液(0.1 mol/L)相当于11.91 mg的$C_4H_9NO_3$。根据高氯酸的消耗量计算苏氨酸的含量。

(2) 用高效液相色谱仪进行测定(参考本实验前述方法)。

三、思考题

1. 氨基酸分析方法有哪些?
2. 氨基酸样品分析的水解方法有哪些?
3. 含硫氨基酸样品的水解采用什么方法? 为什么?
4. 利用氨基酸自动分析仪和高效液相色谱仪分析氨基酸的异同有哪些?
5. 试述配合饲料中氨基酸分析的步骤。
6. 简述色氨酸和苏氨酸的定量测定方法。

实验二十二 饲料消化率的测定

动物对饲料中营养物质的消化程度称作消化率(Digestibility),通常用百分数(%)表示,也即饲料中可消化养分占动物食入养分的百分率。消化率是动物自身的消化能力和饲料可消化性两个方面的综合反映。消化率是评定饲料营养价值的基础数据,是计算饲料消化能值和可消化营养物质的基础。消化率的测定方法有体内法(In vivo)、体外法(In vitro)和半体内法,又称尼龙袋法(In situ)。用体内法测定消化率需要进行动物消化试验,体内法又分为全收粪法和指示剂法(分内源指示剂和外源指示剂)两种。体内法因较真实反映饲料在动物体内的可消化性而较为常用;体外法因不需要做动物试验,在实验室内进行体外模拟动物试验,较省时省工,也在一些饲料营养价值评定中被经常应用。

体内法测定饲料的消化率

一、实验目的

为了测定特定动物对特定饲料的消化率,需要进行动物消化试验测定,为饲料营养价值的评定提供基础数据。

二、实验原理

1. 全收粪法

全收粪法是经典、传统、标准的方法。具体是用被测饲料饲喂动物,准确记录动物的食入饲料量,连续收集5~7 d动物排出的全部粪便,同时采集饲料样本,测定饲料和粪便中待测营养物质的含量,比较在一定时间内食入养分量与粪中排出养分量的差值推算饲料中可消化营养物质含量和消化率。全收粪法又分为直接测定法和间接测定法(套测法)两种。

$$营养物质消化率=\frac{可消化养分}{食入养分}\times 100\%=\frac{食入养分量-粪中养分量}{食入养分量}\times 100\%$$

2. 指示剂法

均匀分布于饲料与粪便中的指示剂，其总量经过消化道后不减少，而饲料养分被消化吸收，根据饲料与粪便中指示剂和营养物质间比例变化即可算出动物对饲料养分的消化率。

作为指示剂的条件有以下几条：必须是稳定、无化学变化；不被动物消化吸收，回收率高；在适量饲喂时，不影响机体消化机能；容易分析；在饲料中需分布（或混合）均匀。指示剂又分为内源指示剂和外源指示剂。内源指示剂是饲料本身含有的稳定物质，如饲料中酸不溶灰分。也可用 SiO_2、木质素等，但不易测定。常用外源指示剂有 Cr_2O_3（回收率98%）。也有用 Fe_2O_3、Ti_2O_3、$BaSO_4$ 等。一般以0.2%～1%添加于日粮中（Cr_2O_3 为0.5%），拌均匀。

三、实验仪器与试验动物

1）试验动物的准备与要求

选择健康、生长发育良好的动物（最好用公畜），供试动物的品种、品系、年龄、性别、体重等应一致或相近，同一个测定，供试动物不得少于3头（3～6头的范围内都可以，即设置重复）；对所选动物驱虫、免疫。将试验动物置于消化代谢笼内进行个体饲养。

2）试验日粮的准备与饲喂

一次性配制全部试验期的饲料，最好按每头、每天食量（预备试验测得）分装，编号，备用；配料时同时采样，分析养分含量；对含水量高、易腐烂变质的饲料，如青绿多汁饲料等，需每天饲喂时称重，采样并及时分析成分（或先测初水分，制成风干样）。

3）试验场地及设备的准备

（1）场地：防疫、安静、卫生干燥，便于管理操作。

（2）设备：饲槽、水槽、集粪设备；公畜用集粪袋，母畜和家禽需特殊集尿装置，便于粪尿分开，禽常用外科手术法，将尿口、肛门移植体外，分别收集；消化柜、消化笼拴好（固定）家畜，粪可排入柜下粪桶或集粪袋中收集；试验前对场地及所有用具设备进行消毒处理。

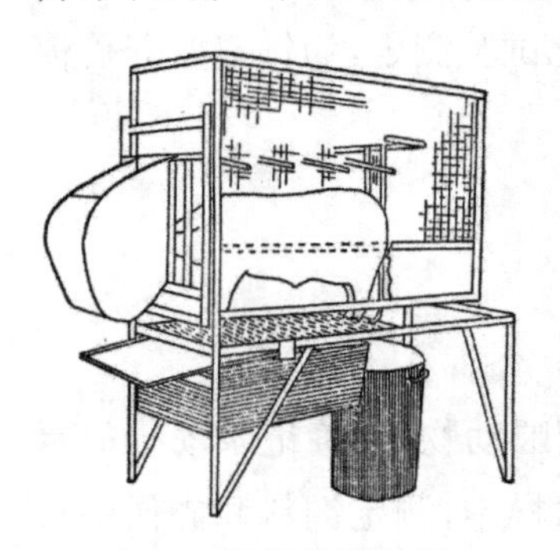

图1　猪消化代谢笼

图2　牛消化代谢装置

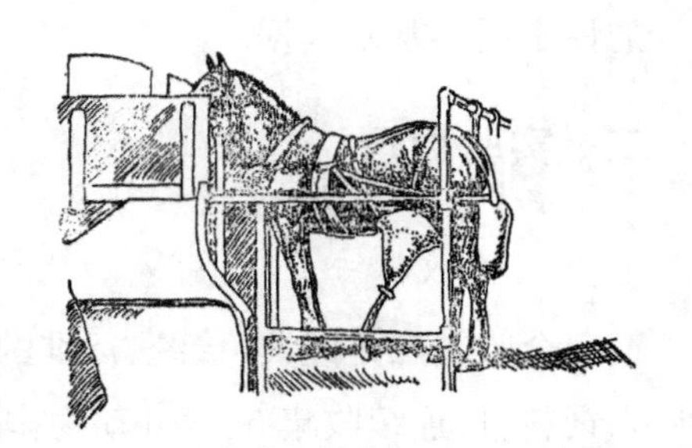

图3　马消化代谢装置

四、实验步骤

1. 直接测定法

实验分预试期和正试期。

(1) 预试期

不同动物由于其消化道长度不同,食糜的排空时间也不同,预试期也不同。对牛、羊需要10~14 d,猪为5~10 d,家禽为3~5 d。在预试期间,定量饲喂动物试验日粮。其目的是更换肠内容物;观察采食、排粪规律,及时掌握动物采食、排粪情况,便于收集粪便,并调整动物;动物适应试验环境,避免应激引起误差。在正式(收粪)期前,将供试动物置于试验笼、柜或栏中,供被测饲料饲喂。

(2) 正试期(收粪期):持续时间与预试期相同,一般为7 d左右。

准确记录饲喂饲料量,每天剩余料要混入下次喂,损失掉的和最后剩余的要称重、减去。收集每头试验动物每日(24 h)粪便(分个体):每天定时(一般在早晨)收集粪便并称重,混匀按一定比例(1/10~1/50)取样,或收集全部粪便及时测定初水分,计量粪重(半干或绝干样),取样分析。鲜粪保存以每100 g鲜粪加10%的盐酸10 mL,以免粪中氨态氮损失。经常观察供试动物情况,做好记录(尽量详细,并记录其他情况如天气等)以供分析。

(3) 饲料及排粪样品中养分测定。

(4) 计算:

以每头动物正试期总量或每日平均食入、排粪量计算:

$$\text{表观营养成分消化率}(\%)=\frac{\text{食入养分量}-\text{粪中养分量}}{\text{食入养分量}}\times 100$$

2. 间接测定法(套测法)

(1) 适用范围:某些不能单独作为饲粮来饲喂动物的饲料(如各种谷实、豆饼、菜籽饼等)。

(2) 方法:两次试验测定法。进行两次消化试验,每次试验方法同前述,只是日粮不同。具体要求:

第一次试验:测定基础饲粮的养分消化率,其中含有待测饲料;

第二次试验:用一定比例的待测饲料代替基础饲粮。后测得此混合饲粮的养分消化率。代替比例一般以干物质计算为15%~50%,多为20%。具体试验安排如表1。

表 1 间接消化试验安排

		第一组	第二组
第一次消化实验	预试期日粮	基础日粮	基础日粮＋待测日粮
	正试期日粮	基础日粮	基础日粮＋待测日粮
过渡期(5～7 d)	过渡期日粮	基础日粮	基础日粮
第二次消化实验	预试期日粮	基础日粮＋待测日粮	基础日粮
	正试期日粮	基础日粮＋待测日粮	基础日粮

两次试验间隔至少 5～7 d，最好为一个预试期，以更换消化道内容物，使动物适应新日粮，避免应激误差。

计算：

$$F=\frac{100(T-B)}{f}+B$$

式中：F——所测(单一)饲料养分的消化率(%)；

T——第二次日粮中养分的消化率(%)；

B——第一次(基础)日粮中养分的消化率(%)；

f——第二次日粮中待测饲料养分代替基础日粮养分的比例(%)。

3. 指示剂法

(1) 外源指示剂法：供试动物的选择、预试期和正试期的饲养管理与全收粪法相同。

饲料的准备　常用的外源指示剂为 Cr_2O_3 和 TiO_2。分析被测饲料的铬含量，确定外源 Cr_2O_3 的实际添加量，使最终饲喂给动物的饲粮中 Cr_2O_3 含量为 0.5%左右。从预试期开始饲喂这种含铬饲粮。在饲料中添加指示剂 Cr_2O_3 要充分混合均匀。

粪样的收集与制备　由于指示剂在动物粪中并不是呈均质状态，因此，可在 6 d 的正试期内，每天定时水解抽取鲜粪样品，日取 3 次，每次约取 100 g，置于冰箱中，然后，将 6 d 的样品以动物为单位混合在一起搅拌均匀，分样后用于测定相关营养指标。

结果计算：

计算公式如下：

$$F(\%)=100-\frac{\text{饲粮中指示剂含量}}{\text{粪中指示剂含量}}\times\frac{\text{粪中养分含量}}{\text{饲粮中养分含量}}\times 100$$

(2) 内源指示剂法(酸不溶灰分法，简称 AIA 法)：内源指示剂是采用饲料自身含有的物质作为指示剂，不需要在饲料中添加外源指示物质，只要试验动物对新的饲粮和饲养环境适应了即可进行消化试验。因而更加简化了试验过程中的操作步骤。

内源指示物——酸不溶灰分有两种：即 4 mol/L 盐酸不溶灰分(简称 4N－AIA 法)与 2 mol/L 盐酸不溶灰分(简称 2N－AIA 法)。其中，2N－AIA 在饲料与粪中的含量较 4N－AIA 多，有利于提高试验结果的准确性。但 2N－AIA 法中样品经过盐酸处理后的残渣较多,过滤洗涤时比较繁琐。因此,可根据条件和试验精度选择方法。粪样的收集、制备和计算方法与外源指示剂法相同,这里不再赘述。实验流程图如图 4。

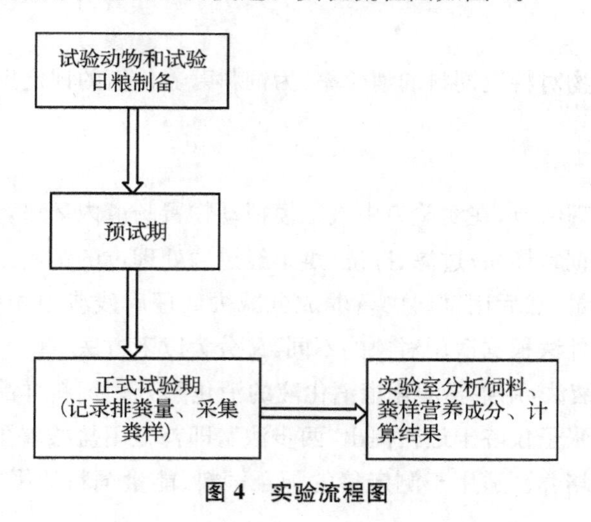

图 4 实验流程图

五、实验注意事项

1. 全收粪法需要收粪装置。最简单的方法是在动物肛门后挂一集粪袋,贮存由肛门排出的粪。但此法只适用于公畜,不能用于母畜和家禽。因为它们排出的粪和尿难以分开。也可用外科手术法将母畜和家禽的粪尿分开收集。例如,采取"回—直肠吻合术",在肛门收集回肠末端食糜,此法可应用于猪饲料氨基酸消化率的测定。对于家禽,采用盲肠切除术和"强饲—饥饿法"测定饲料氨基酸的消化率。

2. 收集的粪要及时称重和采样,否则,由于粪中氨态氮会挥发掉,影响蛋白质消化率的测定结果。

3. 矿物质元素的消化率难以用全收粪法测定。因为动物消化道会排出大量内源矿物质,使测定结果误差较大,维生素在消化道内有大量的合成和降解,因而测定饲料维生素的消化率也没有意义。

4. 因指示剂的回收率直接影响消化率的结果,应选择回收率高的指示剂。加入外源指示剂的比例不宜过高,外源指示剂法不宜用于直接测定单个饲料养分的消化率,只能相对准确地测出整个饲粮的养分消化率。作为严格的消化率测定,必须利用全收粪法进行校正。

体外消化试验法(In vitro)

体外法又称离体消化试验法,是在实验室中人工模拟动物消化道对饲料的消化过程。与体内法相比,虽然体外法很难真实模拟体内消化过程,但因其与体内法存在很高的一致性和相关性,而且操作过程省时、省力、费用低、易于标准化,因此,仍为国内外研究者广为接受和使用。

一、实验目的

为了测定特定动物对特定饲料的消化率，为饲料营养价值的评定提供基础数据。

二、实验原理

根据动物消化生理特点，在实验室中人工模拟动物胃肠道内环境，先后用胃蛋白酶及小肠中主要消化酶处理饲料样品；过滤、冲洗、烘干经过酶处理过的饲料残渣，分析测定饲料样品和残渣中的成分含量，然后用饲料中营养成分减去处理后残渣中相应的营养成分即计算出饲料的消化率。体外法根据适用对象的不同，又分为以下方法：

(1) 消化道消化液法：用主要消化道消化液的消化酶处理饲料样品，由中国农业科学院北京畜牧兽医研究所张子仪院士最初提出"两步法"，即首先用盐酸胃蛋白酶消化，然后用猪小肠冻干粉或小肠液培养。适用于测定猪的配合饲料、能量饲料的干物质消化率和表观消化能。

(2) 人工消化液法(酶解法)：分别体外模拟瘤胃微生物消化和用胃蛋白酶和小肠液模拟瘤胃后消化饲料样品，测饲料干物质消化率和能量消化率。适用于测定反刍动物的饲料消化率，如反刍动物采用"两级离体消化法"(Telly 和 Terry，1963)。

(3) 人工瘤胃法：人工瘤胃法有不同的装置，方法也有所不同。但其原理都源于 1979 年由德国营养学家 Menke 和 Steingass 提出的用于反刍动物饲料能量评定的 Menke 产气法。它是通过人工瘤胃产生的气体(CO_2、CH_4 等)来评价饲料的性能。它的理论依据是研究发现瘤胃产生的气体量与饲料的消化率有较高的相关性(Menke 等)。饲料样本经活体外人工瘤胃液发酵所产生的气体(CH_4、CO_2、H_2) 数量和速率与其发酵强度呈正相关，因此产气量可以用来估测饲料有机物质消化率和消化速度。将一定粒度的饲料样品(一般 1～2 mm)与瘤胃液一起发酵 24 h，依产气量推算饲料有机物消化率和能量消化率。国外文献多称该方法为霍恩海姆产气法(Hohenheim gas test)。中国农业大学杨红建(2010)发明 32 通路 AGRS－1 型体外发酵产气装置。现在发展为连续培养系统(Continuous culture system，CCS)，如 Rusitec－apparatus 系统(Czerkawski，1986)分为单外流(Single-flow)和双外流(Dual-flow)两种系统。单外流系统指消化食糜固相和液相以相同的速度外流；双外流系统指消化食糜固相和液相外流速度不同，分别加以控制。一般由发酵培养系统(带温控和搅拌装置)、自动喂料系统、缓冲液输入系统、气体导入系统、外流系统 、食糜收集系统组成。

三、实验仪器与试剂

1) 带瘘管动物。

2) 人工瘤胃装置。

3) 水浴恒温培养摇床。

4）体外培养管。

5）二氧化碳培养箱。

6）离心机。

7）胃蛋白酶。

8）小肠液冻干粉。

恒温二氧化碳培养箱（AGRS－Ⅲ）见图 5。

图 5　体外消化培养装置

四、实验步骤

1. 采用消化液两步酶解法测定猪饲料体外消化率的步骤

（1）胃蛋白酶（PPS）　称取 0.5 g 饲料样品（精确到 0.000 2 g）4 份，分别置于 4 个 100 mL 带盖三角瓶中，加 10 mL 0.2%盐酸胃蛋白酶溶液（每升 0.075 mol 盐酸中含 2 g 胃蛋白酶，酶的用量应根据酶的活力而定）。将三角瓶置于 37 ℃恒温振荡器中，振荡（80～100 r/min）4 h。

（2）猪小肠液冻干粉　将 1 g 猪小肠液冻干粉以 10 mL 蒸馏水溶解后，经 200 目尼龙袋过滤备用。依放入顺序取下三角瓶，用0.2 mol/L氢氧化钠溶液中和，使pH到达7.0，用上述猪小肠液冻干粉水溶液冲洗三角瓶壁，继续在37 ℃恒温震荡4 h。将4个平行三角瓶中的内容物无损失地两两并入250 mL烧杯中，用蒸馏水洗净三角瓶，加满蒸馏水，盖上表面皿，静置过夜，夏季需置冷暗处或加甲苯1滴防霉。用扎有200目尼龙布的抽滤漏斗吸去上清液，将残渣无损地转移到已知绝干重和热值的无灰滤纸上。通过布氏漏斗抽滤。用蒸馏水反复冲洗烧杯中的残渣，抽干后将滤纸折成小包，放入已知重量带磨口盖的称量瓶内，置于105 ℃下烘干至恒重，测定滤纸包的营养物质含量和绝干重。

计算：

$$\text{相对营养物质消化率}(\%)=\frac{a\times d\times h_1-(q_2-b\times h_2)}{a\times d\times h_1}\times 100$$

式中：a——并入一个烧杯中的两份平行饲料样品的重量(g)；

d——饲料绝干物质的含量(%)；

b——滤纸绝干重(g)；

h_1——饲料干物质中营养物质的含量(%)；

h_2——绝干滤纸中营养物质含量(%)；

q_2——绝干滤纸和残渣中营养物质的含量(g)。

实验流程图见图6。

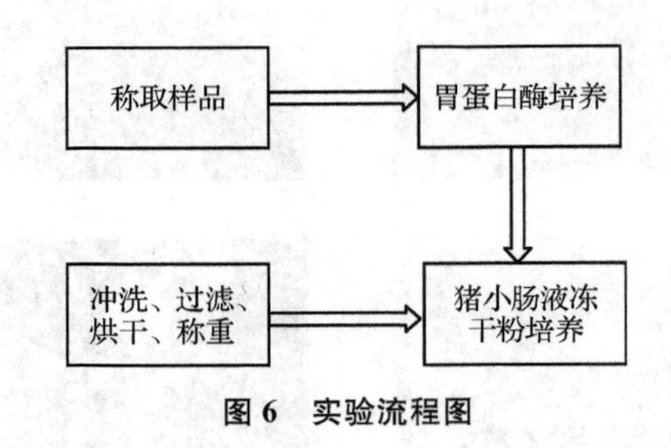

图6 实验流程图

2. 反刍动物饲料"两级离体消化法"的测定步骤

Tilly和Terry(1963)提出"两级离体消化试验法"主要包括48 h瘤胃消化和48 h蛋白酶消化两个阶段，整个消化实验模拟部分在100 mL离心管内进行。

(1) 实验仪器与试剂

a. 仪器

恒温水浴摇床(温差小于0.5 ℃)；100 mL离心管20～50支(带橡胶塞，在塞中心打一个小孔，安装带有自动排气阀的三通)；带有瘤胃瘘管的试验牛或羊；抽滤装置；离心机；烘箱。

b. 试剂

缓冲液：配方组成为$NaHCO_3$ 39.2 g，Na_2HPO_4 37.2 g，NaCl 1.88 g，KCl 2.88 g，

$MgCl_2 \cdot H_2O$ 0.36 g,$CaCl_2$ 0.2 g。

将以上成分溶解于 4 L 蒸馏水中制成溶液。

胃蛋白酶溶液:用胃蛋白酶(1∶10 000)10 g,浓盐酸 44.5 mL,加蒸馏水 5 000 mL。

(2) 饲料样品的准备

粉碎饲料样品,通过 40 目标准筛备用。每个样本称取 0.5～1 g 饲料样品(精确到 0.000 1 g)2 份,分别置于 2 个 100 mL 带橡胶塞的离心培养管中,橡胶塞上打有带三通的通气阀。设置标准饲草样本 2 个,一个为高消化率,一个为低消化率,通过前期 10 次以上的离体消化试验测定,取平均消化率,求出校正系数,以消除各种试验间由于瘤胃液质量变化和其他影响因素所引起的误差。设置空白样 2 个,分别排列于培养框架的前位和后位,以消除试验条件所引起的误差。

平行样品设置如下:

标准饲草 A(高消化率)	2 个
标准饲草 B(低消化率)	2 个
空白样 1	2 个
空白样 2	2 个
试验样品	各 3 个

(3) 瘤胃液的采集和消化液的分装

用带有瘤胃瘘管的反刍动物于晨饲后 2 h 后,从瘤胃内上下左右不同位点采集足量瘤胃液,灌入经预热达 38 ℃并通有 CO_2 的保温瓶中,灌满后立即盖严瓶口,迅速返回实验室,经 4 层纱布过滤后持续充入 CO_2 气体 5 min 备用。

按瘤胃液∶人工唾液(或磷酸缓冲液)为 1∶2 的体积比例充分混合后,配制成培养液,并快速分装至每个离心培养管中(如果没有瘤胃液,也可用 50 mL 纤维素酶溶液代替瘤胃液,或用新鲜的牛粪或羊粪生理盐水液),摇动混合。分装完毕后再向每个培养管充入 CO_2 气体 1～2 min,注意不要让饲料样品黏在培养管壁上。

(4) 第一级消化(微生物消化阶段)

将离心培养管放置于 38～39 ℃恒温水浴摇床培养 48 h。利用带有三通排气阀门的橡皮塞密封离心管借助于 16 cm 长针头充入 CO_2 气体,以保证厌氧发酵环境。

在微生物发酵培养过程中,每日摇动 2～3 次培养管,并检查 pH,如酸度发生变化,用 0.1 N HCl 或 0.1 N 氢氧化钠溶液调节 pH 在 6.8～7.0 之间。

结束培养时,取出培养管,向培养管内加入 $HgCl_2$ 溶液 1 mL,Na_2CO_3 溶液 2 mL,以防止微生物继续活动,促进沉淀。然后,将离心培养管直接放入离心机,在 4 ℃下离心 15 min,倾去上清液。

(5) 第二级消化(蛋白酶消化阶段)

在每个离心培养管中加入 50 mL 盐酸胃蛋白酶溶液,使 pH 降到 1.5,再将培养管放回 38～39 ℃恒温水浴摇床,每日摇动 2～3 次,经过 48 h 培养结束。将其离心分离,用蒸馏水冲洗数次，将沉淀物转移到已知重量的古氏坩埚中，将坩埚放入烘箱烘干至恒重。

计算：

计算样品干物质消化率（IVDMD）如下：

$$\mathrm{IVDMD}(\%)=\frac{(W_3-W_1)-W_2}{W_0}\times 100$$

式中：W_0——样品重（g）；

W_1——坩埚重（g）；

W_2——空白样残渣重（g）；

W_3——坩埚+残渣重（g）。

实验流程见图 7。

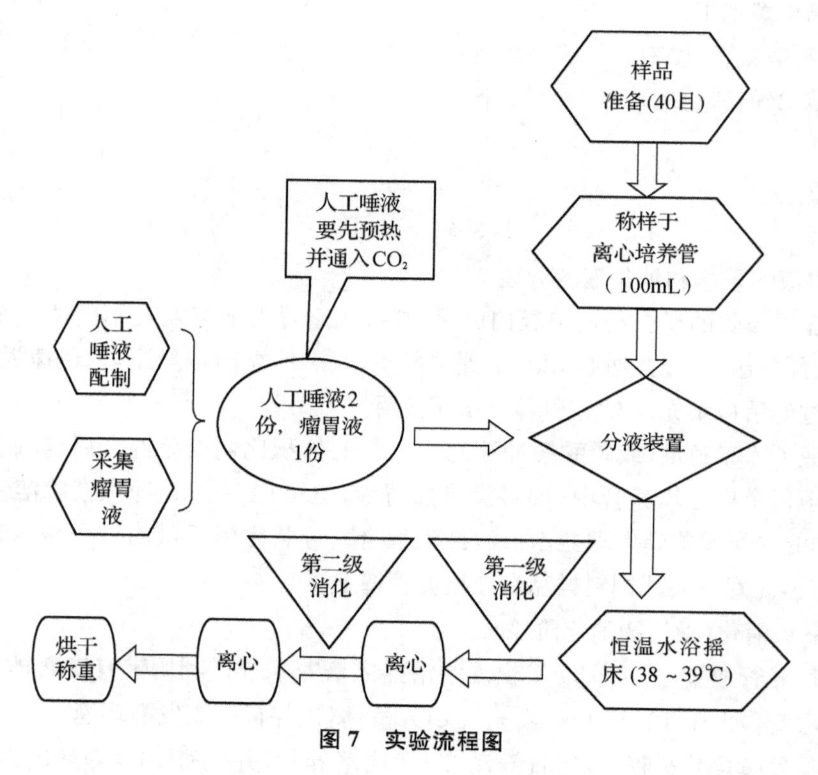

图 7　实验流程图

3. 人工瘤胃法测定产气量步骤

（1）瘤胃液的采集　用带有瘤胃瘘管的反刍动物于晨饲前 1 h 或 2 h 后，经过瘤胃瘘管或利用瘤胃液口腔采样器从瘤胃内上下左右不同位点采集足量瘤胃液，灌入经预热达 39 ℃并通有 CO_2 的保温瓶中，灌满后立即盖严瓶口，迅速返回实验室，经 4 层纱布过滤后持续充入 CO_2 气体 5 min 备用。

（2）瘤胃液接种与体外培养　将饲料样品粉碎后过 1～2 mm 孔径筛，称取 0.2～0.5 g 待测饲料样品置入带有三通的培养管（或 100 mL 标准注射器）中。每种待测饲料至少设 3

个培养管，同时做空白（不加待测饲料）。然后加入瘤胃液与培养液的混合液，将培养管置于39 ℃恒温水浴中，通入 CO_2 培养 24 h。记录产气量体积。

计算方法：

产气量(mL)＝该时间段内培养管气体产生量(mL)－对应时间段内空白管气体平均产生量(mL)

动态产气曲线的数学拟合模型：

无发酵延滞期模型：

$$y=b(1-e^{-ct}) \tag{1}$$

$$y=a+b(1-e^{-ct}) \tag{2}$$

$$y=b/(1+e^{(2-4ct)}) \tag{3}$$

$$y=b_1(1-e^{-c_1 t})+b_2(1-e^{-c_2 t}) \tag{4}$$

有发酵延滞期模型：

$$y=b(1-e^{-c(t-lag)}) \tag{5}$$

$$y=a+b(1-e^{-c(t-lag)}) \tag{6}$$

$$y=b/(1+e^{(2-4c(t-lag))}) \tag{7}$$

式中：y——指 t 时间点的累积产气量(mL)；

a——样本中快速产气组分的产气量(mL)；

b——样本中慢速产气组分的理论产气量(mL)；

c——指产气速率(h^{-1})；

lag——指发酵气体延滞时间(h)；

t——培养时间(h)。

统计应用软件：最大可能性程序(Maximum likelihood program)，非线性回归分析(NLREC，Non－linear regression analysis)和 Table curve(SPSS science)。统计分析模拟图如下图 8。

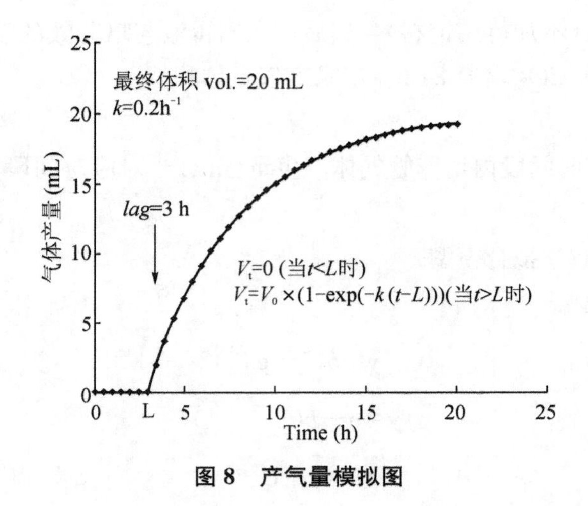

图 8　产气量模拟图

实验流程如下图 9。

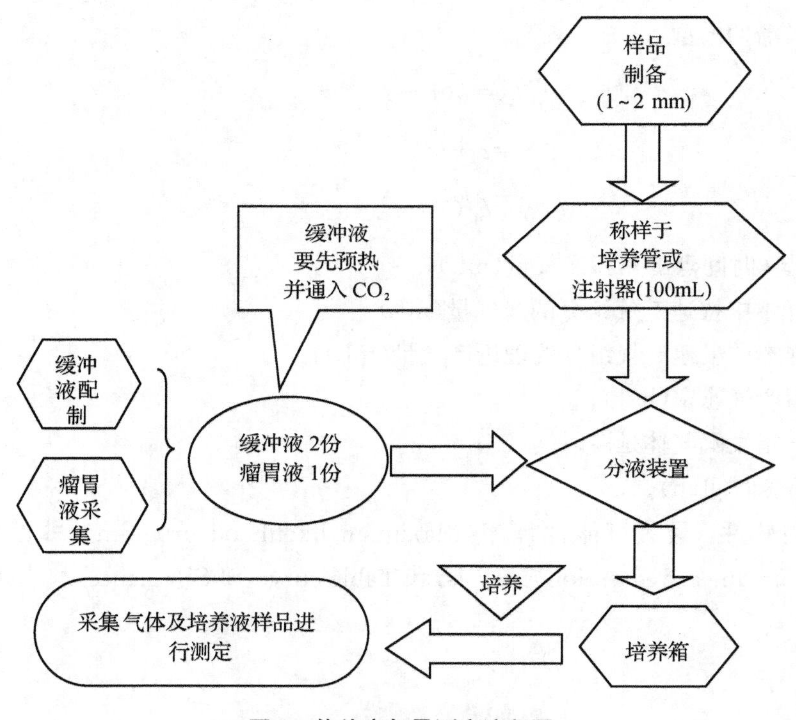

图 9　体外产气量测定流程图

五、实验注意事项

1. 在体外消化培养中，每个饲料样品测定必须至少做 2 个平行样，每一批次培养必须至少设 3～5 个空白样管，与样品管在相同条件下培养。

2. 两级离体消化法必须满足三个条件，即厌氧环境、恒定温度（38～39 ℃）和恒定酸度

(微生物消化阶段 pH=6.8~7.0,使用纤维素酶 pH=4.8,胃蛋白酶消化阶段 pH =1.5)。如果在培养过程中这三个条件变化较大,则会对测定结果带来偏差。

3. 瘤胃液供体动物应经过预饲,且其日粮组分尽可能与待测饲料组分相近。采集瘤胃液装置应进行预热且保温,尽可能做到厌氧;称样时应将样本尽可能送到培养管或注射器的1/3刻度以下,避免样本黏在注射器壁上;还原剂应现配现用,且应在加入瘤胃液之前加入混合培养液中,并通入二氧化碳至溶液无色才能加入瘤胃液,整个加样过程中,磁力搅拌器应正常工作,以使接种物质混合均匀,培养时间应当长于获得最大产气量的时间。

六、思考题

1. 试述用体内法测定饲料消化率的方法、操作步骤和应用条件。
2. 试述用体外法测定饲料消化率的方法、操作步骤和应用条件。

附　　录

附录一　化学试剂级别

化学试剂(Chemical reagent)产品成千上万种，是进行化学研究、成分分析的相对标准物质，是科技进步的重要条件，广泛用于物质的合成、分离、定性和定量分析，可以说是化学工作者的眼睛。在工厂、学校、医院和研究所的日常工作中，均离不开化学试剂。通常把它们分为无机化学试剂、有机化学试剂和生化试剂三大类。但是各类化学试剂同时因为纯度、杂质含量、用途等的不同而存在多个级别。国产化学试剂一般是按杂质含量的多少而分成四个级别。

(1) 实验级试剂(Laboratory reagent)：为四级试剂，简写为LR，一般瓶上用黄色标签。主成分含量高，纯度较差，杂质含量不做选择，只适用于一般化学实验和合成制备。

(2) 化学纯试剂(Chemical pure)：为三级试剂，简写为CP，一般瓶上用深蓝色标签。主成分含量高，纯度较高，存在干扰杂质，适用于化学实验和合成制备。

(3) 分析纯试剂(Analytical reagent)：为二级试剂，简写为AR，一般瓶上用红色标签。主成分含量很高，纯度较高，干扰杂质很低，适用于工业分析及化学实验。

(4) 优级纯试剂(Guaranteed reagent)：又称保证试剂，为一级试剂，简写为GR，一般瓶上用绿色标签。主成分含量很高，纯度很高，适用于精确分析和研究工作，有的可作为基准物质。

除了上述常用的级别外，目前市场上尚有：

基准试剂(Primary reagent)，简写为PT。可直接配制标准溶液，专门作为基准物用。

光谱纯试剂(Spectrum pure)，表示光谱纯净，简写为SP。但由于有机物在光谱上显示不出，所以有时主成分达不到99.9%以上，使用时必须注意，特别是作基准物时，必须进行标定。

生物试剂(Biological reagent)，简写为BR。用于配制生物化学检验试液和生化合成。质量指标注重生物活性杂质。可替代指示剂和有机合成。

生物染色剂(Biological stain)，简写为BS。适用于配制生物标本染色液。质量指标注重生物活性杂质。可替代指示剂和有机合成。

显色剂(Indicator)，简写为Ind。

色谱纯试剂：是指进行色谱分析时使用的标准试剂，在色谱条件下只出现指定化合物的峰，不出现杂质峰。

标准品：是用于生物测定、抗生素或生化药品中含量或效价测定的标准物质，以国际标准品进行标定；对照品除另有规定外，按干燥进行计算后使用。

进口化学试剂分级：

超纯(Ultra Pure)：与 GR 级相近。

高纯(High Purity)：与 AR 级相近。

生物技术级(Biotech)：与 BR 级相近。

试剂级(Reagent)：与 CP 级相近。

美国化学学会标准(ACS)：与 AR 级相近。

药用级(USP)。

附录二 化学试剂存放

化学试剂存放要依据物质自身的物理性质和化学性质，降低或杜绝物质变性、自然损耗，方便试剂取用是我们的总原则。因此要考虑试剂瓶瓶质、瓶口、瓶塞、瓶体颜色，防护性试剂与环境措施等诸多方面的问题。

1. 对试剂瓶的要求

1）对试剂瓶瓶质的要求

由于大多数化学试剂都不与玻璃发生反应，因此除某些溶液，如 HF 溶液，因腐蚀玻璃不能用玻璃瓶盛放，可用塑料瓶或铅皿，其他试剂一般用玻璃瓶保存。

2）对试剂瓶瓶口的要求

一般性固体试剂存放在广口瓶中便于取用，一般性液体试剂存放在细口瓶中，减少挥发。

3）对试剂瓶瓶塞的要求

盛放碱性物质（如 NaOH、Na_2CO_3、Na_2S 等溶液）或水玻璃的试剂瓶必须要用橡胶塞、软木塞。因为碱性物质或水玻璃均能与玻璃中的二氧化硅发生反应，导致瓶与塞的粘结。不做特殊说明以玻璃塞为宜。

4）对试剂瓶瓶体颜色的要求

见光易分解的试剂应存放在棕色广口瓶、细口瓶中。如 $AgNO_3$、氯水、双氧水、溴水及不稳定有机物等，其余一般存放在无色试剂瓶中。

5）滴瓶的使用

滴瓶不能存放易于蒸发、挥发且对胶头有腐蚀作用的液体试剂。滴瓶一般不用来长期保存试剂。见光易分解的试剂应存放在棕色瓶中。

2. 不稳定试剂的保存

1）常用不稳定试剂的分类及要求

(1) 易挥发、低燃点的试剂要密封，放于阴凉、通风、远离火源处保存。

(2) 易挥发或自身分解的试剂要密封，放于阴凉通风处保存。如浓硝酸、浓盐酸、浓氨水、$AgNO_3$、液溴（水封）等。

(3) 易与氧气作用的试剂，如亚硫酸盐、苯酚、亚铁盐、碘化物、硫化物等应将其固体或晶体密封保存，不宜长期存放其水溶液；亚硫酸、氢硫酸溶液要密封存放；钾、钠、白磷更要采用液封形式。

(4) 与二氧化碳反应的物质要密封保存。如碱类、NaOH、$Ca(OH)_2$、$Ba(OH)_2$ 等，如弱酸盐类、水玻璃、漂白粉、偏铝酸钠、苯酚钠、Na_2O、Na_2O_2 等。由于其相应的溶液较固体更易反应，所以更要注意密封保存。

(5) 与水蒸气、水发生反应的物质要密封，并远离水源保存。如电石(CaC_2)、生石灰(CaO)、浓硫酸、无水硫酸铜($CuSO_4$)，各种干燥剂(硅胶、碱石灰、P_2O_5、$CaCl_2$ 等)，K、Na、Mg、Na_2O_2，更要同时具备所有要求。

2) 需要借助其他物质密封保存的一类试剂

(1) 需要借助液体物质保存的有：钾、钠保存在煤油或液体石蜡之中；白磷保存在水中；液溴要用水封。

(2) 需要借助固体物质保存，如锂保存在石蜡中。

附录三 物质的溶解度

溶解度,在一定温度下,某物质在100 g溶剂中达到饱和状态时所溶解的质量,叫做这种物质在这种溶剂中的溶解度。物质溶解与否及溶解能力的大小,一方面决定于物质(指的是溶剂和溶质)的本性,另一方面也与外界条件如温度、压强、溶剂种类等有关。

固体及少量液体物质的溶解度是指在一定的温度下,某固体物质在100 g溶剂里(通常为水)达到饱和状态时所能溶解的质量(在一定温度下,100 g溶剂里溶解某物质的最大量),用字母S表示,其单位是g/100 g水。在未注明的情况下,通常溶解度指的是物质在水里的溶解度。

气体的溶解度通常指的是该气体(其压强为1个标准大气压)在一定温度时溶解在1体积溶剂里的体积数,也常用g/100 g溶剂作单位(也可用体积)。

附表3.1 溶解度的分类

分类	溶解度(20 ℃)
易溶	＞10 g/100 g水
可溶	1～10 g/100 g水
微溶	0.01 g～1 g/100 g水
难溶	＜0.01 g/100 g水

附录四　常用干燥剂

干燥剂是一种从大气中吸收潮气的除水剂，它的干燥原理就是通过物理方式将水分子吸附在自身的结构中或通过化学方式吸收水分子并改变其化学结构，变成另外一种物质。

化学吸附的常用干燥剂有生石灰、氯化镁、氯化钙、碱石灰或五氧化二磷、硅酸等，它们是通过化学方式吸收水分子并改变其化学结构，变成另外一种物质。

化学吸附的干燥剂根据其酸碱特性分为以下几种：

(1) 酸性干燥剂：浓硫酸、五氧化二磷，用于干燥酸性或中性气体，其中浓硫酸不能干燥硫化氢、溴化氢、碘化氢等强还原性的酸性气体，不能干燥氨气。

(2)中性干燥剂：无水氯化钙，一般气体都能干燥，但无水氯化钙不能干燥氨气和乙醇。

(3) 碱性干燥剂：CaO 与 NaOH、KOH 的混合物，生石灰(CaO)，NaOH 固体，用于干燥中性或碱性气体。

物理吸附常用的干燥剂有硅胶干燥剂、黏土干燥剂、分子筛干燥剂、矿物干燥剂、纤维干燥剂、蒙脱石干燥剂等。

干燥剂在使用时按应用环境区分，一般为三种情况：

(1) 在小环境中使用：干燥剂直接放在瓶、罐或其他密闭的小袋中，使小环境中的物品保持干燥。例如：实验室干燥器中的蓝色硅胶。

(2) 在中环境中使用：干燥剂直接放在包装的纸箱(或包装桶、袋)中使用，以避免包装中的物品受潮。例如：食品包装袋中的氧化钙干燥包。

(3) 在大环境中使用：干燥剂直接放在类似仓库、集装箱中使用，以达到控制大环境湿度的目的。例如：集装箱中的新型活性材料制造的干燥棒，仓库中常用的氯化钙干燥剂。

附录五 基准物

基准物质是一种高纯度的、组成与它的化学式高度一致的化学稳定的物质。这种物质用来直接配制基本标准溶液，但在较多情况下，它常用来校准或标定某未知溶液的浓度。

基准物质应该符合以下要求：

1）组成与它的化学式严格相符，如果含有结晶水，其含量也应与化学式相符。

2）纯度足够高，一般要求纯度在99.9%以上。

3）应该很稳定，具有干燥时不分解，称量时不吸潮，不吸收空气中的二氧化碳等物质，不被空气中的氧气氧化等特点。

4）参加反应时，按反应式定量地进行，不发生副反应。

5）最好有较大的式量，在配制标准溶液时可以称取较多的量，以减少称量误差。

常用的基准物质有邻苯二甲酸氢钾、草酸、硼砂、$K_2Cr_2O_7$、As_2O_3、KIO_3、$KBrO_3$ 等纯化合物及纯金属物质。

常用基准物质的干燥方法见附表5.1。

附表5.1 常用基准物质的干燥方法

基准物质		干燥后组成	干燥条件(℃)	标定对象
名称	化学式			
碳酸氢钠	$NaHCO_3$	Na_2CO_3	270～300	酸
碳酸钠	$Na_2CO_3 \cdot 10H_2O$	Na_2CO_3	270～300	酸
硼砂	$Na_2[B_4O_5(OH)_4] \cdot 8H_2O$	$Na_2[B_4O_5(OH)_4]$	放在含NaCl和蔗糖饱和水溶液的干燥器中	酸
碳酸氢钾	$KHCO_3$	K_2CO_3	270～300	酸
草酸	$H_2C_2O_4 \cdot 2H_2O$	$H_2C_2O_4 \cdot 2H_2O$	室温空气干燥	碱或$KMnO_4$
邻苯二甲酸氢钾	$KHC_8H_4O_4$	$KHC_8H_4O_4$	110～120	碱
重铬酸钾	$K_2Cr_2O_7$	$K_2Cr_2O_7$	140～150	还原剂
溴酸钾	$KBrO_3$	$KBrO_3$	130	还原剂
碘酸钾	KIO_3	KIO_3	130	还原剂
铜	Cu	Cu	室温干燥器中保存	还原剂
三氧化二砷	As_2O_3	As_2O_3	室温干燥器中保存	氧化剂
草酸钠	$Na_2C_2O_4$	$Na_2C_2O_4$	130	氧化剂
碳酸钙	$CaCO_3$	$CaCO_3$	110	EDTA
锌	Zn	Zn	室温干燥器中保存	EDTA
氧化锌	ZnO	ZnO	900～1 000	EDTA
硝酸银	$AgNO_3$	$AgNO_3$	180～290	氯化物

附录六　化学试剂标准滴定溶液的制备(GB/T 601—2002)

1. 范围

本标准规定了滴定分析用标准溶液的配制和标定方法。

本标准适用于制备准确浓度的标准滴定溶液,以供滴定法测定化学试剂的纯度及杂质含量,也可供其他行业选用。

2. 规范性引用文件

下列标准中的条款通过本标准的引用而成为本标准的条款。凡是注日期的引用文件,其随后所有的修改单(不包括勘误的内容)或修订版均不适用于本标准,然而,鼓励根据本标准达成协议的各方研究是否可使用这些文件的最新版本。凡是不注日期的引用文件,其最新版本适用于本标准。

GB/T 603—2002　化学试剂　试验方法中所用制剂及制品的制备

GB/T 606—1988　化学试剂　水分测定通用方法(卡尔·费休法)(eqv ISO 6353－1:1982)

GB/T 6682—1992　分析实验室用水规格和试验方法(neq ISO 3696:1987)

GB/T 9725—1988　化学试剂　电位滴定法通则(eqv ISO 6353－1:1982)

3. 一般规定

(1) 本标准除另有规定外,所有试剂应在分析纯以上,所用制剂及制品,应按 GB/T 603—2002 的规定制备,实验用水应符合 GB/T 6682 中三级水的规格。

(2) 本标准制备的标准滴定溶液的浓度,除高氯酸外,均指 20 ℃时的浓度。在标准滴定溶液标定、直接制备和使用时若温度有差异,应按附录补正。标准滴定溶液标定、直接制备和使用时所用分析天平、砝码、滴定管、容量瓶、单标线吸管等均须定期校正。

(3) 在标定和使用标准滴定溶液时,滴定速度一般应保持在 6～8 mL/min。

(4) 称量工作基准试剂的质量的数值小于等于 0.5 g 时,按精确至 0.01 mg 称量;数值大于 0.5 g 时,按精确至 0.1 mg 称量。

(5) 制备标准滴定溶液的浓度值应在规定浓度值的±5 ℃范围以内。

(6) 标定标准滴定溶液的浓度时,须两人进行实验,分别各做四平行,每人四平行测定结果极差的相对值①不得大于重复性临界极差[CrR95(4)]相对值② 0.15%,两人共八平行测定结果极差的相对值不得大于重复性临界极差[CrR95(8)]的相对值 0.18%。取两人八

① 极差的相对值是指测定结果的极差值与浓度平均值的比值,以“%”表示。

② 重复性临界极差[CrR95(*n*)]的定义见 GB/7 11792—1989。重复性临界极差的相对值是指重复性临界极差与浓度平均值的比值,以“%”表示。

平行测定结果的平均值为测定结果。在运算过程中保留五位有效数字,浓度值报出结果取四位有效数字。

(7) 本标准中标准滴定溶液浓度平均值的扩展不确定度一般不应大于0.2%,可根据需要报出,其计算参见附录(资料性附录)。

(8) 本标准使用工作基准试剂标定标准滴定溶液的浓度。当对标准滴定溶液浓度值的准确度有更高要求时,可使用二级纯度标准物质或定值标准物质代替工作基准试剂进行标定或直接制备,并在计算标准滴定溶液浓度值时,将其质量分数代入计算式中。

(9) 标准滴定溶液的浓度小于等于0.02 mol/L时,应于临用前将浓度高的标准滴定溶液用煮沸并冷却的水稀释,必要时重新标定。

(10) 除另有规定外,标准滴定溶液在常温(15~25 ℃)下保存时间一般不超过两个月。当溶液出现浑浊、沉淀、颜色变化等现象时,应重新制备。

(11) 贮存标准滴定溶液的容器,其材料不应与溶液起理化作用,壁厚最薄处不小于0.5 mm。

(12) 本标准中所用溶液以(%)表示的均为质量分数,只有乙醇(95%)中的(%)为体积分数。

4. 标准滴定溶液的配制与标定

1) 氢氧化钠标准滴定溶液

(1) 配制

称取110 g氢氧化钠,溶于100 mL无二氧化碳的水中,摇匀,注入聚乙烯容器中,密闭放置至溶液清亮。按附表6.1的规定,用塑料管量取上层清液,用无二氧化碳的水稀释至1 000 mL,摇匀。

附表 6.1

氢氧化钠标准溶液的浓度[c(NaOH)](mol/L)	氢氧化钠溶液的体积V(mL)
1	54
0.5	27
0.1	5.4

(2) 标定

按附表6.2的规定称取于105~110 ℃电烘箱中干燥至恒重的工作基准试剂邻苯二甲酸氢钾,加无二氧化碳的水溶解,加2滴酚酞指示液(10 g/L),用配制好的氢氧化钠溶液滴定至溶液呈粉红色,并保持30 s。同时做空白试验。

附表 6.2

氢氧化钠标准溶液的浓度[$c(NaOH)$](mol/L)	工作基准试剂邻苯二甲酸氢钾的质量 m(g)	无二氧化碳水的体积 V(mL)
1	7.5	80
0.5	3.6	80
0.1	0.75	50

氢氧化钠标准溶液浓度[$c(NaOH)$]，数值以摩尔每升(mol/L)表示，按式(1)计算：

$$c(NaOH)=(m\times 1\,000)/[(V_1-V_2)\times M] \quad (1)$$

式中：m——邻苯二甲酸氢钾的质量(g)；

V_1——氢氧化钠标准溶液的体积的数值(mL)；

V_2——空白试验氢氧化钠标准溶液的体积的数值(mL)；

M——邻苯二甲酸氢钾的摩尔质量的数值(g/mol)[$M(KHC_8H_4O_4)=204.22$]

2) 盐酸标准滴定溶液

(1) 配制

按附表 6.3 的规定量取盐酸，注入 1 000 mL 水中，摇匀。

附表 6.3

盐酸标准滴定溶液的浓度[$c(HCl)$](mol/L)	盐酸的体积 V(mL)
1	90
0.5	45
0.1	9

(2) 标定

按附表 6.4 的规定称取于 270～300 ℃高温炉中灼烧至恒重的工作基准试剂无水碳酸钠，溶于 50 mL 水中，加入 10 滴溴甲酚绿—甲基红混合指示液，用配制好的盐酸溶液滴定至溶液由绿色变为暗红色，煮沸 2 min，冷却后继续滴定至溶液再呈暗红色。同时做空白试验。

附表 6.4

盐酸标准滴定溶液的浓度[$c(HCl)$](mol/L)	工作基准试剂无水碳酸钠的质量 m(g)
1	1.9
0.5	0.95
0.1	0.2

盐酸标准溶液浓度[$c(HCl)$]，数值以摩尔每升(mol/L)表示，按式(2)计算：

$$c(HCl)=(m\times 1\,000)/[(V_1-V_2)\times M] \quad (2)$$

式中：m——无水碳酸钠的质量(g)；

V_1——盐酸标准溶液的体积的数值(mL);

V_2——空白试验盐酸标准溶液的体积的数值(mL);

M——无水碳酸钠的摩尔质量的数值(g/mol)[$M(1/2Na_2CO_3)=52.994$]。

3) 硫酸标准滴定溶液

(1) 配制

按附表 6.5 的规定量取硫酸,缓缓注入 1 000 mL 水中,冷却,摇匀。

附表 6.5

硫酸标准滴定溶液的浓度[$c(1/2H_2SO_4)$](mol/L)	硫酸的体积 V(mL)
1	30
0.5	15
0.1	3

(2) 标定

按附表 6.6 的规定称取于 270～300 ℃高温炉中灼烧至恒重的工作基准试剂无水碳酸钠,溶于 50 mL 水中,加 10 滴溴甲酚绿—甲基红混合指示液,用配制好的硫酸溶液滴定至溶液由绿色变为暗红色,煮沸 2 min,冷却后继续滴定至溶液再呈暗红色。同时做空白试验。

附表 6.6

硫酸标准滴定溶液的浓度[$c(1/2H_2SO_4)$](mol/L)	工作基准试剂无水碳酸钠的质量 m(g)
1	1.9
0.5	0.95
0.1	0.2

硫酸标准溶液浓度[$c(1/2H_2SO_4)$],数值以摩尔每升(mol/L)表示,按式(3)计算:

$$c(1/2H_2SO_4)=(m\times1000)/[(V_1-V_2)\times M] \tag{3}$$

式中:m——无水碳酸钠的质量(g);

V_1——硫酸标准溶液的体积的数值(mL);

V_2——空白试验硫酸标准溶液的体积的数值(mL);

M——无水碳酸钠的摩尔质量的数值(g/mol)[$M(1/2Na_2CO_3)=52.994$]。

4) 碳酸钠标准滴定溶液

(1) 配制

按附表 6.7 的规定称取无水碳酸钠,溶于 1 000 mL 水中,摇匀。

附表 6.7

碳酸钠标准滴定溶液的浓度[$c(1/2Na_2CO_3)$](mol/L)	无水碳酸钠的质量 m(g)
1	53
0.1	5.3

(2) 标定

量取 35.00～40.00 mL 配制好的碳酸钠溶液，加表 8 规定体积的水，加 10 滴溴甲酚绿—甲基红指示液，用附表 6.8 规定的相应浓度的盐酸标准滴定溶液滴定至溶液由绿色变为暗红色，煮沸 2 min，冷却后继续滴定至溶液再呈暗红色。

附表 6.8

碳酸钠标准滴定溶液的浓度[$c(1/2Na_2CO_3)$](mol/L)	加入水的体积 V(mL)	盐酸标准滴定溶液的浓度[$c(HCl)$](mol/L)
1	50	1
0.1	20	0.1

碳酸钠标准滴定溶液的浓度[$c(1/2Na_2CO_3)$]，数值以摩尔每升(mol/L)表示，按式(4)计算：

$$c(1/2\ Na_2CO_3)=V_1\times c_1/V \tag{4}$$

式中：V_1——盐酸标准滴定溶液的体积的数值(mL)；

c_1——盐酸标准滴定溶液的浓度的准确数值(mol/L)；

V——碳酸钠溶液的体积的准确数值(mL)。

5) 重铬酸钾标准滴定溶液

$$c(1/6K_2Cr_2O_7)=0.1\ mol/L$$

(1) 方法一

① 配制

称取 5 g 重铬酸钾，溶于 1 000 mL 水中，摇匀。

② 标定

量取 35.00～40.00 mL 配制好的重铬酸钾溶液，置于碘量瓶中，加 2 g 碘化钾及 20 mL 硫酸溶液(20%)，摇匀，于暗处放置 10 min。加 150 mL 水(15～20 ℃)，用硫代硫酸钠标准滴定溶液[$c(Na_2S_2O_3)=0.1\ mol/L$]滴定，近终点时加 2 mL 淀粉指示液(10 g/L)，继续滴定至溶液由蓝色变为亮绿色。同时做空白试验。

重铬酸钾标准滴定溶液的浓度 $c(1/6K_2Cr_2O_7)$，数值以摩尔每升(mol/L)表示，按式(5)计算：

$$c(1/6K_2Cr_2O_7)=(V_1-V_2)\times c_1/V \tag{5}$$

式中：V_1——硫代硫酸钠标准滴定溶液的体积的数值(mL)；

V_2——空白试验硫代硫酸钠标准滴定溶液的体积的数值(mL)；

c_1——硫代硫酸钠标准滴定溶液的浓度的准确数值(mol/L)；

V——重铬酸钾溶液的体积的准确数值，单位为毫升(mL)。

(2) 方法二

称取(4.90±0.20) g已在(120±2)℃的电烘箱中干燥至恒重的工作基准试剂重铬酸钾，溶于水，移入1 000 mL容量瓶中，稀释至刻度。

重铬酸钾标准滴定溶液的浓度$c(1/6K_2Cr_2O_7)$，数值以摩尔每升(mol/L)表示，按式(6)计算：

$$c(1/6K_2Cr_2O_7)=m\times 1\,000/VM \tag{6}$$

式中：m——重铬酸钾的质量的准确数值(g)；

V——重铬酸钾溶液的体积的准确数值(mL)；

M——重铬酸钾的摩尔质量的数值(g/mol)[$M(1/6K_2Cr_2O_7)=49.031$]。

6) 硫代硫酸钠标准滴定溶液

$$c(Na_2S_2O_3)=0.1\ mol/L$$

(1) 配制

称取26 g硫代硫酸钠 ($Na_2S_2O_3\cdot 5H_2O$)或16 g无水硫代硫酸钠，加0.2 g无水碳酸钠，溶于1 000 mL水中，缓缓煮沸10 min，冷却。放置两周后过滤。

(2) 标定

称取0.18 g于(120±2)℃烘至恒重的工作基准试剂重铬酸钾，置于碘量瓶中，溶于25 mL水中，加2 g碘化钾及20 mL硫酸溶液(20%)，摇匀，于暗处放置10 min。加150 mL水(15～20 ℃)，用配制好的硫代硫酸钠溶液滴定。近终点时加2 mL淀粉指示液(10 g/L)，继续滴定至溶液由蓝色变为亮绿色。同时做空白试验。

硫代硫酸钠标准溶液浓度[$c(Na_2S_2O_3)$]，数值以摩尔每升(mol/L)表示，按式(7)计算：

$$c(Na_2S_2O_3)=(m\times 1\,000)/[(V_1-V_2)\times M] \tag{7}$$

式中：m——重铬酸钾质量的准确数值(g)；

V_1——硫代硫酸钠溶液的体积的数值(mL)；

V_2——空白试验硫代硫酸钠溶液的体积的数值(mL)；

M——重铬酸钾的摩尔质量的数值(g/mol)[$M(1/6K_2Cr_2O_7)=49.03$]。

7) 溴标准滴定溶液

$$c(1/2Br_2)=0.1\ mol/L$$

(1) 配制

称取 3 g 溴酸钾及 25 g 溴化钾，溶于 1 000 mL 水中，摇匀。

(2) 标定

量取 35.00～40.00 mL 配制好的溴溶液，置于碘量瓶中，加 2 g 碘化钾及 5 mL 盐酸溶液(20%)，摇匀，于暗处放置 5 min。加 150 mL 水(15～20 ℃)，用硫代硫酸钠标准滴定溶液[$c(Na_2S_2O_3)=0.1$ mol/L]滴定，近终点时加 2 mL 淀粉指示液(10 g/L)，继续滴定至溶液蓝色消失。同时做空白试验。

溴标准滴定溶液的浓度[$c(1/2Br_2)$]，数值以摩尔每升(mol/L)表示，按式(8)计算：

$$c(1/2Br_2)=(V_1-V_2)\times c_1/V \tag{8}$$

式中：V_1——硫代硫酸钠标准滴定溶液的体积的数值(mL)；

V_2——空白试验硫代硫酸钠标准滴定溶液的体积的数值(mL)；

c_1——硫代硫酸钠标准滴定溶液的浓度的准确数值(mol/L)；

V——溴溶液的体积的准确数值(mL)。

8) 溴酸钾标准滴定溶液

$$c(1/6KBrO_3)=0.1\ \text{mol/L}$$

(1) 配制

称取 3 g 溴酸钾，溶于 1 000 mL 水中，摇匀。

(2) 标定

量取 35.00～40.00 mL 配制好的溴酸钾溶液，置于碘量瓶中，加 2 g 碘化钾及 5 mL 盐酸溶液(20%)，摇匀，于暗处放置 5 min。加 150 mL 水(15～20 ℃)，用硫代硫酸钠标准滴定溶液[$c(Na_2S_2O_3)=0.1$ mol/L]滴定，近终点时加 2 mL 淀粉指示液(10 g/L)，继续滴定至溶液蓝色消失。同时做空白试验。

溴酸钾标准滴定溶液的浓度[$c(1/6KBrO_3)$]，数值以摩尔每升(mol/L)表示，按式(9)计算：

$$c(1/6KBrO_3)=(V_1-V_2)\times c_1/V \tag{9}$$

式中：V_1——硫代硫酸钠标准滴定溶液的体积的数值(mL)；

V_2——空白试验硫代硫酸钠标准滴定溶液的体积的数值(mL)；

c_1——硫代硫酸钠标准滴定溶液的浓度的准确数值(mol/L)；

V——溴酸钾溶液的体积的准确数值(mL)。

9) 碘标准滴定溶液

$$c(1/2I_2)=0.1\ \text{mol/L}$$

(1) 配制

称取 13 g 碘及 35 g 碘化钾，溶于 100 mL 水中，稀释至 1 000 mL，摇匀，贮存于棕色瓶中。

(2) 标定

① 方法一

称取 0.18 g 预先在浓硫酸干燥器中干燥至恒重的工作基准试剂三氧化二砷，置于碘量瓶中，加 6 mL 氢氧化钠标准滴定溶液[$c(NaOH)=1$ mol/L]溶解，加 50 mL 水，加 2 滴酚酞指示液(10 g/L)，用硫酸标准滴定溶液[$c(1/2H_2SO_4)=1$ mol/L]滴定至溶液无色，加 3 g 碳酸氢钠及 2 mL 淀粉指示液 (10 g/L)，用配制好的碘溶液滴定至溶液呈浅蓝色。同时做空白试验。

碘标准滴定溶液的浓度[$c(1/2I_2)$]，数值以摩尔每升(mol/L)表示，按式(10)计算：

$$c(1/2I_2)=(m\times 1\,000)/[(V_1-V_2)\times M] \tag{10}$$

式中：m——三氧化二砷的质量的准确数值(g)；

V_1——碘溶液的体积的数值(mL)；

V_2——空白试验碘溶液的体积的数值(mL)；

M——三氧化二砷的摩尔质量的数值(g/mol)[$M(1/4As_2O_3)=49.460$]。

② 方法二

量取 35.00～40.00 mL 配制好的碘溶液，置于碘量瓶中，加 150 mL 水(15～20 ℃)，用硫代硫酸钠标准滴定溶液[$c(Na_2S_2O_3)=0.1$ mol/L]滴定，近终点时加 2 mL 淀粉指示液(10 g/L)，继续滴定至溶液蓝色消失。

同时做水所消耗碘的空白试验：取 250 mL 水(15～20 ℃)，加 0.05～0.20 mL 配制好的碘溶液及 2 mL 淀粉指示液(10 g/L)，用硫代硫酸钠标准滴定溶液[$c(Na_2S_2O_3)=0.1$ mol/L] 滴定至溶液蓝色消失。

碘标准滴定溶液的浓度[$c(1/2I_2)$]，数值以摩尔每升(mol/L)表示，按式(11)计算：

$$c(1/2I_2)=[(V_1-V_2)\times c_1]/(V_3-V_4) \tag{11}$$

式中：V_1——硫代硫酸钠标准滴定溶液的体积的数值(mL)；

V_2——空白试验硫代硫酸钠标准滴定溶液的体积的数值(mL)；

c_1——硫代硫酸钠标准滴定溶液的浓度的准确数值(mol/L)；

V_3——碘溶液的体积的准确数值(mL)；

V_4——空白试验中加入的碘溶液的体积的准确数值(mL)。

10) 碘酸钾标准滴定溶液

(1) 方法一

① 配制

称取附表 6.9 规定量的碘酸钾，溶于 1 000 mL 水中，摇匀。

附表 6.9

碘酸钾标准滴定溶液[$c(1/6KIO_3)$](mol/L)	碘酸钾的质量 m(g)
0.3	11
0.1	3.6

② 标定

按附表 6.10 的规定，取配制好的碘酸钾溶液、水及碘化钾，置于碘量瓶中，加 5 mL 盐酸溶液(20%)，摇匀，于暗处放置 5 min。加 150 mL 水(15～20 ℃)，用硫代硫酸钠标准滴定溶液[$c(Na_2S_2O_3)=0.1$ mol/L]滴定，近终点时加 2 mL 淀粉指示液(10 g/L)，继续滴定至溶液蓝色消失。同时做空白试验。

附表 6.10

碘酸钾标准滴定溶液[$c(1/6KIO_3)$](mol/L)	碘酸钾溶液的体积 V(mL)	水的体积 V(mL)	碘化钾的质量 m(g)
0.3	11.00～13.00	20	3
0.1	35.00～40.00	0	2

碘酸钾标准滴定溶液的浓度[$c(1/6KIO_3)$]，数值以摩尔每升(mol/L)表示，按式(12)计算：

$$c(1/6KIO_3)=(V_1-V_2)\times c/V \qquad (12)$$

式中：V_1——硫代硫酸钠标准滴定溶液的体积的数值(mL)；

V_2——空白试验硫代硫酸钠标准滴定溶液的体积的数值(mL)；

c_1——硫代硫酸钠标准滴定溶液的浓度的准确数值(mol/L)；

V——碘酸钾溶液的体积的准确数值(mL)。

(2) 方法二

称取附表 6.11 规定量的已在(180±2)℃的电烘箱中干燥至恒重的工作基准试剂碘酸钾，溶于水，移入 1 000 mL 容量瓶中，稀释至刻度。

附表 6.11

碘酸钾标准滴定溶液[$c(1/6KIO_3)$](mol/L)	工作基准试剂碘酸钾的质量 m(g)
0.3	10.70±0.50
0.1	3.57±0.15

碘酸钾标准滴定溶液[$c(1/6KIO_3)$]，数值以摩尔每升(mol/L)表示，按式(13)计算：

$$c(1/6KIO_3)=m\times 1\,000/VM \qquad (13)$$

式中：m——碘酸钾的质量的准确数值(g)；

V——碘酸钾溶液的体积的准确数值(mL)；

M——碘酸钾的摩尔质量的数值(g/mol)[$M(1/6KIO_3)=35.667$]。

11）草酸标准滴定溶液

$$c(1/2H_2C_2O_4)=0.1\ mol/L$$

（1）配制

称取 6.4 g 草酸（$H_2C_2O_4 \cdot 2H_2O$），溶于 1 000 mL 水中，摇匀。

（2）标定

量取 35.00～40.00 mL 配制好的草酸溶液，加 100 mL 硫酸溶液（8∶92），用高锰酸钾标准滴定溶液[$c(1/5KMnO_4)=0.1\ mol/L$]滴定，近终点时加热至约 65 ℃，继续滴定至溶液呈粉红色，并保持 30 s。同时做空白试验。

草酸标准滴定溶液的浓度[$c(1/2H_2C_2O_4)$]，数值以摩尔每升（mol/L）表示，按式（14）计算：

$$c(1/2H_2C_2O_4)=[(V_1-V_2)\times c_1]/V \tag{14}$$

式中：V_1——高锰酸钾标准滴定溶液的体积的数值（mL）；

V_2——空白试验高锰酸钾标准滴定溶液的体积的数值（mL）；

c_1——高锰酸钾标准滴定溶液的浓度的准确数值（mol/L）；

V——草酸溶液的体积的准确数值（mL）。

12）高锰酸钾标准滴定溶液

$$c(1/5KMnO_4)=0.1\ mol/L$$

（1）配制

称取 3.3 g 高锰酸钾（$KMnO_4$），溶于 1 050 mL 水中，缓缓煮沸 15 min，冷却，于暗处放置两周。用已处理过的 4 号玻璃滤埚过滤，贮存于棕色瓶中。

玻璃滤埚的处理是指玻璃滤埚在同样浓度的高锰酸钾溶液中缓缓煮沸 5 min。

（2）标定

称取 0.25 g 于 105～110 ℃电烘箱中干燥至恒重的工作基准试剂草酸钠，溶于 100 mL 硫酸溶液（8∶92）中，用配制好的高锰酸钾溶液滴定，近终点时加热至 65 ℃，继续滴定至溶液呈粉红色，保持 30 s。同时做空白试验。

高锰酸钾标准滴定溶液浓度[$c(1/5KMnO_4)$]，数值以摩尔每升（mol/L）表示，按式（15）计算：

$$c(1/5KMnO_4)=(m\times 1\,000)/[(V_1-V_2)\times M] \tag{15}$$

式中：m——草酸钠的质量的准确数值（g）；

V_1——高锰酸钾溶液的体积的数值（mL）；

V_2——空白试验高锰酸钾溶液的体积的数值（mL）；

M——草酸钠的摩尔质量的数值（g/mol）[$M(1/2Na_2C_2O_4)=66.999$]。

13）硫酸亚铁铵标准滴定溶液

$$c[(NH_4)_2Fe(SO_4)_2]=0.1\ mol/L$$

(1) 配制

称取 40 g 硫酸亚铁铵[$(NH_4)_2Fe(SO_4)_2 \cdot 6H_2O$],溶于 300 mL 硫酸溶液(20%)中,加 700 mL 水,摇匀。

(2) 标定

量取 35.00～40.00 mL 配制好的硫酸亚铁铵溶液,加 25 mL 无氧的水,用高锰酸钾标准滴定溶液[$c(1/5KMnO_4)=0.1\ mol/L$]滴定至溶液呈粉红色,并保持 30 s。临用前标定。

硫酸亚铁铵标准滴定溶液的浓度{$c[(NH_4)_2Fe(SO_4)_2]$},数值以摩尔每升(mol/L)表示,按式(16)计算:

$$c[(NH_4)_2Fe(SO_4)_2]=V_1\times c_1/V \tag{16}$$

式中:V_1——高锰酸钾标准滴定溶液的体积的数值(mL);

c_1——高锰酸钾标准滴定溶液的浓度的准确数值(mol/L);

V——硫酸亚铁铵溶液的体积的准确数值(mL)。

14) 硫酸铈(或硫酸铈铵)标准滴定溶液

$$c[Ce(SO_4)_2]=0.1\ mol/L$$
$$c[2(NH_4)_2SO_4 \cdot Ce(SO_4)_2]=0.1\ mol/L$$

(1) 配制

称取 40 g 硫酸铈[$Ce(SO_4)_2 \cdot 4H_2O$]{或 67 g 硫酸铈铵[$2(NH_4)_2SO_4 \cdot Ce(SO_4)_2 \cdot 4H_2O$]},加 30 mL 水及 28 mL 硫酸,再加 300 mL 水,加热溶解,再加 650 mL 水,摇匀。

(2) 标定

称取 0.25 g 于 105～110 ℃电烘箱中干燥至恒重的工作基准试剂草酸钠,溶于 75 mL 水中,加 4 mL 硫酸溶液(20%)及 10 mL 盐酸,加热至 65～70 ℃,用配制好的硫酸铈(或硫酸铈铵)溶液滴定至溶液呈浅黄色。加入 0.10 mL 1,10-菲啰啉-亚铁指示液使溶液变为橘红色,继续滴定至溶液呈浅蓝色。同时做空白试验。

硫酸铈(或硫酸铈铵)标准滴定溶液的浓度(c),数值以摩尔每升(mol/L)表示,按式(17)计算:

$$c=m\times 1\,000/[(V_1-V_2)\times M] \tag{17}$$

式中:m——草酸钠的质量的准确数值(g);

V_1——硫酸铈(或硫酸铈铵)溶液的体积的数值(mL);

V_2——空白试验硫酸铈(或硫酸铈铵)溶液的体积的数值(mL);

M——草酸钠的摩尔质量的数值(g/mol)[$M(1/2Na_2C_2O_4)=66.999$]。

15) 乙二胺四乙酸二钠标准滴定溶液

(1) 配制

按附表 6.12 的规定量取乙二胺四乙酸二钠,加 1 000 mL 水,加热溶解,冷却,摇匀。

附表 6.12

乙二胺四乙酸二钠标准滴定溶液的浓度[c(EDTA)](mol/L)	乙二胺四乙酸二钠的质量 m(g)
0.1	40
0.05	20
0.02	8

(2) 标定

① 乙二胺四乙酸二钠标准滴定溶液[c(EDTA)=0.1 mol/L]、[c(EDTA)=0.05 mol/L]

按附表 6.13 的规定量称取于(800±50)℃的高温炉中灼烧至恒重的工作基准试剂氧化锌,用少量水湿润,加 2 mL 盐酸溶液(20%)溶解,加 100 mL 水,用氨水溶液(10%)调节 pH 至 7~8,加 10 mL 氨—氯化铵缓冲溶液甲(pH≈10)及 5 滴铬黑 T 指示液(5 g/L),用配制好的乙二胺四乙酸二钠溶液滴定至溶液由紫色变为纯蓝色。同时做空白试验。

附表 6.13

乙二胺四乙酸二钠标准滴定溶液的浓度[c(EDTA)](mol/L)	工作基准试剂氧化锌的质量 m(g)
0.1	0.3
0.05	0.15

乙二胺四乙酸二钠标准滴定溶液的浓度[c(EDTA)],数值以摩尔每升(mol/L)表示,按式(18)计算:

$$c(\text{EDTA})=m\times 1\,000/[(V_1-V_2)\times M] \tag{18}$$

式中:m——氧化锌的质量的准确数值(g);

V_1——乙二胺四乙酸二钠溶液的体积的数值(mL);

V_2——空白试验乙二胺四乙酸二钠溶液的体积的数值(mL);

M——氧化锌的摩尔质量的数值(g/mol)[$M(ZnO)=81.39$]。

② 乙二胺四乙酸二钠标准滴定溶液[c(EDTA)=0.02 mol/L]

称取 0.42 g 于(800±50)℃的高温炉中灼烧至恒重的工作基准试剂氧化锌,用少量水湿润,加 3 mL 盐酸溶液(20%)溶解,移入 250 mL 容量瓶中,稀释至刻度,摇匀。取 35.00~40.00 mL,加 70 mL 水,用氨水溶液(10%)调节溶液 pH 至 7~8,加 10 mL 氨—氯化铵缓冲溶液甲(pH≈10)及 5 滴铬黑 T 指示液(5 g/L),用配制好的乙二胺四乙酸二钠溶液滴定至溶液由紫色变为纯蓝色。同时做空白试验。

乙二胺四乙酸二钠标准滴定溶液的浓度[c(EDTA)],数值以摩尔每升(mol/L)表示,按式(19)计算:

$$c(\text{EDTA})=[m\times(V_1/250)\times 1\,000]/[(V_2-V_3)\times M] \tag{19}$$

式中:m——氧化锌的质量的准确数值(g);

V_1——氧化锌溶液的体积的准确数值(mL);

V_2——乙二胺四乙酸二钠溶液的体积的数值(mL)；

V_3——空白试验乙二胺四乙酸二钠溶液的体积的数值(mL)；

M——氧化锌的摩尔质量的数值(g/mol)[$M(ZnO)=81.39$]。

16) 氯化锌标准滴定溶液

$$c(ZnCl_2)=0.1\ mol/L$$

(1) 配制

称取 14 g 氯化锌，溶于 1 000 mL 盐酸溶液(1∶2 000)中，摇匀。

(2) 标定

称取 1.4 g 经硝酸镁饱和溶液恒湿器中放置 7 d 后的工作基准试剂乙二胺四乙酸二钠，溶于 100 mL 热水中，加 10 mL 氨—氯化铵缓冲溶液甲(pH≈10)，用配制好的氯化锌溶液滴定，近终点时加 5 滴铬黑 T 指示液(5 g/L)，继续滴定至溶液由蓝色变为紫红色。同时做空白试验。

氯化锌标准滴定溶液的浓度[$c(ZnCl_2)$]，数值以摩尔每升(mol/L)表示，按式(20)计算：

$$c(ZnCl_2)=(m\times 1\,000)/[(V_1-V_2)\times M] \tag{20}$$

式中：m——乙二胺四乙酸二钠的质量的准确数值(g)；

V_1——氯化锌溶液的体积的数值(mL)；

V_2——空白试验氯化锌溶液的体积的数值(mL)；

M——乙二胺四乙酸二钠的摩尔质量(g/mol)[$M(EDTA)=372.24$]。

17) 氯化镁(或硫酸镁)标准滴定溶液

$$c(MgCl_2)=0.1\ mol/L$$
$$c(MgSO_4)=0.1\ mol/L$$

(1) 配制

称取 21 g 氯化镁($MgCl_2\cdot 6H_2O$)[或 25 g 硫酸镁($MgSO_4\cdot 7H_2O$)]，溶于 1 000 mL 盐酸溶液(1∶2 000)中，放置 1 个月后，用 3 号玻璃滤埚过滤。

(2) 标定

称取 1.4 g 经硝酸镁饱和溶液恒湿器中放置 7 d 后的工作基准试剂乙二胺四乙酸二钠，溶于 100 mL 热水中，加 10 mL 氨一氯化铵缓冲溶液甲(pH≈10)，用配制好的氯化锌溶液滴定，近终点时加 5 滴铬黑 T 指示液(5 g/L)，继续滴定至溶液由蓝色变为紫红色。同时做空白试验。

氯化镁(或硫酸镁)标准滴定溶液的浓度(c)，数值以摩尔每升(mol/L)表示，按式(21)计算：

$$c=(m\times 1\,000)/[(V_1-V_2)\times M] \tag{21}$$

式中：m——乙二胺四乙酸二钠的质量的准确数值(g)；

V_1——氯化镁(或硫酸镁)溶液的体积的数值(mL)；

V_2——空白试验氯化镁(或硫酸镁)溶液的体积的数值(mL)；

M——乙二胺四乙酸二钠的摩尔质量的数值(g/mol)[M(EDTA)=372.24]。

18) 硝酸铅标准滴定溶液

$$c[Pb(NO_3)_2]=0.05\ mol/L$$

(1) 配制

称取 17 g 硝酸铅，溶于 1 000 mL 硝酸溶液(1∶2 000)中，摇匀。

(2) 标定

量取 35.00～40.00 mL 配制好的硝酸铅溶液，加 3 mL 乙酸(冰醋酸)及 5 g 六次甲基四胺，加 70 mL 水及 2 滴二甲酚橙指示液(2 g/L)，用乙二胺四乙酸二钠标准滴定溶液[c(EDTA)=0.05 mol/L]滴定至溶液呈亮黄色。

硝酸铅标准滴定溶液的浓度{$c[Pb(NO_3)_2]$}，数值以摩尔每升(mol/L)表示，按式(22)计算：

$$c[Pb(NO_3)_2]=(V_1\times c_1)/V \tag{22}$$

式中：V_1——乙二胺四乙酸二钠标准滴定溶液的体积的数值(mL)；

c_1——乙二胺四乙酸二钠标准滴定溶液的浓度的准确数值(mol/L)；

V——硝酸铅溶液的体积的准确数值(mL)。

19) 氯化钠标准滴定溶液

$$c(NaCl)=0.1\ mol/L$$

(1) 方法一

① 配制

称取 5.9 g 氯化钠，溶于 1 000 mL 水中，摇匀。

② 标定

按 GB/T 9725—1988 的规定测定。其中：量取 35.00～40.00 mL 配制好的氯化钠溶液，加 40 mL 水、10 mL 淀粉溶液(10 g/L)，以 216 型银电极作指示电极，217 型双盐桥饱和甘汞电极作参比电极，用硝酸银标准滴定溶液[$c(AgNO_3)$=0.1 mol/L]滴定，并按 GB/T 9725—1988 中 6.2.2 条的规定计算 V_0。

氯化钠标准滴定溶液的浓度[c(NaCl)]，数值以摩尔每升(mol/L)表示，按式(23)计算：

$$c(NaCl)=(V_0\times c_1)/V \tag{23}$$

式中：V_0——硝酸银标准滴定溶液的体积的数值(mL)；

c_1——硝酸银标准滴定溶液的浓度的准确数值(mol/L)；

V——氯化钠溶液的体积的准确数值(mL)。

(2) 方法二

称取(5.84±0.30)g已在(550±50)℃的高温炉中灼烧至恒重的工作基准试剂氯化钠，溶于水，移入1 000 mL容量瓶中，稀释至刻度。

氯化钠标准滴定溶液的浓度[$c(NaCl)$]，数值以摩尔每升(mol/L)表示，按式(24)计算：

$$c(NaCl)=m\times 1\,000/(V\times M) \tag{24}$$

式中：m——氯化钠的质量的准确数值(g)；

V——氯化钠溶液的体积的准确数值(mL)；

M——氯化钠的摩尔质量的数值(g/mol)[$M(NaCl)=58.442$]。

20) 硫氰酸钠(或硫氰酸钾或硫氰酸铵)标准滴定溶液

$$c(NaSCN)=0.1\ mol/L$$
$$c(KSCN)=0.1\ mol/L$$
$$c(NH_4SCN)=0.1\ mol/L$$

(1) 配制

称取8.2 g硫氰酸钠(或9.7 g硫氰酸钾或7.9 g硫氰酸铵)，溶于1 000 mL水中，摇匀。

(2) 标定

① 方法一

按GB/T 9725—1988的规定测定。其中：称取0.6 g于硫酸干燥器中干燥至恒重的工作基准试剂硝酸银，溶于90 mL水中，加10 mL淀粉溶液(10 g/L)及10 mL硝酸溶液(25%)，以216型银电极作指示电极，217型双盐桥饱和甘汞电极作参比电极，用配制好的硫氰酸钠(或硫氰酸钾或硫氰酸铵)溶液滴定，并按GB/T 9725—1988中6.2.2条的规定计算V_0。

硫氰酸钠(或硫氰酸钾或硫氰酸铵)标准滴定溶液的浓度(c)，数值以摩尔每升(mol/L)表示，按式(25)计算：

$$c=(m\times 1\,000)/(V_0\times M) \tag{25}$$

式中：m——硝酸银的质量的准确数值(g)；

V_0——硫氰酸钠(或硫氰酸钾或硫氰酸铵)溶液的体积的数值(mL)；

M——硝酸银的摩尔质量的数值(g/mol)[$M(AgNO_3)=169.87$]。

② 方法二

按GB/T 9725—1988的规定测定。其中：量取35.00～40.00 mL硝酸银标准滴定溶液[$c(AgNO_3)=0.1\ mol/L$]，加60 mL水、10 mL淀粉溶液(10 g/L)及10 mL硝酸溶液(25%)，以216型银电极作指示电极，217型双盐桥饱和甘汞电极作参比电极，用配制好的硫氰酸钠(或硫氰酸钾或硫氰酸铵)溶液滴定，并按GB/T 9725—1988中6.2.2条的规定计

算 V_0。

硫氰酸钠(或硫氰酸钾或硫氰酸铵)标准滴定溶液的浓度(c),数值以摩尔每升(mol/L)表示,按式(26)计算:

$$c = V \times c_1 / V_0 \tag{26}$$

式中:V——硝酸银标准滴定溶液的体积的准确数值(mL);

c_1——硝酸银标准滴定溶液的浓度的准确数值(mol/L);

V_0——硫氰酸钠(或硫氰酸钾或硫氰酸铵)溶液的体积的准确数值(mL)。

21) 硝酸银标准滴定溶液

$$c(AgNO_3) = 0.1\ mol/L$$

(1) 配制

称取 17.5 g 硝酸银,溶于 1 000 mL 水中,摇匀。溶液贮存于棕色瓶中。

(2) 标定

按 GB/T 9725—1988 的规定测定。其中:称取 0.22 g 于 500~600 ℃的高温炉中灼烧至恒重的工作基准试剂氯化钠,溶于 70 mL 水中,加 10 mL 淀粉溶液(10 g/L),以 216 型银电极作指示电极,217 型双盐桥饱和甘汞电极作参比电极,用配制好的硝酸银溶液滴定,并按 GB/T 9725—1988 中 6.2.2 条的规定计算 V_0。

硝酸银标准滴定溶液的浓度[$c(AgNO_3)$],数值以摩尔每升(mol/L)表示,按式(27)计算:

$$c(AgNO_3) = m \times 1\,000 / (V_0 \times M) \tag{27}$$

式中:m——氯化钠的质量的准确数值(g);

V_0——硝酸银溶液的体积的数值(mL);

M——氯化钠的摩尔质量的数值(g/mol)[$M(NaCl) = 58.442$]。

22) 亚硝酸钠标准滴定溶液

(1) 配制

按附表 6.14 的规定量称取亚硝酸钠、氢氧化钠及无水碳酸钠,溶于 1 000 mL 水中,摇匀。

附表 6.14

亚硝酸钠标准滴定溶液的浓度[$c(NaNO_2)$](mol/L)	亚硝酸钠的质量 m(g)	氢氧化钠的质量 m(g)	无水碳酸钠的质量 m(g)
0.5	36	0.5	1
0.1	7.2	0.1	0.2

(2) 标定

按附表 6.15 的规定称取于(120±2)℃的电烘箱中干燥至恒重的工作基准试剂无水对

氨基苯磺酸，加氨水溶解，加 200 mL 水及 20 mL 盐酸，按永停滴定法安装好电极和测量仪表(见图 1)。将装有配制好的相应浓度的亚硝酸钠的滴管下口插入溶液内约 10 mm 处，在搅拌下于 15～20 ℃进行滴定，近终点时，将滴管的尖端提出液面，用少量水淋洗尖端，洗液并入溶液中，继续慢慢滴定，并观察检流计读数和指针偏转情况，直至加入滴定液搅拌后电流突增，并不再回复时为滴定终点。临用前标定。

附表 6.15

亚硝酸钠标准滴定溶液的浓度 [$c(NaNO_2)$](mol/L)	工作基准试剂对氨基苯磺酸的质量 m(g)	氨水的体积 V(mL)
0.5	3	3
0.1	0.6	2

亚硝酸钠标准滴定溶液的浓度[$c(NaNO_2)$]，数值以摩尔每升(mol/L)表示，按式(28)计算：

$$c(NaNO_2)=m\times 1\,000/(V\times M) \tag{28}$$

式中：m——无水对氨基苯磺酸的质量的准确数值(g)；

V——亚硝酸钠溶液的体积的数值(mL)；

M——无水对氨基苯磺酸的摩尔质量的数值(g/mol){$M[C_6H_4(NH_2)(SO_3H)]=173.19$}。

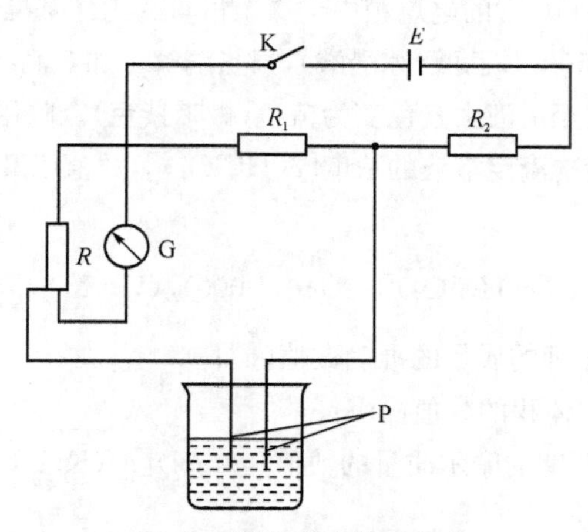

图 1 测量仪表安装示意图

式中：R——电阻(其阻值与检流计临界阻尼电阻值近似)；

R_1——电阻(60～70 Ω，或用可变电阻，使加于二电极上的电压约为 50 mV)；

R_2——电阻(2 000 Ω)；

E——干电池(1.5 V)；

K——开关；

G——检流计(灵敏度为10^{-9} A/格);

P——铂电极。

23) 高氯酸标准滴定溶液

$$c(HClO_4)=0.1\ mol/L$$

(1) 配制

① 方法一

量取8.7 mL高氯酸,在搅拌下注入500 mL乙酸(冰醋酸)中,混匀。滴加20 mL乙酸酐,搅拌至溶液均匀。冷却后用乙酸(冰醋酸)稀释至1 000 mL。

② 方法二③

量取8.7 mL高氯酸,在搅拌下注入950 mL乙酸(冰醋酸)中,混匀。取10 mL,按GB/T 606—1988的规定测定水的质量分数,每次5 mL,用吡啶做试剂。以两平行测定结果的平均值(X_1)计算高氯酸溶液中乙酸酐的加入量。滴加计算量的乙酸酐,搅拌均匀。冷却后用乙酸(冰醋酸)稀释至1 000 mL,摇匀。

高氯酸溶液中乙酸酐的加入量(V),数值以毫升(mL)表示,按式(29)计算:

$$V=5\,320\times w_1-2.8 \tag{29}$$

式中:w_1——未加入乙酸酐的高氯酸溶液中的水的质量分数,数值以%表示。

(2) 标定

称取0.75 g于105~110 ℃的电烘箱中干燥至恒重的工作基准试剂邻苯二甲酸氢钾,置于干燥的锥形瓶中,加入50 mL乙酸(冰醋酸),温热溶解。加3滴结晶紫指示液(5 g/L),用配制好的高氯酸溶液滴定至溶液由紫色变为蓝色(微带紫色)。临用前标定。

标定温度下高氯酸标准滴定溶液的浓度[$c(HClO_4)$],数值以摩尔每升(mol/L)表示,按式(30)计算:

$$[c(HClO_4)]=(m\times 1\,000)/(V\times M) \tag{30}$$

式中:m——邻苯二甲酸氢钾的质量的准确数值(g);

V——高氯酸溶液的体积的数值(mL);

M——邻苯二甲酸氢钾的摩尔质量的数值(g/mol)[$M(KHC_8H_4O_4)=204.22$]。

(3) 修正方法

使用高氯酸标准滴定溶液时的温度应与标定时的温度相同;若温度不相同,应将高氯酸标准滴定溶液的浓度修正到使用温度下的浓度的数值。

高氯酸标准滴定溶液修正后的浓度[$c_1(HClO_4)$],数值以摩尔每升(mol/L)表示,按式(31)计算:

---

③ 本方法控制高氯酸标准滴定溶液中的水的质量分数约为0.05%。

$$c_1(HClO_4)=c/[1+0.0011\times(t_1-t)] \tag{31}$$

式中：c——标定温度下高氯酸标准滴定溶液的浓度的准确数值(mol/L)；

t_1——使用时高氯酸标准滴定溶液的温度的数值(℃)；

t——标定高氯酸标准滴定溶液的温度的数值(℃)；

0.001 1——高氯酸标准滴定溶液每改变 1 ℃时的体积膨胀系数。

24) 氢氧化钾－乙醇标准滴定溶液

$$c(KOH)=0.1\ mol/L$$

(1) 配制

称取 8 g 氢氧化钾，置于聚乙烯容器中，加少量水(约 5 mL)溶解，用乙醇(95%)稀释至 1 000 mL，密闭放置 24 h。用塑料管虹吸上层清液至另一聚乙烯容器中。

(2) 标定

称取 0.75 g 于 105～110 ℃电烘箱中干燥至恒重的工作基准试剂邻苯二甲酸氢钾，溶于 50 mL 无二氧化碳的水中，加 2 滴酚酞指示液(10 g/L)，用配制好的氢氧化钾－乙醇溶液滴定至溶液呈粉红色，同时做空白试验。临用前标定。

氢氧化钾—乙醇标准滴定溶液的浓度[c(KOH)]，数值以摩尔每升(mol/L)表示，按式(32)计算：

$$c(KOH)=m\times1000/[(V_1-V_2)\times M] \tag{32}$$

式中：m——邻苯二甲酸氢钾的质量的准确数值(g)；

V_1——氢氧化钾－乙醇溶液的体积的数值(mL)；

V_2——空白试验氢氧化钾－乙醇溶液的体积的数值(mL)；

M——邻苯二甲酸氢钾的摩尔质量的数值(g/mol)[$M(KHC_8H_4O_4)=204.22$]。

附录 A （规范性附录）

不同温度下标准滴定溶液的体积的补正值

不同温度下标准滴定溶液的体积的补正值，按表 A.1 计算。

表 A.1　　单位为毫升每升(mL/L)

温度(℃)	水和 0.05 mol/L 以下的各种水溶液	0.1 mol/L 和 0.2 mol/L 各种水溶液	盐酸溶液 $c(HCl)$ = 0.5 mol/L	盐酸溶液 $c(HCl)$ =1 mol/L	硫酸溶液 $c(1/2H_2SO_4)$ = 0.5 mol/L 氢氧化钠溶液 $c(NaOH)$ =0.5 mol/L	硫酸溶液 $c(1/2H_2SO_4)$ =1 mol/L 氢氧化钠溶液 $c(NaOH)$ =1 mol/L	碳酸钠溶液 $c(1/2Na_2CO_3)$ =1 mol/L	氢氧化钾-乙醇溶液 $c(KOH)$ = 0.1 mol/L
5	+1.38	+1.7	+1.9	+2.3	+2.4	+3.6	+3.3	
6	+1.38	+1.7	+1.9	+2.2	+2.3	+3.4	+3.2	
7	+1.36	+1.6	+1.8	+2.2	+2.2	+3.2	+3.0	
8	+1.33	+1.6	+1.8	+2.1	+2.2	+3.0	+2.8	
9	+1.29	+1.5	+1.7	+2.0	+2.1	+2.7	+2.6	
10	+1.23	+1.5	+1.6	+1.9	+2.0	+2.5	+2.4	+10.8
11	+1.17	+1.4	+1.5	+1.8	+1.8	+2.3	+2.2	+9.6
12	+1.10	+1.3	+1.4	+1.6	+1.7	+2.0	+2.0	+8.5
13	+0.99	+1.1	+1.2	+1.4	+1.5	+1.8	+1.8	+7.4
14	+0.88	+1.0	+1.1	+1.2	+1.3	+1.6	+1.5	+6.5
15	+0.77	+0.9	+0.9	+1.0	+1.1	+1.3	+1.3	+5.2
16	+0.64	+0.7	+0.8	+0.8	+0.9	+1.1	+1.1	+4.2
17	+0.50	+0.6	+0.6	+0.6	+0.7	+0.8	+0.8	+3.1
18	+0.34	+0.4	+0.4	+0.4	+0.5	+0.6	+0.6	+2.1
19	+0.18	+0.2	+0.2	+0.2	+0.2	+0.3	+0.3	+1.0
20	0.00	0.00	0.00	0.00	0.00	0.00	0.00	0.00
21	−0.18	−0.2	−0.2	−0.2	−0.2	−0.3	−0.3	−1.1
22	−0.38	−0.4	−0.4	−0.5	−0.5	−0.6	−0.6	−2.2
23	−0.58	−0.6	−0.7	−0.7	−0.8	−0.9	−0.9	−3.3
24	−0.80	−0.9	−0.9	−1.0	−1.0	−1.2	−1.2	−4.2
25	−1.03	−1.1	−1.1	−1.2	−1.3	−1.5	−1.5	−5.3
26	−1.26	−1.4	−1.4	−1.4	−1.5	−1.8	−1.8	−6.4
27	−1.51	−1.7	−1.7	−1.7	−1.8	−2.1	−2.1	−7.5
28	−1.76	−2.0	−2.0	−2.0	−2.1	−2.4	−2.4	−8.5
29	−2.01	−2.3	−2.3	−2.3	−2.4	−2.8	−2.8	−9.6
30	−2.30	−2.5	−2.5	−2.6	−2.8	−3.2	−3.1	−10.6
31	−2.58	−2.7	−2.7	−2.9	−3.1	−3.5		−11.6
32	−2.86	−3.0	−3.0	−3.2	−3.4	−3.9		−12.6
33	−3.04	−3.2	−3.3	−3.5	−3.7	−4.2		−13.7
34	−3.47	−3.7	−3.6	−3.8	−4.1	−1.6		−14.8
35	−3.78	−4.0	−4.0	−4.1	−4.4	−5.0		−16.0
36	−4.10	−4.3	−4.3	−4.4	−4.7	−5.3		−17.0

注：(1) 本表数值是以 20 ℃为标准温度以实测法测出。

(2) 表中带有“＋”、“－”号的数值是以 20 ℃为分界。室温低于 20 ℃的补正值均为“＋”，高于 20 ℃的补正值均为“－”。

(3) 本表的用法：如 1 L 硫酸溶液[$c(1/2H_2SO_4)=1$ mol/L]由 25 ℃换算为 20 ℃时，其体积修正值为－1.5 mL，故 40.00 mL换算为 20 ℃时体积为：$V_{20}=40.00-(1.5/1\,000)\times40.00=39.94$ mL。

附录七　缓冲液的配制

当往某些溶液中加入一定量的酸和碱时，有阻碍溶液 pH 变化的作用，称为缓冲作用，这样的溶液叫做缓冲液。弱酸及其盐的混合溶液（如 HAc 与 NaAc），弱碱及其盐的混合溶液（如 $NH_3 \cdot H_2O$ 与 NH_4Cl）等可以组成缓冲溶液。

以 HAc 和 NaAc 组成的缓冲溶液为例，由弱酸 HAc 及其盐 NaAc 所组成的缓冲溶液对酸的缓冲作用，是由于溶液中存在足够量的碱 Ac^- 的缘故。当向这种溶液中加入一定量的强酸时，H^+ 基本上被 Ac^- 消耗，所以溶液的 pH 几乎不变；当加入一定量强碱时，溶液中存在的弱酸 HAc 消耗 OH^- 而阻碍 pH 的变化。

为了配制一定 pH 的缓冲溶液，首先选定一个弱酸，它的 pK_a 尽可能接近所需配制的缓冲溶液的 pH，然后计算酸与碱的浓度比，根据此浓度比便可配制所需缓冲溶液。

常用缓冲液配制如下：

附表 7.1　氯化钾一盐酸缓冲溶液

A. 0.2 mol/L KCl(mL)	50	50	50	50	50	50	50
B. 0.2 mol/L HCl(mL)	97.0	64.5	41.5	26.3	16.6	10.6	6.7
水(mL)	53	85.5	108.5	123.7	133.4	139.4	143.3
pH(20 ℃)	1.0	1.2	1.4	1.6	1.8	2.0	2.2

附表 7.2　邻苯二甲酸氢钾一盐酸缓冲溶液

A. 0.2 mol/L $KHC_8H_4O_4$(mL)	50	50	50	50	50
B. 0.2 mol/L HCl(mL)	46.70	32.95	20.32	9.90	2.63
水(mL)	103.30	117.05	129.68	140.10	147.37
pH(20 ℃)	2.2	2.6	3.0	3.4	3.8

附表 7.3　邻苯二甲酸氢钾—氢氧化钾缓冲溶液

A. 0.2 mol/L $KHC_8H_4O_4$(mL)	50	50	50	50	50
B. 0.2 mol/L KOH(mL)	0.40	7.50	17.70	29.95	39.85
水(mL)	149.60	142.50	132.30	120.05	110.15
pH(20 ℃)	4.0	4.4	4.8	5.2	5.6

附表 7.4　乙酸—乙酸钠缓冲溶液

A. 0.2 mol/L HAc(mL)	185	164	126	80	42	19
B. 0.2 mol/L NaAc(mL)	15	36	74	120	158	181
pH(20 ℃)	3.6	4.0	4.4	4.8	5.2	5.6

附表 7.5 磷酸二氢钾—氢氧化钾缓冲溶液

A. 0.2 mol/L KH_2PO_4(mL)	50	50	50	50	50	50
B. 0.2 mol/L KOH(mL)	3.72	8.60	17.80	29.63	39.50	45.20
水(mL)	146.28	141.40	132.20	120.37	110.50	104.80
pH(20 ℃)	5.8	6.2	6.6	7.0	7.4	7.8

附表 7.6 硼砂—氢氧化钠缓冲溶液

A. 0.2 mol/L 硼砂(mL)	90	80	70	60	50	40
B. 0.2 mol/L NaOH(mL)	10	20	30	40	50	60
pH(20 ℃)	9.35	9.48	9.66	9.94	11.04	12.32

附表 7.7 氨水—氯化铵缓冲溶液

A. 0.2 mol/L $NH_3 \cdot H_2O$(mL)	1	1	1	1	1	1
B. 0.2 mol/L NH_4Cl(mL)	32	8	2	1	1	1
pH(20 ℃)	8.0	8.58	9.1	9.8	10.4	11.0

附表 7.8 其他常用缓冲溶液配制

pH	配制方法
3.6	$NaAc \cdot 3H_2O$ 8 g,溶于适量水中,加 6 mol/L HAc 134 mL,稀释至 500 mL
4.0	$NaAc \cdot 3H_2O$ 20 g,溶于适量水中,加 6 mol/L HAc 134 mL,稀释至 500 mL
4.5	$NaAc \cdot 3H_2O$ 32 g,溶于适量水中,加 6 mol/L HAc 68 mL,稀释至 500 mL
5.0	$NaAc \cdot 3H_2O$ 50 g,溶于适量水中,加 6 mol/L HAc 34 mL,稀释至 500 mL
8.0	NH_4Cl 50 g,溶于适量水中,加 15 mol/L $NH_3 \cdot H_2O$ 3.5 mL,稀释至 500 mL
8.5	NH_4Cl 40 g,溶于适量水中,加 15 mol/L $NH_3 \cdot H_2O$ 8.8 mL,稀释至 500 mL
9.0	NH_4Cl 35 g,溶于适量水中,加 15 mol/L $NH_3 \cdot H_2O$ 24 mL,稀释至 500 mL
9.5	NH_4Cl 30 g,溶于适量水中,加 15 mol/L $NH_3 \cdot H_2O$ 65 mL,稀释至 500 mL
10.0	NH_4Cl 27 g,溶于适量水中,加 15 mol/L $NH_3 \cdot H_2O$ 197 mL,稀释至 500 mL

附录八　常用的酸碱指示剂

在一定的 pH 范围内能够利用本身的颜色变化来指示溶液的 pH 变化的物质称为酸碱指示剂。在酸碱滴定中常用酸碱指示剂来指示滴定终点。酸碱指示剂是一类结构较复杂的有机弱酸或有机弱碱，它们在溶液中能部分电离成指示剂的离子和氢离子（或氢氧根离子），并且由于结构上的变化，它们的分子和离子具有不同的颜色，因而在 pH 不同的溶液中呈现不同的颜色。

常用的酸碱指示剂主要有：

1. 硝基酚类是一类酸性显著的指示剂，如对-硝基酚等。

2. 酚酞类有酚酞、百里酚酞和 α-萘酚酞等，它们都是有机弱酸。

3. 磺代酚酞类有酚红、甲酚红、溴酚蓝、百里酚蓝等，它们都是有机弱酸。

4. 偶氮化合物类有甲基橙、中性红等，它们都是两性指示剂，既可作酸式离解，也可作碱式离解。

酸碱指示剂的颜色改变是基于溶液 pH 的变化，但是并不是溶液的 pH 任意改变或者稍有改变都会导致指示剂的颜色发生明显变化。变色是在一定的 pH 范围内进行的，即每种指示剂都有其各自的变色范围（常见指示剂变色范围见附表 8.1）。因此对不同反应要根据实际情况选用合适的指示剂。

附表 8.1　常用酸碱指示剂

指示剂	变色范围 pH	颜色变化
百里酚蓝	1.2～2.8	红～黄
甲基黄	2.9～4.0	红～黄
甲基橙	3.1～4.4	红～黄
溴酚蓝	3.0～4.6	黄～紫
溴甲酚绿	4.0～5.6	黄～蓝
甲基红	4.4～6.2	红～黄
溴百里酚蓝	6.2～7.6	黄～蓝
中性红	6.8～8.0	红～黄橙
苯酚红	6.8～8.4	黄～红
酚酞	8.0～10.0	无色～红
百里酚酞	9.4～10.6	无色～蓝

在酸碱滴定中，有时需要使滴定终点控制在较窄的 pH 范围内，这时可采用混合指示剂。混合指示剂是利用颜色互补作用使终点变色敏锐。混合指示剂主要有两类，一类是由两种或两种以上的指示剂混合而成；另一类是由某种指示剂和一种惰性染料组成。常见的混合指示剂见附表 8.2。

附表 8.2　常见混合指示剂

指示剂溶液的组成	变色 pH	颜色		备注
		酸色	碱色	
一份 0.1%甲基黄乙醇溶液 一份 0.1%次甲基蓝乙醇溶液	3.25	蓝紫	绿	pH3.4 绿色 pH3.2 蓝紫色
一份 0.1%甲基橙水溶液 一份 0.25%靛蓝二磺酸水溶液	4.1	紫	黄绿	
一份 0.1%溴甲酚绿钠盐水溶液 一份 0.02%甲基橙水溶液	4.3	橙	蓝绿	pH3.5 黄色，pH4.05 绿色 pH4.8 浅绿
三份 0.1%溴甲酚绿乙醇溶液 一份 0.2%甲基红乙醇溶液	5.1	酒红	绿	
一份 0.1%溴甲酚绿钠盐水溶液 一份 0.1%氯酚红钠盐水溶液	6.1	黄绿	蓝紫	pH5.4 蓝绿色，pH5.8 蓝色 pH6.0 蓝带紫，pH6.2 蓝紫
一份 0.1%中性红乙醇溶液 一份 0.1%次甲基蓝乙醇溶液	7.0	蓝紫	绿	pH7.0 紫蓝
一份 0.1%甲酚红钠盐水溶液 三份 0.1%百里酚蓝钠盐水溶液	8.3	黄	紫	pH8.2 玫瑰红 pH8.4 清晰的紫色
一份 0.1%百里酚蓝 50%乙醇溶液 三份 0.1%酚酞 50%乙醇溶液	9.0	黄	紫	从黄到绿再到紫
一份 0.1%酚酞乙醇溶液 一份 0.1%百里酚酞乙醇溶液	9.9	无	紫	pH9.6 玫瑰红，pH10 紫色
二份 0.1%百里酚酞乙醇溶液 一份 0.1%茜素黄 R 乙醇溶液	10.2	黄	紫	

对于不同的指示剂，选择指示剂的依据是：要选择一种变色范围恰好在滴定曲线的突跃范围之内，或者至少要占滴定曲线突跃范围一部分的指示剂。这样当滴定正好在滴定曲线突跃范围之内结束时，其最大误差不过 0.1%，这是容量分析容许的。

指示剂在使用时应注意不宜过多，因为指示剂本身是弱碱或者弱酸，多加会增加滴定量，同时还会导致其变色范围发生改变。

附录九　筛孔筛号(分级筛)

分级筛又称筛分机,是目前国内比较常用的筛分机器,主要用于成品复肥的分级筛选,也适用于粮食、食品、化工、制糖、矿山、煤矿、冶金、造纸等多种行业的原料和成品的筛选和分级。

不同的筛号对应不同的孔径见附表 9.1

附表 9.1　筛号与筛孔直径对照表　　单位:mm

筛号	孔径	网线直径	筛号	孔径	网线直径
3.5	5.66	1.448	35	0.50	0.290
4	4.76	1.270	40	0.42	0.249
5	4.00	1.117	45	0.35	0.221
6	3.36	1.016	50	0.297	0.188
8	2.38	0.841	60	0.250	0.163
10	2.00	0.759	70	0.210	0.140
12	1.68	0.691	80	0.171	0.119
14	1.41	0.610	100	0.149	0.102
16	1.19	0.541	120	0.125	0.086
18	1.10	0.480	140	0.105	0.074
20	0.84	0.419	170	0.088	0.063
25	0.71	0.371	200	0.074	0.053
30	0.59	0.330	230	0.062	0.046

附录十 偏差和误差

1. 误差与准确度

准确度是测量值(x)与真值(x_T)之间的差值,用误差(E)来衡量。误差通常分为系统误差和偶然误差。其中系统误差是指在分析过程中由于某些固定的原因所造成的误差,它的大小、正负是可测的,所以又称为可测误差。系统误差具有单向性和重复性的特点,即平行测定结果系统的偏高或偏低。系统误差对分析结果的影响比较固定,在同一条件下重复测定时会重复出现。系统误差通常包括:(1) 方法误差;(2) 仪器和试剂误差;(3) 操作误差。而偶然误差是指分析过程中由某些随机的偶然原因造成的误差,如温度、气压等的微小变化引起的测量数据的波动,通常具有对称性、抵偿性和有限性。

误差又分为绝对误差(E)和相对误差(RE),其表示方法如下:

$$E=x-x_T \tag{1}$$

$$RE=\frac{E}{x_T}\times100\% \tag{2}$$

2. 偏差与精确度

精确度是指一试样的多次平行测定值彼此相符合的程度,通常用偏差来衡量。我们把单次测定值 x_i 与算术平均值 $\overline{x}$ 之前的差值叫做单次测定值的绝对偏差 d_i,简称偏差。

$$\overline{x}=\frac{\sum x_i}{n} \tag{3}$$

$$d_i=x_i-\overline{x} \tag{4}$$

1) 平均偏差、相对平均偏差和极差

平均偏差是指单次测定值偏差的绝对值之和的平均值,用 $\overline{d}$ 表示。

$$\overline{d}=\frac{\sum |d_i|}{n} \tag{5}$$

相对平均偏差是平均偏差占测定值算术平均数的百分比,也可以用来表示数据的精密度。

$$R_{\overline{d}}=\frac{\overline{d}}{\overline{x}}\times100\% \tag{6}$$

极差(R)是指一组平行测定值中最大值 x_{max} 与最小值 x_{min} 之间的差值,可以粗略地表示数据的精密度。

$$R=x_{\max}-x_{\min} \tag{7}$$

2）标准偏差与相对标准偏差

在统计分析中，为了更好地反应测定结果的精确度，我们引入了标准偏差（S）和相对标准偏差（CV）的概念，其计算公式如下：

$$S=\sqrt{\frac{\sum(x_i-\bar{x})^2}{n-1}} \tag{8}$$

$$CV=\frac{S}{\bar{x}} \tag{9}$$

3. 误差与偏差的区别与联系

在统计学中用误差衡量测量结果的准确度，用偏差衡量测量结果的精密度；误差是以真实值为标准，偏差是以多次测量结果的平均值为标准。

误差与偏差的含义不同，必须加以区别。但是由于在一般情况下，真实值是不知道的（测量的目的就是为了测得真实值），因此处理实际问题时常常在尽量减小系统误差的前提下，把多次平行测量值当作真实值，把偏差当作误差。

附录十一 有效数字

有效数字,具体地说,是指在分析工作中实际能够测量到的数字。能够测量到的是包括最后一位估计的、不确定的数字。我们把通过直读获得的准确数字叫做可靠数字,把通过估读得到的那部分数字叫做存疑数字。把测量结果中能够反映被测量大小的带有一位存疑数字的全部数字叫有效数字。

有效数字不同于小数点后位数。如用分析天平称量得到数值 3.245 0 g,有效数字是五位,而精确到小数点后第四位。

从一个数的左边第一个非 0 数字起,到末位数字止,所有的数字都是这个数的有效数字。简单地说,把一个数字前面的 0 都去掉,从第一个正整数到精确的数位止所有的都是有效数字了。同时,保留有效数字的规则如下:

1. 当保留 n 位有效数字,若第 $n+1$ 位数字 $\leqslant 4$ 就舍掉。

2. 当保留 n 位有效数字,若第 $n+1$ 位数字 $\geqslant 6$ 时,则第 n 位数字进 1。

3. 当保留 n 位有效数字,若第 $n+1$ 位数字 $=5$ 且后面数字为 0 时,则第 n 位数字若为偶数时就舍掉后面的数字,若第 n 位数字为奇数时加 1;若第 $n+1$ 位数字 $=5$ 且后面还有不为 0 的任何数字时,无论第 n 位数字是奇或是偶都加 1。

有效数字运算规则:

a. 加减法:在加减法运算中,保留有效数字的以小数点后位数最少的为准,即以绝对误差最大的为准。如 $0.011\,8+3.007\,2+28.22=0.01+3.01+28.22=31.24$。

b. 乘除法:乘除运算中,保留有效数字的位数以位数最少的数为准,即以相对误差最大的为准。如 $0.011\,8\times 3.007\,2\times 28.22=0.011\,8\times 3.01\times 28.2=1.00$。

c. 自然数,在分析化学中,有时会遇到一些倍数和分数的关系。因为它们是非测量所得到的数,是自然数,其有效数字位数可视为无限的。

在试验过程中,不同量程和精确度的称量器有不同的结果记录方式。通常用量程为 200 g,精度为万分之一的分析天平称量小于 100 g 的样品,通常精确到 0.000 1 g,其记录单位为 g,通常记录为××.××××g;在使用 1 kg 以下称量天平的时候,其精度通常为 0.01 g,其记录单位一般为 g,通常记录为×××.××g;在使用量程为 1~25 kg 的台秤的时候,一般精确到 1 g,其记录单位为 g 或者 kg,可以记录为××××g 或者××.××kg;在使用量程为 100 kg 以上的磅秤的时候,由于其精度限制,通常精确到 g 或 10 g,在记录时通常以 kg 为单位,记录为××.××kg。

附录十二 饲料卫生标准

<table>
<tr><th>序号</th><th>卫生指标项目</th><th>产品名称</th><th>指标</th><th>试验方法</th><th>备注</th></tr>
<tr><td rowspan="11">1</td><td rowspan="11">砷(以总砷计)的允许量(每千克产品中)(mg)</td><td>石粉</td><td rowspan="2">≤2.0</td><td rowspan="11">GB/T 13079</td><td rowspan="9">不包括国家主管部门批准使用的有机砷制剂中的砷含量</td></tr>
<tr><td>硫酸亚铁、硫酸镁</td></tr>
<tr><td>磷酸盐</td><td>≤20.0</td></tr>
<tr><td>沸石粉、膨润土、麦饭石</td><td>≤10.0</td></tr>
<tr><td>硫酸铜、硫酸锰、硫酸锌、碘化钾、碘酸钙、氯化钴</td><td>≤5.0</td></tr>
<tr><td>氧化锌</td><td>≤10.0</td></tr>
<tr><td>鱼粉、肉粉、肉骨粉</td><td>≤10.0</td></tr>
<tr><td>家禽、猪配合饲料</td><td>≤2.0</td></tr>
<tr><td>牛、羊精料补充料</td><td rowspan="3">≤10.0</td></tr>
<tr><td>猪、家禽浓缩饲料</td><td>以在配合饲料中20%的添加量计</td></tr>
<tr><td>猪、家禽添加剂预混合饲料</td><td>以在配合饲料中1%的添加量计</td></tr>
<tr><td rowspan="9">2</td><td rowspan="9">铅(以Pb计)的允许量(每千克产品中)(mg)</td><td>生长鸭、产蛋鸭、肉鸭配合饲料</td><td rowspan="2">≤5</td><td rowspan="9">GB/T 13080</td><td rowspan="3"></td></tr>
<tr><td>鸡配合饲料、猪配合饲料</td></tr>
<tr><td>奶牛、肉牛精料补充料</td><td>≤8</td></tr>
<tr><td>产蛋鸡、肉用仔鸡浓缩饲料</td><td rowspan="2">≤13</td><td rowspan="2">以在配合饲料中20%的添加量计</td></tr>
<tr><td>仔猪、生长肥育猪浓缩饲料</td></tr>
<tr><td>骨粉、肉骨粉、鱼粉、石粉</td><td>≤10</td><td rowspan="2"></td></tr>
<tr><td>磷酸盐</td><td>≤30</td></tr>
<tr><td>产蛋鸡、肉用仔鸡复合预混合饲料</td><td rowspan="2">≤40</td><td rowspan="2">以在配合饲料中1%的添加量计</td></tr>
<tr><td>仔猪、生长肥育猪复合预混合饲料</td></tr>
</table>

续表

序号	卫生指标项目	产品名称	指标	试验方法	备注
3	氟（以F计）的允许量（每千克产品中）(mg)	鱼粉	≤500	GB/T 13083	高氟饲料用HG2636—1994中4.4条
		石粉	≤2 000		
		磷酸盐	≤1 800	HG 2636	
		肉用仔鸡、生长鸡配合饲料	≤250	GB/T 13083	
		产蛋鸡配合饲料	≤350		
		猪配合饲料	≤100		
		骨粉、肉骨粉	≤1 800		
		生长鸭、肉鸭配合饲料	≤200		
		产蛋鸭配合饲料	≤250		
		牛（奶牛、肉牛）精料补充料	≤50		
		猪、禽添加剂预混合饲料	≤1 000	GB/T 13083	以在配合饲料中1%的添加量计
		猪、禽浓缩饲料	按添加比例折算后，与相应猪、禽配合饲料规定值相同		
4	霉菌的允许量（每克产品中），霉菌数×10^{3}个	玉米	<40	GB/T 13092	限量饲用：40～100 禁用：>100
		小麦麸、米糠			限量饲用：40～80 禁用：>80
		豆饼（粕）、棉籽饼（粕）、菜籽饼（粕）	<50		限量饲用：50～100 禁用：>100
		鱼粉、肉骨粉	<20		限量饲用：20～50 禁用：>50
		鸭配合饲料	<35		
		猪、鸡配合饲料	<45		
		猪、鸡浓缩饲料			
		奶、肉牛精料补充料			

续表

序号	卫生指标项目	产品名称	指标	试验方法	备注
5	黄曲霉毒素 B_1 允许量（每千克产品中）（μg）	玉米	≤50	GB/T 17480 或 GB/T 8381	
		花生饼（粕）、棉籽饼（粕）、菜籽饼（粕）			
		豆粕	≤30		
		仔猪配合饲料及浓缩饲料	≤10		
		生长肥育猪、种猪配合饲料及浓缩饲料	≤20		
		肉用仔鸡前期、雏鸡配合饲料及浓缩饲料	≤10		
		肉用仔鸡后期、生长鸡、产蛋鸡配合饲料及浓缩饲料	≤20		
		肉用仔鸭前期、雏鸭配合饲料及浓缩饲料	≤10		
		肉用仔鸭后期、生长鸭、产蛋鸭配合饲料及浓缩饲料	≤15		
		鹌鹑配合饲料及浓缩饲料	≤20		
		奶牛精料补充料	≤10		
		肉牛精料补充料	≤50		
6	铬（以 Cr 计）的允许量（每千克产品中）（mg）	皮革蛋白粉	≤200	GB/T 13088	
		鸡、猪配合饲料	≤10		
7	汞（以 Hg 计）的允许量（每千克产品中）（mg）	鱼粉	≤0.5	GB/T 13081	
		石粉	≤0.1		
		鸡配合饲料、猪配合饲料			
8	镉（以 Cd 计）的允许量（每千克产品中）（mg）	米糠	≤1.0	GB/T 13082	
		鱼粉	≤2.0		
		石粉	≤0.75		
		鸡配合饲料、猪配合饲料	≤0.5		
9	氰化物（以 HCN 计）的允许量（每千克产品中）（mg）	木薯干	≤100	GB/T 13084	
		胡麻饼、粕	≤350		
		鸡配合饲料，猪配合饲料	≤50		
10	亚硝酸盐（以 $NaNO_2$ 计）的允许量（每千克产品中）（mg）	鱼粉	≤60	GB/T 13085	
		鸡配合饲料，猪配合饲料	≤15		

续表

<table>
<tr><th>序号</th><th>卫生指标项目</th><th>产品名称</th><th>指标</th><th>试验方法</th><th>备注</th></tr>
<tr><td rowspan="4">11</td><td rowspan="4">游离棉酚的允许量(每千克产品中)(mg)</td><td>棉籽饼、粕</td><td>≤1 200</td><td rowspan="4">GB/T 13086</td><td rowspan="4"></td></tr>
<tr><td>肉用仔鸡、生长鸡配合饲料</td><td>≤100</td></tr>
<tr><td>产蛋鸡配合饲料</td><td>≤20</td></tr>
<tr><td>生长肥育猪配合饲料</td><td>≤60</td></tr>
<tr><td rowspan="3">12</td><td rowspan="3">异硫氰酸酯(以丙烯基异硫氰酸酯计)的允许量(每千克产品中)(mg)</td><td>菜籽饼、粕</td><td>≤4 000</td><td rowspan="3">GB/T 13087</td><td rowspan="3"></td></tr>
<tr><td>鸡配合饲料</td><td rowspan="2">≤500</td></tr>
<tr><td>生长肥育猪配合饲料</td></tr>
<tr><td rowspan="2">13</td><td rowspan="2">恶唑烷硫酮的允许量(每千克产品中)(mg)</td><td>肉用仔鸡、生长鸡配合饲料</td><td>≤1 000</td><td rowspan="2">GB/T 13089</td><td rowspan="2"></td></tr>
<tr><td>产蛋鸡配合饲料</td><td>≤500</td></tr>
<tr><td rowspan="7">14</td><td rowspan="7">六六六的允许量(每千克产品中)(mg)</td><td>米糠</td><td rowspan="4">≤0.05</td><td rowspan="7">GB/T 13090</td><td rowspan="7"></td></tr>
<tr><td>小麦麸</td></tr>
<tr><td>大豆饼、粕</td></tr>
<tr><td>鱼粉</td></tr>
<tr><td>肉用仔鸡、生长鸡配合饲料</td><td rowspan="2">≤0.3</td></tr>
<tr><td>产蛋鸡配合饲料</td></tr>
<tr><td>生长肥育猪配合饲料</td><td>≤0.4</td></tr>
<tr><td rowspan="5">15</td><td rowspan="5">滴滴涕的允许量(每千克产品中)(mg)</td><td>米糠</td><td rowspan="4">≤0.02</td><td rowspan="5">GB/T 13090</td><td rowspan="5"></td></tr>
<tr><td>小麦麸</td></tr>
<tr><td>大豆饼、粕</td></tr>
<tr><td>鱼粉</td></tr>
<tr><td>鸡配合饲料,猪配合饲料</td><td>≤0.2</td></tr>
<tr><td>16</td><td>沙门氏杆菌</td><td>饲料</td><td>不得检出</td><td>GB/T 13091</td><td></td></tr>
<tr><td>17</td><td>细菌总数的允许量(每克产品中),细菌总数×10^6个</td><td>鱼粉</td><td><2</td><td>GB/T 13093</td><td>限量饲用:2～5,禁用:>5</td></tr>
</table>

注:1. 所列允许量均为以干物质含量为88%的饲料为基础计算;

2. 浓缩饲料、添加剂预混合饲料添加比例与本标准备注不同时,其卫生指标允许量可进行折算。

附录十三　饲料标签(GB10648—2013)

2013年10月10日,国家质量监督检验检疫总局和国家标准化管理委员会发布了新修订的《饲料标签》(GB 10648－2013),并于2014年7月1日起正式实施。

1. 范围

本标准规定了饲料、饲料添加剂和饲料原料标签标示的基本原则、基本内容和基本要求。

本标准适用于商品饲料、饲料添加剂和饲料原料(包括进口产品),不包括可饲用原粮、药物饲料添加剂和养殖者自行配制使用的饲料。

2. 规范性引用文件

下列文件对于本文件的应用是必不可少的。凡是注日期的引用文件,仅注日期的版本适用于本文件。凡是不注日期的引用文件,其最新版本(包括所有的修改单)适用于本文件。

GB/T 10647　饲料工业术语

GB 13078　饲料卫生标准

3. 术语和定义

GB/T 10647中界定的以及下列术语和定义适用于本文件。

1) 饲料标签 feed label

以文字、符号、数字、图形说明饲料、饲料添加剂和饲料原料内容的一切附签或其他说明物。

2) 饲料原料 feed material

来源于动物、植物、微生物或者矿物质,用于加工制作饲料但不属于饲料添加剂的饲用物质。

3) 饲料 feed

经工业化加工、制作的供动物食用的产品,包括单一饲料、添加剂预混合饲料、浓缩饲料、配合饲料和精料补充料。

4) 单一饲料 single feed

来源于一种动物、植物、微生物或者矿物质,用于饲料产品生产的饲料。

5) 添加剂预混合饲料 feed additive premix

由两种(类)或者两种(类)以上营养性饲料添加剂为主,与载体或者稀释剂按照一定比例配制的饲料,包括复合预混合饲料、微量元素预混合饲料、维生素预混合饲料。

6) 复合预混合饲料 premix

以矿物质微量元素、维生素、氨基酸中任何两类或两类以上的营养性饲料添加剂为主,与其他饲料添加剂、载体和(或)稀释剂按一定比例配制的均匀混合物,其中营养性饲料添加剂的含量能够满足其适用动物特定生理阶段的基本营养需求，在配合饲料、精料补充料或动物饮用水中的添加量不低于0.1%且不高于10%。

7）维生素预混合饲料 vitamin premix

两种或两种以上维生素与载体和（或）稀释剂按一定比例配制的均匀混合物，其中维生素含量应满足其适用动物特定生理阶段的维生素需求，在配合饲料、精料补充料或动物饮水中的添加量不低于0.01%且不高于10%。

8）微量元素预混合饲料 trace mineral premix

两种或两种以上矿物质微量元素与载体和（或）稀释剂按一定比例配制的均匀混合物，其中矿物质微量元素含量能够满足其适用动物特定生理阶段的微量元素需求，在配合饲料、精料补充料或者动物饮用水中的添加量不低于0.1%且不高于10%。

9）浓缩饲料 concentrate feed

主要由蛋白质、矿物质和饲料添加剂按照一定比例配制的饲料。

10）配合饲料 formula feed；complete feed

根据养殖动物营养需要，将多种饲料原料和饲料添加剂按照一定比例配制的饲料。

11）精料补充料 supplementary concentrate

为补充草食动物的营养，将多种饲料原料和饲料添加剂按照一定比例配制的饲料。

12）饲料添加剂 feed additive

在饲料加工、制作、使用过程中添加的少量或者微量物质，包括营养性饲料添加剂和一般饲料添加剂。

13）混合型饲料添加剂 feed additive blender

由一种或一种以上饲料添加剂与载体或稀释剂按一定比例混合，但不属于添加剂预混合饲料的饲料添加剂产品。

14）许可证明文件 official approval document

新饲料、新饲料添加剂证书，饲料、饲料添加剂进口登记证，饲料、饲料添加剂生产许可证以及饲料添加剂、添加剂预混合饲料产品批准文号的统称。

15）通用名称 common name

能反映饲料、饲料添加剂和饲料原料的真实属性并符合相关法律法规和标准规定的产品名称。

16）产品成分分析保证值 guaranteed analysis of product

在产品保证期内采用规定的分析方法能得到的、符合标准要求的产品成分值。

17）净含量 net content

去除包装容器和其他所有包装材料后内装物的量。

18）药物饲料添加剂 medical feed additive

为预防、治疗动物疾病而掺入载体或者稀释剂的兽药的预混合物质。

4. 基本原则

1) 标示的内容应符合国家相关法律法规和标准的规定。

2) 标示的内容应真实、科学、准确。

3) 标示内容的表述应通俗易懂。不得使用虚假、夸大或容易引起误解的表述，不得以欺骗性表述误导消费者。

4) 不得标示具有预防或者治疗动物疾病作用的内容。但饲料中添加药物饲料添加剂的，可以对所添加的药物饲料添加剂的作用加以说明。

5. 应标示的基本内容

1) 卫生要求

饲料、饲料添加剂和饲料原料应符合相应卫生要求。饲料和饲料原料应标有“本产品符合饲料卫生标准”字样，以明示产品符合 GB 13078 的规定。

2) 产品名称

(1) 产品名称应采用通用名称。

(2) 饲料添加剂应标注“饲料添加剂”字样，其通用名称应与《饲料添加剂品种目录》中的通用名称一致。饲料原料应标注“饲料原料”字样，其通用名称应与《饲料原料目录》中的原料名称一致，新饲料、新饲料添加剂和进口饲料、进口饲料添加剂的通用名称应与农业部相关公告的名称一致。

(3) 混合型饲料添加剂的通用名称表述为“混合型饲料添加剂＋《饲料添加剂品种目录》中规定的产品名称或类别”，如“混合型饲料添加剂乙氧基喹啉”、“混合型饲料添加剂抗氧化剂”，如果产品涉及多个类别，应逐一标明；如果产品类别为“其他”，应直接标明产品的通用名称。

(4) 饲料(单一饲料除外)的通用名称应以配合饲料、浓缩饲料、精料补充料、复合预混合饲料、微量元素预混合饲料或维生素预混合饲料中的一种表示，并标明饲喂对象。可在通用名称前(或后)标示膨化、颗粒、粉状、块状、液体、浮性等物理状态或加工方法。

(5) 在标明通用名称的同时，可标明商品名称，但应放在通用名称之后，字号不得大于通用名称。

3) 产品成分分析保证值

(1) 产品成分分析保证值应符合产品所执行的标准的要求。

(2) 饲料和饲料原料产品成分分析保证值项目的标示要求，见附表 13.1。

附表 13.1 饲料和饲料原料产品成分分析保证值项目的标示要求

序号	产品类别	产品成分分析保证值项目	备注
1	配合饲料	粗蛋白质、粗纤维、粗灰分、钙、总磷、氯化钠、水分、氨基酸	水产配合饲料还应标明粗脂肪,可以不标明氯化钠和钙
2	浓缩饲料	粗蛋白质、粗纤维、粗灰分、钙、总磷、氯化钠、水分、氨基酸	
3	精料补充料	粗蛋白质、粗纤维、粗灰分、钙、总磷、氯化钠、水分、氨基酸	
4	复合预混合饲料	微量元素、维生素和(或)氨基酸及其他有效成分、水分	
5	微量元素预混合饲料	微量元素、水分	
6	维生素预混合饲料	维生素、水分	
7	饲料原料	《饲料原料目录》规定的强制性标识项目	

序号 1、2、3、4、5、6 产品成分分析保证值项目中氨基酸、维生素及微量元素的具体种类应与产品所执行的质量标准一致。

液态添加剂预混合饲料不需标示水分。

(3) 饲料添加剂产品成分分析保证值项目的标示要求,见附表 13.2。

附表 13.2 饲料添加剂产品成分分析保证值项目的标示要求

序号	产品类别	产品成分分析保证值项目	备注
1	矿物质微量元素饲料添加剂	有效成分、水分、粒(细)度	若无粒(细)度要求时,可以不标
2	酶制剂饲料添加剂	有效成分、水分	
3	微生物饲料添加剂	有效成分、水分	
4	混合型饲料添加剂	有效成分、水分	
5	其他饲料添加剂	有效成分、水分	

执行企业标准的饲料添加剂产品和进口饲料添加剂产品,其产品成分分析保证值项目还应标示卫生指标,液态饲料添加剂不需标示水分。

4) 原料组成

(1) 配合饲料、浓缩饲料、精料补充料应标明主要饲料原料名称和(或)类别、饲料添加剂名称和(或)类别;添加剂预混合饲料、混合型饲料添加剂应标明饲料添加剂名称、载体和(或)稀释剂名称;饲料添加剂若使用了载体和(或)稀释剂,应标明载体和(或)稀释剂的名称。

(2) 饲料原料名称和类别应与《饲料原料目录》一致;饲料添加剂名称和类别应与《饲料

添加剂品种目录》一致。

（3）动物源性蛋白质饲料、植物性油脂、动物性油脂若添加了抗氧化剂，还应标明抗氧化剂的名称。

5）产品标准编号

（1）饲料和饲料添加剂产品应标明产品所执行的产品标准编号。

（2）实行进口登记管理的产品，应标明进口产品复核检验报告的编号；不实行进口登记管理的产品可不标示此项。

6）使用说明

配合饲料、精料补充料应标明饲喂阶段。浓缩饲料、复合预混合饲料应标明添加比例或推荐配方及注意事项。饲料添加剂、微量元素预混合饲料和维生素预混合饲料应标明推荐用量及注意事项。

7）净含量

（1）包装类产品应标明产品包装单位的净含量；罐装车运输的产品应标明运输单位的净含量。

（2）固态产品应使用质量标示；液态产品、半固态或黏性产品可用体积或质量标示。

（3）以质量标示时，净含量不足 1 kg 的，以克(g)作为计量单位；净含量超过 1 kg(含 1 kg)的，以千克(kg)作为计量单位。以体积标示时，净含量不足 1 L 的，以毫升(mL 或 ml)作为计量单位；净含量超过 1 L(含 1 L)的，以升(L 或 l)作为计量单位。

8）生产日期

（1）应标明完整的年、月、日。

（2）进口产品中文标签标明的生产日期应与原产地标签上标明的生产日期一致。

9）保质期

（1）用"保质期为________天(日)或________月或________年"或"保质期至：________年________月________日"表示。

（2）进口产品中文标签标明的保质期应与原产地标签上标明的保质期一致。

10）贮存条件及方法

应标明贮存条件及贮存方法。

11）行政许可证明文件编号

实行行政许可管理的饲料和饲料添加剂产品应标明行政许可证明文件编号。

12）生产者、经营者的名称和地址

（1）实行行政许可管理的饲料和饲料添加剂产品，应标明与行政许可证明文件一致的生产者名称、注册地址、生产地址及其邮政编码、联系方式；不实行行政许可管理的，应标明与营业执照一致的生产者名称、注册地址、生产地址及其邮政编码、联系方式。

（2）集团公司的分公司或生产基地，除标明上述相关信息外，还应标明集团公司的名称、地址和联系方式。

(3) 进口产品应标明与进口产品登记证一致的生产厂家名称,以及与营业执照一致的在中国境内依法登记注册的销售机构或代理机构名称、地址、邮政编码和联系方式等。

13) 其他

(1) 动物源性饲料

① 动物源性饲料应标明源动物名称。

② 乳和乳制品之外的动物源性饲料应标明“本产品不得饲喂反刍动物”字样。

(2) 加入药物饲料添加剂的饲料产品

① 应在产品名称下方以醒目字体标明“本产品加入药物饲料添加剂”字样。

② 应标明所添加药物饲料添加剂的通用名称。

③ 应标明本产品中药物饲料添加剂的有效成分含量、休药期及注意事项。

(3) 委托加工产品

除标明本章规定的基本内容外,还应标明委托企业的名称、注册地址和生产许可证编号。

(4) 定制产品

① 应标明“定制产品”字样。

② 除标明本章规定的基本内容外,还应标明定制企业的名称、地址和生产许可证编号。

③ 定制产品可不标示产品批准文号。

(5) 进口产品

进口产品应用中文标明原产国名或地区名。

(6) 转基因产品

转基因产品的标示应符合相关法律法规的要求。

(7) 其他内容

可以标明必要的其他内容,如:产品批号、有效期内的质量认证标志等。

6. 基本要求

1) 印制材料应结实耐用;文字、符号、数字、图形清晰醒目,易于辨认。

2) 不得与包装物分离或被遮掩;应在不打开包装的情况下,能看到完整的标签内容。

3) 罐装车运输产品的标签随发货单一起传送。

4) 应使用规范的汉字,可以同时使用有对应关系的汉语拼音及其他文字。

5) 应采用国家法定计量单位。产品成分分析保证值常用计量单位参见附录 A。

6) 一个标签只能标示一个产品。

附录 A

A.1　饲料产品成分分析保证值计量单位

A.1.1　粗蛋白质、粗纤维、粗脂肪、粗灰分、总磷、钙、氯化钠、水分、氨基酸的含量，以百分含量(%)表示。

A.1.2　微量元素的含量，以每千克(升)饲料中含有某元素的质量表示，如：g/kg、mg/kg、μg/kg，或 g/L、mg/L、μg/L。

A.1.3　药物饲料添加剂和维生素含量，以每千克(升)饲料中含药物或维生素的质量，或以表示生物效价的国际单位(IU)表示，如：g/kg、mg/kg、μg/kg、IU/kg，或 g/L、mg/L、μg/L、IU/L。

A.2　饲料添加剂产品成分分析保证值计量单位

A.2.1　酶制剂饲料添加剂的含量，以每千克(升)产品中含酶活性单位表示，或以每克(毫升)产品中含酶活性单位表示，如：U/kg、U/L，或 U/g、U/mL。

A.2.2　微生物饲料添加剂的含量，以每千克(升)产品中含微生物的菌落数或个数表示，或以每克(毫升)产品中含微生物的菌落数或个数表示，如：CFU/kg、个/kg、CFU/L、个/L，或 CFU/g、个/g、CFU/mL、个/mL。

附录十四 微量元素饲料添加剂原料质量标准

附表 14.1

化合物		元素		性状	重金属(Pb)(mg/kg)	砷(mg/kg)	w(水不溶物或水分)(%)	氯化物等(mg/kg)
名称	w(%)	元素名称	w(%)					
硫酸铜($CuSO_4 \cdot 5H_2O$)	≥98.5	Cu	≥25.0	淡蓝色结晶性粉末	≤10	≤5	≤0.2	
硫酸镁($MgSO_4 \cdot 7H_2O$)	≥99.0	Mg	≥9.7	无色结晶或白色粉末	≤10	≤2		Cl≤140
硫酸锌($ZnSO_4 \cdot 7H_2O$)	≥97.3	Zn	≥22.0	白色结晶性粉末	≤10	≤5		Cd≤20
硫酸锌($ZnSO_4 \cdot H_2O$)	≥94.7	Zn	≥34.5	白色粉末	≤20	≤5		Cd≤30
氧化锌(ZnO)	≥95.0	Zn	≥76.3	白色或微黄色粉末	≤50	≤10		Cd≤10
硫酸亚铁($FeSO_4 \cdot 7H_2O$)	≥98.0	Fe	≥19.68	浅绿色结晶	≤20	≤2	≤0.2	
硫酸亚铁($FeSO_4 \cdot H_2O$)	≥91.0	Fe	≥30.0	灰白色粉末	≤20	≤2		
硫酸锰($MnSO_4 \cdot H_2O$)	≥98.0	Mn	≥31.8	白色或略带粉红色结晶	≤10	≤5	≤0.05	
亚硒酸钠(Na_2SeO_3)	≥98.0	Se	≥44.7	无色结晶粉末			水分≤2	
氯化钴($CoCl_2 \cdot 6H_2O$)	≥98.0	Co	≥24.3	红色或红紫色结晶	≤10	≤5	≤0.03	
碘化钾(KI)	≥99.0	I	≥75.7	白色结晶	≤10	≤2	水分≤1.0	Ba≤10
轻质碳酸钙($CaCO_3$)	≥98.3	Ca	≥39.2	白色粉末	≤30	≤2	≤1.0	Ba≤50
磷酸氢钙($CaHPO_4 \cdot 2H_2O$)		Ca	≥21.0	白色粉末	≤30	≤30		F≤1 800
		P	≥16.0					

附录十五　维生素单制剂质量标准

附表 15.1

名称	含量	外观和性状	w［重金(Pb)］(%)	w（水分）(%)	折光率、比旋光度及其他	w(灼烧残渣)(%)	分子式
维生素A乙酸酯明胶微粒	以$C_{22}H_{32}O_2$计，标示量(30万IU/g，40万IU/g，50万IU/g)的90%～120%	灰黄色至淡褐色颗粒，易吸潮，遇热、酸性气体，见光或吸湿后分解		≤5.0			$C_{22}H_{32}O_2$
维生素D_3明胶和淀粉喷雾法微粒	标示量(50万IU/g，40万IU/g，30万IU/g)的85.0%～120.0%	米黄色或棕黄色微粒，遇热，见光或吸潮后易分解，降解		≤5.0			
维生素AD_3明胶和淀粉喷雾法微粒	标示量的85.0%～102.0%	黄色或棕黄色微粒，见光或吸潮分解、降解		≤5.0			
维生素E(原料)	以$C_{31}H_{52}O_3$计，≥96%	微绿黄色或黄色黏稠液体，遇光，色渐变深	<0.002	游离生育酚			$C_{31}H_{52}O_3$
维生素E吸附性粉剂	以$C_{31}H_{52}O_3$计，标示量的90.0%～110.0%	类白色或淡黄色粉末，易吸湿		≤5.0			$C_{31}H_{52}O_3$
维生素K_3(亚硫酸氢钠甲萘醌)	以$C_{11}H_8O_2 \cdot NaHSO_3 \cdot 3H_2O$计，60.0%～75.0%；$NaHSO_3$ 28%～42%	白色或灰黄褐色结晶性粉末，无臭或微有特臭，有吸湿性，遇光易分解	≤0.002	7.0～13.0			$C_{11}H_8O_2 \cdot NaHSO_3 \cdot 3H_2O$
维生素B_1(盐酸硫胺)	以$C_{12}H_{17}ClN_4OS \cdot HCl$计，98.5%～101.0%	白色结晶或结晶性粉末，有微弱的特臭，味苦，干燥品在空气中迅速吸收约4%水分		≤5.0	硫酸盐，以SO_4^{2-}计，≤0.03%	≤0.1	$C_{12}H_{17}ClN_4OS \cdot HCl$
维生素B_1(硝酸硫胺)	以$C_{12}H_{17}ClN_4OS$计，98.0%～101.0%	白色或微黄色结晶性粉末，有微弱特臭		≤1.0		≤0.2	$C_{12}H_{17}ClN_4OS$

续表

名称	含量	外观和性状	w［重金(Pb)］(%)	w（水分）(%)	折光率、比旋光度及其他	w（灼烧残渣）(%)	分子式
维生素 B_2（核黄素）	以 $C_{17}H_{20}N_4O_6$ 干燥品计，96.0%～102.0%	黄色至橙黄色结晶性粉末，微臭，味微苦，溶液易变质，碱性溶液中遇光变性更快		≤1.5	比旋光度$[\alpha]_D^{20}$ −120°～−140°	≤0.3	$C_{17}H_{20}N_4O_6$
维生素 B_6	以 $C_8H_{11}NO_3 \cdot HCl$ 干燥品计，98.0%～101.0%	白色至微黄色的结晶性粉末，无臭，味酸苦，遇光渐变质	≤0.003	≤0.5		≤0.1	$C_8H_{11}NO_3 \cdot HCl$
烟酸	以 $C_6H_5NO_2$ 干燥品计，99%～101.0%	白色至微黄色结晶性粉末，无臭或微臭，味微酸	≤0.002	≤0.5	硫酸盐，以 SO_4^{2-} 计，≤0.02%	≤0.1	$C_6H_5NO_2$
D-泛酸钙	含 Ca：8.2%～8.6% N：5.7%～6.0%	类白色粉末，无臭，味微苦，有吸湿性	≤0.002	≤5.0	比旋光度$[\alpha]_D^{20}$ +24°～+28.5°		$C_{18}H_{32}CaN_2O_{10}$
烟酰胺	以 $C_6H_6N_2O$ 干燥品计，98.5%～101.0%	白色至微黄色结晶性粉末，无或几乎无臭，味苦	≤0.002	≤0.5		≤0.1	$C_6H_6N_2O$
叶酸	以 $C_{19}H_{19}N_7O_6$ 计，95.0%～102.0%	黄色或橙黄色结晶性粉末，无臭无味		≤8.5		≤0.5	$C_{19}H_{19}N_7O_6$
维生素 B_{12} 粉剂	以 $C_{63}H_{88}CoN_{14}O_{14}P$ 计，标示量(1%，%%，10%)的90%～130%	浅红至橙色细微粉末，具有吸湿性		以玉米淀粉稀释者≤12.0，碳酸钙稀释者≤5.0			$C_{63}H_{88}CoN_{14}O_{14}P$
氯化胆碱水溶液	≥70%	无色透明的黏性液体，稍具特异臭味，有吸湿性，吸收二氧化碳，放出胺臭味	≤0.002		乙二醇，≤0.50%	≤0.2	$C_5H_{14}NClO$
氯化胆碱粉剂	50%	白色或黄褐色干燥的流动性粉末或颗粒，具有吸湿性，有特异臭味		≤4.0			

续表

名称	含量	外观和性状	w[重金(Pb)](%)	w(水分)(%)	折光率、比旋光度及其他	w(灼烧残渣)(%)	分子式
抗坏血酸	以 $C_6H_8O_6$ 计,≥99.0%~101.0%	白色或类白色结晶性粉末,无臭,味酸,久置渐变微黄色	≤0.002		比旋光度$[\alpha]_D^{20}$ +20.5°~+21.5°	≤0.1	$C_6H_8O_6$

附录十六　饲料和饲料添加剂管理条例

《饲料和饲料添加剂管理条例》已经 2011 年 10 月 26 日国务院第 177 次常务会议修订通过，中华人民共和国国务院令第 609 号发布，自 2012 年 5 月 1 日起施行。

第一章　总则

第一条　为了加强对饲料、饲料添加剂的管理，提高饲料、饲料添加剂的质量，保障动物产品质量安全，维护公众健康，制定本条例。

第二条　本条例所称饲料，是指经工业化加工、制作的供动物食用的产品，包括单一饲料、添加剂预混合饲料、浓缩饲料、配合饲料和精料补充料。

本条例所称饲料添加剂，是指在饲料加工、制作、使用过程中添加的少量或者微量物质，包括营养性饲料添加剂和一般饲料添加剂。

饲料原料目录和饲料添加剂品种目录由国务院农业行政主管部门制定并公布。

第三条　国务院农业行政主管部门负责全国饲料、饲料添加剂的监督管理工作。

县级以上地方人民政府负责饲料、饲料添加剂管理的部门(以下简称饲料管理部门)，负责本行政区域饲料、饲料添加剂的监督管理工作。

第四条　县级以上地方人民政府统一领导本行政区域饲料、饲料添加剂的监督管理工作，建立健全监督管理机制，保障监督管理工作的开展。

第五条　饲料、饲料添加剂生产企业、经营者应当建立健全质量安全制度，对其生产、经营的饲料、饲料添加剂的质量安全负责。

第六条　任何组织或者个人有权举报在饲料、饲料添加剂生产、经营、使用过程中违反本条例的行为，有权对饲料、饲料添加剂监督管理工作提出意见和建议。

第二章　审定和登记

第七条　国家鼓励研制新饲料、新饲料添加剂。

研制新饲料、新饲料添加剂，应当遵循科学、安全、有效、环保的原则，保证新饲料、新饲料添加剂的质量安全。

第八条　研制的新饲料、新饲料添加剂投入生产前，研制者或者生产企业应当向国务院农业行政主管部门提出审定申请，并提供该新饲料、新饲料添加剂的样品和下列资料：

(一) 名称、主要成分、理化性质、研制方法、生产工艺、质量标准、检测方法、检验报告、稳定性试验报告、环境影响报告和污染防治措施；

(二) 国务院农业行政主管部门指定的试验机构出具的该新饲料、新饲料添加剂的饲喂效果、残留消解动态以及毒理学安全性评价报告。

申请新饲料添加剂审定的，还应当说明该新饲料添加剂的添加目的、使用方法，并提供该饲料添加剂残留可能对人体健康造成影响的分析评价报告。

第九条　国务院农业行政主管部门应当自受理申请之日起 5 个工作日内，将新饲料、新饲料添加剂的样品和申请资料交全国饲料评审委员会，对该新饲料、新饲料添加剂的安全性、有效性及其对环境的影响进行评审。

全国饲料评审委员会由养殖、饲料加工、动物营养、毒理、药理、代谢、卫生、化工合成、生物技术、质量标准、环境保护、食品安全风险评估等方面的专家组成。全国饲料评审委员会对新饲料、新饲料添加剂的评审采取评审会议的形式，评审会议应当有 9 名以上全国饲料评审委员会专家参加，根据需要也可以邀请 1 至 2 名全国饲料评审委员会专家以外的专家参加，参加评审的专家对评审事项具有表决权。评审会议应当形成评审意见和会议纪要，并由参加评审的专家审核签字；有不同意见的，应当注明。参加评审的专家应当依法公平、公正履行职责，对评审资料保密，存在回避事由的，应当主动回避。

全国饲料评审委员会应当自收到新饲料、新饲料添加剂的样品和申请资料之日起 9 个月内出具评审结果并提交国务院农业行政主管部门；但是，全国饲料评审委员会决定由申请人进行相关试验的，经国务院农业行政主管部门同意，评审时间可以延长 3 个月。

国务院农业行政主管部门应当自收到评审结果之日起 10 个工作日内作出是否核发新饲料、新饲料添加剂证书的决定；决定不予核发的，应当书面通知申请人并说明理由。

第十条　国务院农业行政主管部门核发新饲料、新饲料添加剂证书，应当同时按照职责权限公布该新饲料、新饲料添加剂的产品质量标准。

第十一条　新饲料、新饲料添加剂的监测期为 5 年。新饲料、新饲料添加剂处于监测期的，不受理其他就该新饲料、新饲料添加剂的生产申请和进口登记申请，但超过 3 年不投入生产的除外。

生产企业应当收集处于监测期的新饲料、新饲料添加剂的质量稳定性及其对动物产品质量安全的影响等信息，并向国务院农业行政主管部门报告；国务院农业行政主管部门应当对新饲料、新饲料添加剂的质量安全状况组织跟踪监测，证实其存在安全问题的，应当撤销新饲料、新饲料添加剂证书并予以公告。

第十二条　向中国出口中国境内尚未使用但出口国已经批准生产和使用的饲料、饲料添加剂的，应当委托中国境内代理机构向国务院农业行政主管部门申请登记，并提供该饲料、饲料添加剂的样品和下列资料：

（一）商标、标签和推广应用情况；

（二）生产地批准生产、使用的证明和生产地以外其他国家、地区的登记资料；

（三）主要成分、理化性质、研制方法、生产工艺、质量标准、检测方法、检验报告、稳定性试验报告、环境影响报告和污染防治措施；

（四）国务院农业行政主管部门指定的试验机构出具的该饲料、饲料添加剂的饲喂效果、残留消解动态以及毒理学安全性评价报告。

申请饲料添加剂进口登记的，还应当说明该饲料添加剂的添加目的、使用方法，并提供该饲料添加剂残留可能对人体健康造成影响的分析评价报告。

国务院农业行政主管部门应当依照本条例第九条规定的新饲料、新饲料添加剂的评审程序组织评审，并决定是否核发饲料、饲料添加剂进口登记证。

首次向中国出口中国境内已经使用且出口国已经批准生产和使用的饲料、饲料添加剂的，应当依照本条第一款、第二款的规定申请登记。国务院农业行政主管部门应当自受理申请之日起10个工作日内对申请资料进行审查；审查合格的，将样品交由指定的机构进行复核检测；复核检测合格的，国务院农业行政主管部门应当在10个工作日内核发饲料、饲料添加剂进口登记证。

饲料、饲料添加剂进口登记证有效期为5年。进口登记证有效期满需要继续向中国出口饲料、饲料添加剂的，应当在有效期届满6个月前申请续展。

禁止进口未取得饲料、饲料添加剂进口登记证的饲料、饲料添加剂。

第十三条 国家对已经取得新饲料、新饲料添加剂证书或者饲料、饲料添加剂进口登记证的、含有新化合物的饲料、饲料添加剂的申请人提交的其自己所取得且未披露的试验数据和其他数据实施保护。

自核发证书之日起6年内，对其他申请人未经已取得新饲料、新饲料添加剂证书或者饲料、饲料添加剂进口登记证的申请人同意，使用前款规定的数据申请新饲料、新饲料添加剂审定或者饲料、饲料添加剂进口登记的，国务院农业行政主管部门不予审定或者登记；但是，其他申请人提交其自己所取得的数据的除外。

除下列情形外，国务院农业行政主管部门不得披露本条第一款规定的数据：

（一）公共利益需要；

（二）已采取措施确保该类信息不会被不正当地进行商业使用。

第三章 生产、经营和使用

第十四条 设立饲料、饲料添加剂生产企业，应当符合饲料工业发展规划和产业政策，并具备下列条件：

（一）有与生产饲料、饲料添加剂相适应的厂房、设备和仓储设施；

（二）有与生产饲料、饲料添加剂相适应的专职技术人员；

（三）有必要的产品质量检验机构、人员、设施和质量管理制度；

（四）有符合国家规定的安全、卫生要求的生产环境；

（五）有符合国家环境保护要求的污染防治措施；

（六）国务院农业行政主管部门制定的饲料、饲料添加剂质量安全管理规范规定的其他条件。

第十五条 申请设立饲料添加剂、添加剂预混合饲料生产企业，申请人应当向省、自治区、直辖市人民政府饲料管理部门提出申请。省、自治区、直辖市人民政府饲料管理部门应当自受理申请之日起20个工作日内进行书面审查和现场审核，并将相关资料和审查、审核意见上报国务院农业行政主管部门。国务院农业行政主管部门收到资料和审查、审核意见后应当组织评审，根据评审结果在10个工作日内作出是否核发生产许可证的决定，并将决定抄送省、自治区、直辖市人民政府饲料管理部门。

申请设立其他饲料生产企业，申请人应当向省、自治区、直辖市人民政府饲料管理部门提出申请。省、自治区、直辖市人民政府饲料管理部门应当自受理申请之日起10个工作日内进行书面审查；审查合格的，组织进行现场审核，并根据审核结果在10个工作日内作出是否核发生产许可证的决定。

申请人凭生产许可证办理工商登记手续。

生产许可证有效期为5年。生产许可证有效期满需要继续生产饲料、饲料添加剂的，应当在有效期届满6个月前申请续展。

第十六条　饲料添加剂、添加剂预混合饲料生产企业取得国务院农业行政主管部门核发的生产许可证后，由省、自治区、直辖市人民政府饲料管理部门按照国务院农业行政主管部门的规定，核发相应的产品批准文号。

第十七条　饲料、饲料添加剂生产企业应当按照国务院农业行政主管部门的规定和有关标准，对采购的饲料原料、单一饲料、饲料添加剂、药物饲料添加剂、添加剂预混合饲料和用于饲料添加剂生产的原料进行查验或者检验。

饲料生产企业使用限制使用的饲料原料、单一饲料、饲料添加剂、药物饲料添加剂、添加剂预混合饲料生产饲料的，应当遵守国务院农业行政主管部门的限制性规定。禁止使用国务院农业行政主管部门公布的饲料原料目录、饲料添加剂品种目录和药物饲料添加剂品种目录以外的任何物质生产饲料。

饲料、饲料添加剂生产企业应当如实记录采购的饲料原料、单一饲料、饲料添加剂、药物饲料添加剂、添加剂预混合饲料和用于饲料添加剂生产的原料的名称、产地、数量、保质期、许可证明文件编号、质量检验信息、生产企业名称或者供货者名称及其联系方式、进货日期等。记录保存期限不得少于2年。

第十八条　饲料、饲料添加剂生产企业，应当按照产品质量标准以及国务院农业行政主管部门制定的饲料、饲料添加剂质量安全管理规范和饲料添加剂安全使用规范组织生产，对生产过程实施有效控制并实行生产记录和产品留样观察制度。

第十九条　饲料、饲料添加剂生产企业应当对生产的饲料、饲料添加剂进行产品质量检验；检验合格的，应当附具产品质量检验合格证。未经产品质量检验、检验不合格或者未附具产品质量检验合格证的，不得出厂销售。

饲料、饲料添加剂生产企业应当如实记录出厂销售的饲料、饲料添加剂的名称、数量、生产日期、生产批次、质量检验信息、购货者名称及其联系方式、销售日期等。记录保存期限不得少于2年。

第二十条　出厂销售的饲料、饲料添加剂应当包装，包装应当符合国家有关安全、卫生的规定。

饲料生产企业直接销售给养殖者的饲料可以使用罐装车运输。罐装车应当符合国家有关安全、卫生的规定，并随罐装车附具符合本条例第二十一条规定的标签。

易燃或者其他特殊的饲料、饲料添加剂的包装应当有警示标志或者说明，并注明储运注意事项。

第二十一条　饲料、饲料添加剂的包装上应当附具标签。标签应当以中文或者适用符号标明产品名称、原料组成、产品成分分析保证值、净重或者净含量、贮存条件、使用说明、注意事项、生产日期、保质期、生产企业名称以及地址、许可证明文件编号和产品质量标准等。加入药物饲料添加剂的，还应当标明“加入药物饲料添加剂”字样，并标明其通用名称、含量和休药期。乳和乳制品以外的动物源性饲料，还应当标明“本产品不得饲喂反刍动物”字样。

第二十二条　饲料、饲料添加剂经营者应当符合下列条件：

（一）有与经营饲料、饲料添加剂相适应的经营场所和仓储设施；

（二）有具备饲料、饲料添加剂使用、贮存等知识的技术人员；

（三）有必要的产品质量管理和安全管理制度。

第二十三条　饲料、饲料添加剂经营者进货时应当查验产品标签、产品质量检验合格证和相应的许可证明文件。

饲料、饲料添加剂经营者不得对饲料、饲料添加剂进行拆包、分装，不得对饲料、饲料添加剂进行再加工或者添加任何物质。

禁止经营用国务院农业行政主管部门公布的饲料原料目录、饲料添加剂品种目录和药物饲料添加剂品种目录以外的任何物质生产的饲料。

饲料、饲料添加剂经营者应当建立产品购销台账，如实记录购销产品的名称、许可证明文件编号、规格、数量、保质期、生产企业名称或者供货者名称及其联系方式、购销时间等。购销台账保存期限不得少于 2 年。

第二十四条　向中国出口的饲料、饲料添加剂应当包装，包装应当符合中国有关安全、卫生的规定，并附具符合本条例第二十一条规定的标签。

向中国出口的饲料、饲料添加剂应当符合中国有关检验检疫的要求，由出入境检验检疫机构依法实施检验检疫，并对其包装和标签进行核查。包装和标签不符合要求的，不得入境。

境外企业不得直接在中国销售饲料、饲料添加剂。境外企业在中国销售饲料、饲料添加剂的，应当依法在中国境内设立销售机构或者委托符合条件的中国境内代理机构销售。

第二十五条　养殖者应当按照产品使用说明和注意事项使用饲料。在饲料或者动物饮用水中添加饲料添加剂的，应当符合饲料添加剂使用说明和注意事项的要求，遵守国务院农业行政主管部门制定的饲料添加剂安全使用规范。

养殖者使用自行配制的饲料的，应当遵守国务院农业行政主管部门制定的自行配制饲料使用规范，并不得对外提供自行配制的饲料。

使用限制使用的物质养殖动物的，应当遵守国务院农业行政主管部门的限制性规定。禁止在饲料、动物饮用水中添加国务院农业行政主管部门公布禁用的物质以及对人体具有直接或者潜在危害的其他物质，或者直接使用上述物质养殖动物。禁止在反刍动物饲料中添加乳和乳制品以外的动物源性成分。

第二十六条　国务院农业行政主管部门和县级以上地方人民政府饲料管理部门应当加强饲料、饲料添加剂质量安全知识的宣传，提高养殖者的质量安全意识，指导养殖者安全、合理使用饲料、饲料添加剂。

第二十七条　饲料、饲料添加剂在使用过程中被证实对养殖动物、人体健康或者环境有害的，由国务院农业行政主管部门决定禁用并予以公布。

第二十八条　饲料、饲料添加剂生产企业发现其生产的饲料、饲料添加剂对养殖动物、人体健康有害或者存在其他安全隐患的，应当立即停止生产，通知经营者、使用者，向饲料管理部门报告，主动召回产品，并记录召回和通知情况。召回的产品应当在饲料管理部门监督下予以无害化处理或者销毁。

饲料、饲料添加剂经营者发现其销售的饲料、饲料添加剂具有前款规定情形的，应当立即停止销售，通知生产企业、供货者和使用者，向饲料管理部门报告，并记录通知情况。

养殖者发现其使用的饲料、饲料添加剂具有本条第一款规定情形的，应当立即停止使用，通知供货者，并向饲料管理部门报告。

第二十九条　禁止生产、经营、使用未取得新饲料、新饲料添加剂证书的新饲料、新饲料添加剂以及禁用的饲料、饲料添加剂。

禁止经营、使用无产品标签、无生产许可证、无产品质量标准、无产品质量检验合格证的饲料、饲料添加剂。禁止经营、使用无产品批准文号的饲料添加剂、添加剂预混合饲料。禁止经营、使用未取得饲料、饲料添加剂进口登记证的进口饲料、进口饲料添加剂。

第三十条　禁止对饲料、饲料添加剂作具有预防或者治疗动物疾病作用的说明或者宣传。但是，饲料中添加药物饲料添加剂的，可以对所添加的药物饲料添加剂的作用加以说明。

第三十一条　国务院农业行政主管部门和省、自治区、直辖市人民政府饲料管理部门应当按照职责权限对全国或者本行政区域饲料、饲料添加剂的质量安全状况进行监测，并根据监测情况发布饲料、饲料添加剂质量安全预警信息。

第三十二条　国务院农业行政主管部门和县级以上地方人民政府饲料管理部门，应当根据需要定期或者不定期组织实施饲料、饲料添加剂监督抽查；饲料、饲料添加剂监督抽查检测工作由国务院农业行政主管部门或者省、自治区、直辖市人民政府饲料管理部门指定的具有相应技术条件的机构承担。饲料、饲料添加剂监督抽查不得收费。

国务院农业行政主管部门和省、自治区、直辖市人民政府饲料管理部门应当按照职责权限公布监督抽查结果，并可以公布具有不良记录的饲料、饲料添加剂生产企业、经营者名单。

第三十三条　县级以上地方人民政府饲料管理部门应当建立饲料、饲料添加剂监督管理档案，记录日常监督检查、违法行为查处等情况。

第三十四条　国务院农业行政主管部门和县级以上地方人民政府饲料管理部门在监督检查中可以采取下列措施：

（一）对饲料、饲料添加剂生产、经营、使用场所实施现场检查；

（二）查阅、复制有关合同、票据、账簿和其他相关资料；

（三）查封、扣押有证据证明用于违法生产饲料的饲料原料、单一饲料、饲料添加剂、药物饲料添加剂、添加剂预混合饲料，用于违法生产饲料添加剂的原料，用于违法生产饲料、饲料添加剂的工具、设施，违法生产、经营、使用的饲料、饲料添加剂；

（四）查封违法生产、经营饲料、饲料添加剂的场所。

第四章 法律责任

第三十五条 国务院农业行政主管部门、县级以上地方人民政府饲料管理部门或者其他依照本条例规定行使监督管理权的部门及其工作人员，不履行本条例规定的职责或者滥用职权、玩忽职守、徇私舞弊的，对直接负责的主管人员和其他直接责任人员，依法给予处分；直接负责的主管人员和其他直接责任人员构成犯罪的，依法追究刑事责任。

第三十六条 提供虚假的资料、样品或者采取其他欺骗方式取得许可证明文件的，由发证机关撤销相关许可证明文件，处5万元以上10万元以下罚款，申请人3年内不得就同一事项申请行政许可。以欺骗方式取得许可证明文件给他人造成损失的，依法承担赔偿责任。

第三十七条 假冒、伪造或者买卖许可证明文件的，由国务院农业行政主管部门或者县级以上地方人民政府饲料管理部门按照职责权限收缴或者吊销、撤销相关许可证明文件；构成犯罪的，依法追究刑事责任。

第三十八条 未取得生产许可证生产饲料、饲料添加剂的，由县级以上地方人民政府饲料管理部门责令停止生产，没收违法所得、违法生产的产品和用于违法生产饲料的饲料原料、单一饲料、饲料添加剂、药物饲料添加剂、添加剂预混合饲料以及用于违法生产饲料添加剂的原料，违法生产的产品货值金额不足1万元的，并处1万元以上5万元以下罚款，货值金额1万元以上的，并处货值金额5倍以上10倍以下罚款；情节严重的，没收其生产设备，生产企业的主要负责人和直接负责的主管人员10年内不得从事饲料、饲料添加剂生产、经营活动。

已经取得生产许可证，但不再具备本条例第十四条规定的条件而继续生产饲料、饲料添加剂的，由县级以上地方人民政府饲料管理部门责令停止生产、限期改正，并处1万元以上5万元以下罚款；逾期不改正的，由发证机关吊销生产许可证。

已经取得生产许可证，但未取得产品批准文号而生产饲料添加剂、添加剂预混合饲料的，由县级以上地方人民政府饲料管理部门责令停止生产，没收违法所得、违法生产的产品和用于违法生产饲料的饲料原料、单一饲料、饲料添加剂、药物饲料添加剂以及用于违法生产饲料添加剂的原料，限期补办产品批准文号，并处违法生产的产品货值金额1倍以上3倍以下罚款；情节严重的，由发证机关吊销生产许可证。

第三十九条 饲料、饲料添加剂生产企业有下列行为之一的，由县级以上地方人民政府饲料管理部门责令改正，没收违法所得、违法生产的产品和用于违法生产饲料的饲料原料、单一饲料、饲料添加剂、药物饲料添加剂、添加剂预混合饲料以及用于违法生产饲料添加剂的原料，违法生产的产品货值金额不足1万元的，并处1万元以上5万元以下罚款，货值金额1万元以上的，并处货值金额5倍以上10倍以下罚款；情节严重的，由发证机关吊销、撤销相关许可证明文件，生产企业的主要负责人和直接负责的主管人员10年内不得从事饲料、饲料添加剂生产、经营活动；构成犯罪的，依法追究刑事责任：

（一）使用限制使用的饲料原料、单一饲料、饲料添加剂、药物饲料添加剂、添加剂预混合饲料生产饲料，不遵守国务院农业行政主管部门的限制性规定的；

（二）使用国务院农业行政主管部门公布的饲料原料目录、饲料添加剂品种目录和药物饲料添加剂品种目录以外的物质生产饲料的；

（三）生产未取得新饲料、新饲料添加剂证书的新饲料、新饲料添加剂或者禁用的饲料、饲料添加剂的。

第四十条 饲料、饲料添加剂生产企业有下列行为之一的，由县级以上地方人民政府饲料管理部门责令改正，处1万元以上2万元以下罚款；拒不改正的，没收违法所得、违法生产的产品和用于违法生产饲料的饲料原料、单一饲料、饲料添加剂、药物饲料添加剂、添加剂预混合饲料以及用于违法生产饲料添加剂的原料，并处5万元以上10万元以下罚款；情节严重的，责令停止生产，可以由发证机关吊销、撤销相关许可证明文件：

（一）不按照国务院农业行政主管部门的规定和有关标准对采购的饲料原料、单一饲料、饲料添加剂、药物饲料添加剂、添加剂预混合饲料和用于饲料添加剂生产的原料进行查验或者检验的；

（二）饲料、饲料添加剂生产过程中不遵守国务院农业行政主管部门制定的饲料、饲料添加剂质量安全管理规范和饲料添加剂安全使用规范的；

（三）生产的饲料、饲料添加剂未经产品质量检验的。

第四十一条 饲料、饲料添加剂生产企业不依照本条例规定实行采购、生产、销售记录制度或者产品留样观察制度的，由县级以上地方人民政府饲料管理部门责令改正，处1万元以上2万元以下罚款；拒不改正的，没收违法所得、违法生产的产品和用于违法生产饲料的饲料原料、单一饲料、饲料添加剂、药物饲料添加剂、添加剂预混合饲料以及用于违法生产饲料添加剂的原料，处2万元以上5万元以下罚款，并可以由发证机关吊销、撤销相关许可证明文件。

饲料、饲料添加剂生产企业销售的饲料、饲料添加剂未附具产品质量检验合格证或者包装、标签不符合规定的，由县级以上地方人民政府饲料管理部门责令改正；情节严重的，没收违法所得和违法销售的产品，可以处违法销售的产品货值金额30%以下罚款。

第四十二条 不符合本条例第二十二条规定的条件经营饲料、饲料添加剂的，由县级人民政府饲料管理部门责令限期改正；逾期不改正的，没收违法所得和违法经营的产品，违法经营的产品货值金额不足1万元的，并处2000元以上2万元以下罚款，货值金额1万元以上的，并处货值金额2倍以上5倍以下罚款；情节严重的，责令停止经营，并通知工商行政管理部门，由工商行政管理部门吊销营业执照。

第四十三条 饲料、饲料添加剂经营者有下列行为之一的，由县级人民政府饲料管理部门责令改正，没收违法所得和违法经营的产品，违法经营的产品货值金额不足1万元的，并处2000元以上2万元以下罚款，货值金额1万元以上的，并处货值金额2倍以上5倍以下罚款；情节严重的，责令停止经营，并通知工商行政管理部门，由工商行政管理部门吊销营业执照；构成犯罪的，依法追究刑事责任：

（一）对饲料、饲料添加剂进行再加工或者添加物质的；

（二）经营无产品标签、无生产许可证、无产品质量检验合格证的饲料、饲料添加剂的；

（三）经营无产品批准文号的饲料添加剂、添加剂预混合饲料的；

（四）经营用国务院农业行政主管部门公布的饲料原料目录、饲料添加剂品种目录和药物饲料添加剂品种目录以外的物质生产的饲料的；

（五）经营未取得新饲料、新饲料添加剂证书的新饲料、新饲料添加剂或者未取得饲料、饲料添加剂进口登记证的进口饲料、进口饲料添加剂以及禁用的饲料、饲料添加剂的。

第四十四条　饲料、饲料添加剂经营者有下列行为之一的，由县级人民政府饲料管理部门责令改正，没收违法所得和违法经营的产品，并处2000元以上1万元以下罚款：

（一）对饲料、饲料添加剂进行拆包、分装的；

（二）不依照本条例规定实行产品购销台账制度的；

（三）经营的饲料、饲料添加剂失效、霉变或者超过保质期的。

第四十五条　对本条例第二十八条规定的饲料、饲料添加剂，生产企业不主动召回的，由县级以上地方人民政府饲料管理部门责令召回，并监督生产企业对召回的产品予以无害化处理或者销毁；情节严重的，没收违法所得，并处应召回的产品货值金额1倍以上3倍以下罚款，可以由发证机关吊销、撤销相关许可证明文件；生产企业对召回的产品不予以无害化处理或者销毁的，由县级人民政府饲料管理部门代为销毁，所需费用由生产企业承担。

对本条例第二十八条规定的饲料、饲料添加剂，经营者不停止销售的，由县级以上地方人民政府饲料管理部门责令停止销售；拒不停止销售的，没收违法所得，处1000元以上5万元以下罚款；情节严重的，责令停止经营，并通知工商行政管理部门，由工商行政管理部门吊销营业执照。

第四十六条　饲料、饲料添加剂生产企业、经营者有下列行为之一的，由县级以上地方人民政府饲料管理部门责令停止生产、经营，没收违法所得和违法生产、经营的产品，违法生产、经营的产品货值金额不足1万元的，并处2000元以上2万元以下罚款，货值金额1万元以上的，并处货值金额2倍以上5倍以下罚款；构成犯罪的，依法追究刑事责任：

（一）在生产、经营过程中，以非饲料、非饲料添加剂冒充饲料、饲料添加剂或者以此种饲料、饲料添加剂冒充他种饲料、饲料添加剂的；

（二）生产、经营无产品质量标准或者不符合产品质量标准的饲料、饲料添加剂的；

（三）生产、经营的饲料、饲料添加剂与标签标示的内容不一致的。

饲料、饲料添加剂生产企业有前款规定的行为，情节严重的，由发证机关吊销、撤销相关许可证明文件；饲料、饲料添加剂经营者有前款规定的行为，情节严重的，通知工商行政管理部门，由工商行政管理部门吊销营业执照。

第四十七条　养殖者有下列行为之一的，由县级人民政府饲料管理部门没收违法使用的产品和非法添加物质，对单位处1万元以上5万元以下罚款，对个人处5000元以下罚款；构成犯罪的，依法追究刑事责任：

（一）使用未取得新饲料、新饲料添加剂证书的新饲料、新饲料添加剂或者未取得饲料、饲料添加剂进口登记证的进口饲料、进口饲料添加剂的；

（二）使用无产品标签、无生产许可证、无产品质量标准、无产品质量检验合格证的饲料、饲料添加剂的；

（三）使用无产品批准文号的饲料添加剂、添加剂预混合饲料的；

（四）在饲料或者动物饮用水中添加饲料添加剂，不遵守国务院农业行政主管部门制定的饲料添加剂安全使用规范的；

（五）使用自行配制的饲料，不遵守国务院农业行政主管部门制定的自行配制饲料使用规范的；

（六）使用限制使用的物质养殖动物，不遵守国务院农业行政主管部门的限制性规定的；

（七）在反刍动物饲料中添加乳和乳制品以外的动物源性成分的。

在饲料或者动物饮用水中添加国务院农业行政主管部门公布禁用的物质以及对人体具有直接或者潜在危害的其他物质，或者直接使用上述物质养殖动物的，由县级以上地方人民政府饲料管理部门责令其对饲喂了违禁物质的动物进行无害化处理，处3万元以上10万元以下罚款；构成犯罪的，依法追究刑事责任。

第四十八条　养殖者对外提供自行配制的饲料的，由县级人民政府饲料管理部门责令改正，处2000元以上2万元以下罚款。

第五章　附则

第四十九条　本条例下列用语的含义：

（一）饲料原料，是指来源于动物、植物、微生物或者矿物质，用于加工制作饲料但不属于饲料添加剂的饲用物质。

（二）单一饲料，是指来源于一种动物、植物、微生物或者矿物质，用于饲料产品生产的饲料。

（三）添加剂预混合饲料，是指由两种（类）或者两种（类）以上营养性饲料添加剂为主，与载体或者稀释剂按照一定比例配制的饲料，包括复合预混合饲料、微量元素预混合饲料、维生素预混合饲料。

（四）浓缩饲料，是指主要由蛋白质、矿物质和饲料添加剂按照一定比例配制的饲料。

（五）配合饲料，是指根据养殖动物营养需要，将多种饲料原料和饲料添加剂按照一定比例配制的饲料。

（六）精料补充料，是指为补充草食动物的营养，将多种饲料原料和饲料添加剂按照一定比例配制的饲料。

（七）营养性饲料添加剂，是指为补充饲料营养成分而掺入饲料中的少量或者微量物质，包括饲料级氨基酸、维生素、矿物质微量元素、酶制剂、非蛋白氮等。

（八）一般饲料添加剂，是指为保证或者改善饲料品质、提高饲料利用率而掺入饲料中的少量或者微量物质。

（九）药物饲料添加剂，是指为预防、治疗动物疾病而掺入载体或者稀释剂的兽药的预混合物质。

（十）许可证明文件，是指新饲料、新饲料添加剂证书，饲料、饲料添加剂进口登记证，饲料、饲料添加剂生产许可证，饲料添加剂、添加剂预混合饲料产品批准文号。

第五十条　药物饲料添加剂的管理，依照《兽药管理条例》的规定执行。

第五十一条　本条例自 2012 年 5 月 1 日起施行。

参考文献

[1] 陈桂银,任善茂. 饲料分析与检测[M].2版. 北京:中国农业大学出版社,2013.

[2] 丁永胜,牟世芬. 氨基酸的分析方法及其应用进展[J]. 色谱,2004,22(3):210-215.

[3] 范华. 饲料的掺假鉴别检验[M].北京:中国农业科学技术出版社,2010.

[4] 傅亮,倪冬姣,张水华. 氨基酸高效液相色谱分析[J]. 仲恺农业工程学院学报,1994,7(2):77-82.

[5] 韩文军. 浅谈饲料样品的制备及样品的保存[J]. 新疆畜牧业,2013(3):42-43.

[6] 何绮霞. 饲料产品的采样及实验室制备[J].饲料广角,2010(1):20-22.

[7] 黄爱珍. 饲料分析样品的采集与制备[J]. 广东畜牧兽医科技,1995,20(3):40-41.

[8] 贺建华. 饲料分析与检测[M].2版. 北京:中国农业出版社,2011.

[9] 蒋新宇,周春山. 氨基酸的柱前衍生高效液相色谱分析述评[J]. 湖南化工,1999,29(2):9-11.

[10] 刘雨,蒋耀兴. 氨基酸分析方法及测试仪器的比较[J].现代丝绸科学与技术,2012,27(1):10-12,25.

[11] 刘惠文. 柱前和柱后衍生高效液相色谱分析氨基酸方法进展与评述[J]. 氨基酸和生物资源,1995,7(2):50-55.

[12] 齐德生. 饲料毒物学附毒物分析[M].北京:科学出版社,2009.

[13] 钱文熙. 动物营养与饲料学实践教程[M].北京:中国质检出版社,2012.

[14] 史志诚,牟永义. 饲用饼粕脱毒原理与工艺[M]. 北京:中国计量出版社,1996.

[15] 王加启,于建国. 饲料分析与检验[M]. 北京:中国计量出版社,2004.

[16] 王均良. 如何采集饲料样品[J]. 畜牧兽医杂志,2011,30(1):79-81.

[17] 王加启,于建国.饲料分析[M].北京:中国质检出版社,2003.

[18] 于泓,牟世芬. 氨基酸分析方法的研究进展[J]. 分析化学,2005,33(3):398-404.

[19] 杨海鹏.饲料显微镜检查图谱[M].武汉:武汉出版社,2006.

[20] 杨元秀,周孝治. 氨基酸分析仪测定饲料及其原料中的含硫氨基酸[J]. 饲料广角,2009(2):40-42.

[21] 张丽英. 饲料分析与饲料[M].北京:中国农业大学出版社,2003.

[22] 张丽英. 饲料分析及饲料质量检测技术[M]. 2版. 北京:中国农业大学出版社,2006.

[23] 张吉鹍,卢德勋,刘建新,等. 粗饲料样本的采集与制备[J]. 养殖与饲料,2004(11):18-21.

[24] 中华人民共和国国家质量监督检验检疫总局. GB/T 13885—2003 动物饲料中钙、铜、铁、镁、锰、钾、钠和锌含量的测定 原子吸收光谱法.

[25] 中华人民共和国国家质量监督检验检疫总局. GB/T 17817—2010 饲料中维生素 A 的测定 高效液相色谱法.

[26] 中华人民共和国国家质量监督检验检疫总局. GB/T 17812—2008 饲料中维生素 E 的测定 高效液相色谱法.

[27] 中华人民共和国国家质量监督检验检疫总局. GB/T 17818—2010 饲料中维生素 D_3 的测定 高效液相色谱法.

[28] 周游,谭亚林,王晓玲,等. 氨基酸分析方法[J]. 安徽农业科学,2012,40(24):11939-11941.

[29] 朱曙东,赵昇皓. 氨基酸的高效液相色谱分析[J]. 色谱,1994,12(1):20-24.